KB095425

초전도로의 길!

극저온의 세계

나가오카 요스케 저
과학나눔연구회 정해상 역

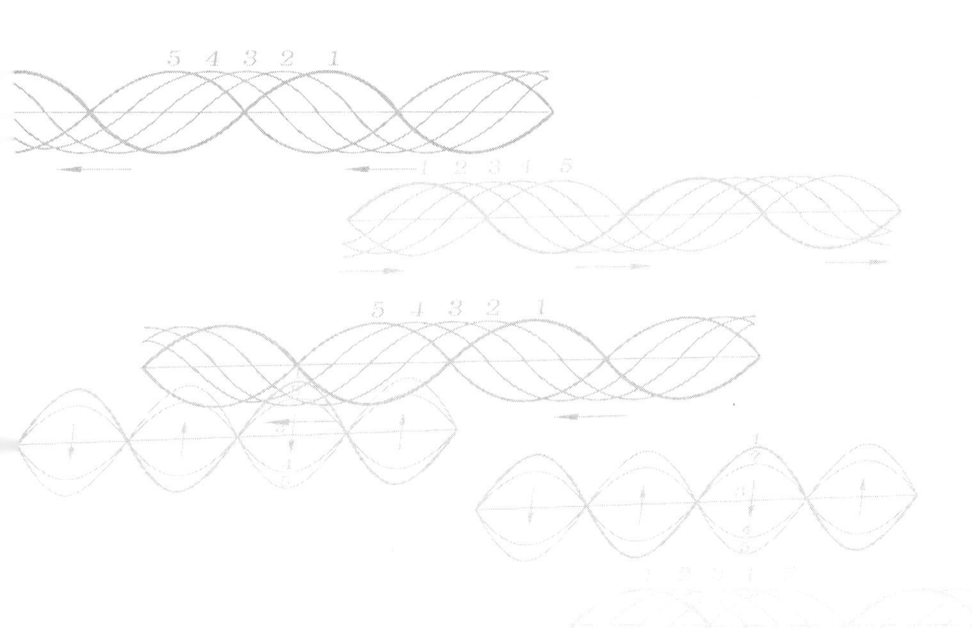

일진사

KYOKUTEION NO SEKAI

By Yosuke Nagaoka
© 1982 by Yosuke Nagaoka

First published 1982 by Iwanami Shoten, Publishers, Tokyo.
This Korean edition published 2016
By ILJINSA Publishing Co., Seoul
By arrangement with the proprietor c/o Iwanami
Shoten, Publishers, Tokyo

이 책의 한국어판 저작권은 신원에이전시를 통한 저작권자와의
독점 계약으로 도서출판 **일진사**에 있습니다.
저작권법에 의하여 한국어판의 저작권 보호를 받는 서적이므로
무단 전재와 복제를 금합니다.

머리말

이 책의 목적은 극저온에서 물질에 나타나는 현상을 통해 현대물리학의 한 측면을 그리는 것에 있다. 저온물리학이라 불리는 이 분야의 연구는 물질을 냉동하기 위한 저온 생성이라는 매우 기술적인 요청에서 출발했다고 할 수 있다. 그러나 오늘날에는 물질의 성질을 미시적인 입장에서 해명하는 것을 목표로 하는 물성물리학의 기초로서 중요한 역할을 담당하기에 이르렀다.

이 책은 크게 두 부분으로 나뉘어 있다. 전반 1장에서 4장까지는 온도란 무엇인가, 저온으로 하는 것은 물질에 있어 무엇을 의미하는가를 기술하였다. 그리고 후반 5장에서 8장까지는 극저온에서 볼 수 있는 특이한 현상에 초점을 맞춰, 그것이 이론적인 입장에서 어떻게 이해되는가를 명확하게 밝혔다.

수학은 물리학 언어라고 한다. 분명히 수학 언어를 구사하지 않고 물리학을 정확하게 표현하기는 매우 어렵다. 그러나 물리학을 통해 밝혀진 자연 구조를 이해하는 것은 세세한 수학을 이해하는 것과는 별개의 문제이다. 물론 이 책은 전문서가 아니므로 수학적인 정확함으로 서술하지는 않았다. 그러나 페이지를 넘기다 보면 알 수 있듯이 수식을 전적으로 피하지는 않았다. 오히려 필요에 따라 수식을 활용함으로써 독자들에게 결론을 강요하는 것을 가급적 피하고, 그 결론이 이론적으로 유도되는 과정을 명확히 하려고 노력했다. 그러므로 독자들에게는 고등학교에서 배운 정도의 물리와 수학 지식을 기대하는 바이다.

여기서 내가 의도한 바를 서술하기 위해 이 책을 쓰게 된 경위를 밝히고자 한다. 2년 전, 내가 소속되어 있던 교토대학 기초물리학연구소는 창립 25주년을 맞이했다. 그 기념행사의 하나로 공개 강연회가 열렸고, 여러 기초물리학 분야의 연구 현상이 소개되었다. 그 강연회에서 나는 '초저온의 세계'라는 제목으로 강연을 했다. 그리고 강연 기록이 잡지 '과학'에 게재된 것이 계기가 되어, 그 내용을 덧붙여 책으로 내자는 편집부의 권유를 받아 이 책을 내게 되었다. 이 책은 말하자면 기초물리학연구소 창립 25주년에서 태어난 것이 된다.

기초물리학연구소는 유카와 히데키(湯川秀樹) 박사의 노벨상 수상을 계기로 1953년에 창설되었다. 이 연구소는 전국의 기초물리학 연구자들이 모여 공동 연구를 하는 것을 목적으로 한 새로운 형태의 연구소였다. 유카와 박사는 초대 소장으로 취임하여 정년으로 퇴관할 때까지의 17년 동안 소장으로서 연구와 연구소 운영에 임했다. 이처럼 기초물리학연구소는 '유카와 중간자론'을 핵심으로 하여 탄생하고 성장한 연구소이다. 그러나 그것은 그 명칭이 나타내듯 결코 소립자론 연구만을 목적으로 하는 것이 아니라, 오히려 여러 물리학 분야의 연구가 한 장소에서 추진되는 것을 목표로 한다.

요 몇 해, 물리학에서도 세분화, 전문화 경향이 현저하다. 그러나 자연이 하나인 이상, 그것을 연구하는 물리학도 하나여야 하지 않겠는가. 그것이 유카와 박사의 생각이었을 것이라 믿는다. 내가 이 책을 쓸 때 염두에 둔 것도 그것이었다. 극저온 현상이라는 특정한 현상을 통하여 자연 구조의 다양한 면에 공통되는 하나의 기본 구조를 그리고 싶어서였다. 내 의도가 실현되었는지의 여부는 독자들의 판단을 기다릴 수밖에 없다.

저 자

차례

② 엔트로피 – 질서와 무질서

③ 양자론 – 미시적인 세계의 법칙

4 보스입자와 페르미입자

5 액체 헬륨 4의 초유동

6 금속의 전도전자

7 금속의 초전도

8 헬륨 3의 액체와 고체

서장 – 거시(macro)에서 미시(micro)로

온도를 낮추면 물은 0℃에서 얼고, 보통은 기체인 이산화탄소도 저온에서는 고체화하여 드라이아이스가 된다. 공기는 우리가 일상에서 경험하는 정도의 온도에서는 아무리 냉각시켜도 기체 그대로지만 −200℃ 이하의 저온에서는 액체가 된다.

온도를 낮추었을 때 일어나는 현상은 이러한 기체 · 액체 · 고체 등 눈에 보이는 상태 변화에 국한되지 않는다. 눈에는 보이지 않는 물질의 성질에서도 온도와 더불어 여러 가지 변화가 일어난다. 예를 들면 금속의 특징은 전기가 잘 통하는 것인데 이 성질도 온도에 따라, 즉 저온으로 할수록 통하기 쉬워진다. 온도를 낮춤에 따라 왜 이러한 물질의 성질 변화가 일어나는 것일까. 그리고 저온으로 했을 경우, 물질에 어떤 일이 일어나는 것일까.

고무공을 액체 공기에 담그면 한순간에 꽁꽁 얼어붙어, 바닥에 떨어뜨리면 산산조각으로 깨져 버린다. 이와 같은 실험을 목격한 독자는 많지 않을 것이다. 실험은 −200℃라는 저온의 위력을 생생하게 보여준다. 오늘날에는 이러한 실험을 비교적 손쉽게 할 수 있을 만큼 액체 공기는 구하기 쉬워졌다. 그러나 공기를 액화할 수 있게 된 것은 그렇게 옛날이야기는 아니다. 한때는 공기의 성분인 산소나 질소는 아무리 압축해도 액화하지 않아서 영구히 액화하지 않는 영구기체라고 생각한 적도 있었다. 그러나 저온을 형성하는 기술이 진보하고, 또 기체의 성질도 알게 되어 19세기 말에는 산소와 질소 그리고 수소를 액화할 수 있게 되었다. 그 중 마지막으로 액화하는 것이 20세기의 숙제로 남겨진 물질, 그것은 새로 막 발견된 헬륨(helium)이었다.

헬륨은 원소 기호 He, 원소 주기율표에서는 오른쪽 상단 끝에 있으며, 상온에서는 수소 다음으로 가벼운 기체이다. 수소는 폭발하기 쉬워서 위험하지만 헬륨은 화학 변화를 전혀 일으키지 않는 안정된 물질이기 때문에 기구(氣球)에 채우는 기체로 사용되고 있다. 이 헬륨은 수소가 액화하는 −240℃까지 냉각해도 액화하지 않았다. 20세기 초반에 이 '마지막 영구기체'를 액화하기 위해 저온 연구자들 간에 치열한 경쟁이 벌어졌다. 그리하여 처음으로 헬륨을 액화하는 데 성공한 사람은 네덜란드의 물리학자 카메를링 오너스(Kamerlingh Onnes, Heike : 1853~1926)로 1908년의 일이었다.

헬륨을 액화한 것은 단순히 저온으로만 하면 기체는 모두 액화한다는 것을 실증한 것만이 아니었다. 이로써 우리는 지구상의 자연계에는 존재하지 않는 −270℃ 이하의 저온을 자유롭게 손에 넣을 수 있게 된 것이다. 그것은 저온물리학의 화려한 개막이었다. 저온세계가 우리 앞에 펼쳐지고, 물질이 이제까지 결코 보여 준 적 없는 새로운 모습을 비로소 보여 주기 시작한 것이다.

우선 헬륨을 액화하는 데 성공하고 얼마 지나지 않아 오너스와 그의 동료들은 수은을 액체헬륨의 온도까지 냉각하면 그 성질이 급변하여 저항이 전혀 없이 전기가 흐르는 것을 발견했다. 이 신비로운 현상은 수은뿐 아니라 납과 주석 등 많은 금속에서 나타나는 것으로 밝혀져 초전도(超傳導)라 불리게 되었다. 또 액체헬륨 자체에서도 이상한 성질이 발견되었다. 액체헬륨을 −271℃ 이하로 하면 점성이 전혀 없는 액체로 변해 버렸던 것이다. 헬륨의 이와 같은 상태는 초유동(超流動)이라고 한다. 초전도와 초유동, 이 두 현상은 다른 여하한 자연현상과도 질적으로 다른, 전혀 새로운 현상이었다. 그것은 금속이나 액체 헬륨을 구성하는 원자나 전자에 원자 세계의 기본법칙(그것은 헬륨을 액화하여 초전도를 발견한 그 당시에는 아직 밝혀지지 않았다)을 적용함으로써 비로소 해명할 수 있는 현상이었다.

우리 주위에는 공기 · 물 · 금속 · 플라스틱… 등 다종다양한 물질이 존재한다. 오늘날 우리는 이러한 물질이 막대한 수의 원자로 구성되어 있음을 알고 있다. 원자론(原子論), 즉 물질이 원자의 집합체라는 인식은 고대 그리스의 철학자 데모크리토스(Democritos : B.C. 460경~B.C. 370경)에서 비롯되었지만, 19세기 말에는 하나의 철학적인 입장에서 여러 가지 실험사실로 뒷받침된 과학적 사실로까지 성장해 있었다. 그러나 동시에 원자나 그 구성 요소인 전자가 뉴턴역학에 따라 운동한다고 생각하면 도저히 해결할 수 없는 모순도 밝혀지기 시작하고 있었다.

20세기 초의 20수 년간은 19세기 말까지 완성된 고전물리학을 넘어, 원자세계에서 성립되는 새로운 자연법칙을 추구하는 영웅 시대였다. 플랑크(Planck, Max Karl Ernst Ludwig : 1858~1947), 아인슈타인(Einstein, Albert : 1879~1955), 보어(Bohr, Niels Henrik David : 1885~1962), 슈뢰딩거(Schrödinger, Erwin : 1887~1961), 하이젠베르크(Heisenberg, Werner Karl : 1901~1976)… 등 많은 물리학자들의 노력으로 1920년대에는 원자 세계의 법칙으로서 양자역학이 완성되어 물질 속의 원자나 전자의 거동이 명백히 밝혀지게 되었다. 고체, 특히 금속의 성질을 그 속에서 돌아다니는 전자의 거동으로 이해하려는 시도는 전세기 말부터 로런츠(Lorentz, Hendrik Antoon : 1853~1928) 등에 의해 고전전자론으로 진행되고 있었고, 그 전자에 대해서도 양자역학을 적용하여 보통 금속의 성질은 기본적으로 해명되었다. 헬륨이 액화되어 초전도 · 초유동이 발견된 시대에 한편에서는 이와 같은 드라마가 진행되고 있었다.

양자역학의 성립으로 초전도·초유동의 수수께끼를 해명하는 첫 번째 열쇠를 손에 쥐게 되었지만 이것으로 이야기가 끝난 것은 아니다. 초전도를 일으키는 금속이나, 초유동을 나타내는 헬륨 액체는 막대한 수의 원자의 집합이며, 그 성질을 양자역학에 기초하여 밝히는 것은 결코 쉬운 일이 아니었다.

원자의 크기는 대략 100억분의 1 m, 즉 10^{-10} m이다[1]. 이처럼 아주 작은 크기의 세계를 우리는 '미시(마이크로 ; micro) 세계'라고 한다. 이에 대해 우리는 주위에 있는 물체의 크기를 1m 혹은 1cm라는 단위로 측정하는 것에 익숙하다. 이처럼 큰 물체는 미시에 대응하여 '거시(매크로 ; macro)적인 물체'라고 한다. 지금 한 변이 1cm인 금속 정육면체가 있다고 치자. 이 금속에 지름 10^{-10} m인 원자가 가득 늘어서 있다고 하면 원자수는 한 열에 1억 개, 즉 10^8개가 되므로 1 cm 금속 정육면체 속의 원자수는 전부 $(10^8)^3 = 10^{24}$개가 된다. 이것은 1 다음에 0이 스물네 개나 붙는 방대한 수이다. 거시적인 물체를 구성하고 있는 원자의 수는 이렇게 막대하다.

초전도·초유동 현상을 해명하려면 이처럼 많은 수의 원자 집단을 상대로 집단 전체의 성질을 양자역학에 기초하여 이해해야 한다. 물질 속에서 원자는 서로 밀치락달치락하고 있으므로 원자의 운동은 서로 뒤얽힌다. 따라서 이 프로그램을 실행하는 것이 결코 쉽지 않다는 것을 알 수 있다.

그런데 초전도나 초유동은 저온으로 함으로써 비로소 볼 수 있는

---

1) 이처럼 작은 수를 표시하려면 10의 지수를 사용하는 것이 편리하다. $0.1 = 10^{-1}$이라고 쓰는 것과 마찬가지로 100억분의 1은 10^{-10}이 된다. 마찬가지로 큰 수도 $100 = 10^2$로 쓰는 것처럼 10의 지수로 표시한다. 1억은 10^8이 된다. 또 $0.0038 = 3.8 \times 10^{-3}$, $38000 = 3.8 \times 10^4$로 쓰기도 한다.

현상이었다. 그렇다면 온도를 낮춘다고 하는 것은 대체 무슨 의미일까. 열이나 온도의 본성에 관한 연구는 19세기 중반 무렵부터 열기관 문제와 관련하여 발전했다. 그 후에 그것은 원자론과 연결되어 미시적인 입장에서 본 온도의 의미도 명백하게 밝혀졌다. 미시적으로 보면 원자는 물질 속에서 난잡한 운동을 하고 있는데, 온도는 그 원자운동의 격렬함을 나타낸다. 따라서 저온이란 원자운동이 잠잠해진 상태를 의미한다. 원자운동이 완전히 정지한 상태가 가장 낮은 온도에 해당하는 셈인데, 그보다 낮은 온도는 있을 수 없다. 이 온도가 절대0도라는 것으로, 섭씨온도로는 약 -273℃에 해당한다고 알려져 있다.

사실, 양자역학으로 말하면 모든 원자가 정지한다는 표현은 올바르지 않다. 하지만 이 경우도 원자 집단이 전체로서 에너지가 가장 낮아지는 양자역학적인 상태는 물질마다 하나로 정해져 있으며, 그것이 양자역학에서 기저상태(基底狀態)라고 하는 것이다. 온도를 낮추어 가면 물질상태는 점차 이 기저상태에 가까워진다. 그리고 마지막에 절대0도에서 기저상태에 도달하게 되는데, 실제로는 원자의 난잡한 운동을 완전히 제거하는 것은 불가능하며, 절대0도는 저온의 '극한(極限)'이라고 봐야 할 것이다. 어찌되었든 저온에서 물질의 성질을 조사하는 것은 다수의 원자 집단이 기저상태와 그 근처에서 어떻게 행동하는가를 보는 것이나 다름없다. 그러기 위해서는 10^{24}개나 되는 수의 원자가 복잡하게 뒤얽혀 있는 운동을 규명해야 할 필요가 있으며, 그것이 결코 단순한 작업이 아님은 명확하다.

미시적인 원자에서 출발하여 거시적인 물질의 성질을 해명하는 연구는 양자역학이 성립한 후 급속하게 발전하여 물성물리학이라 불리는 현대물리학의 중요한 한 분야를 형성하기에 이르렀다. 특히 제2차 세계대전 이후 다양한 실험 기술의 진보와 함께 눈부신 발전을 이루었다. 한편에서는, 예를 들어 고체일렉트로닉스 등의 응용과도 밀접하게 연결되었고, 다른 한편에서는 다수의 원자나 전자집단의 복잡한 운동을 해명하는 기초적인 연구도 착착 진행되었다.

그런 가운데 초유동 연구는 런던(London, Fritz Wolfgang : 1900~1954), 란다우(Landau, Lev Davidovich : 1908~1968) 등에 의해 제2차 세계대전 이전부터 진행되고 있었다. 초전도에 대해서는 그 미시적인 기구(機構)가 미국의 물리학자 세 사람, 바딘(Bardeen, John : 1908~1991), 쿠퍼(Cooper, Leon Neil : 1930~), 슈리퍼(Schrieffer, John Robert : 1931~)의 이론(1957년)으로 밝혀졌는데, 이 이론은 제2차 세계대전 이후 물성물리학 발전의 정점 중 하나였다고 할 수 있다. 그리고 현재, 액체헬륨의 온도보다 더욱 저온으로, 절대0도를 향해 연구가 진행되고 있다.

생각해 보면 초전도·초유동이란 금속 혹은 헬륨이라는 특별한 물질이 저온이라는 특수한 상황 아래에서 지니는 성질에 지나지 않는다. 그럼에도 왜 많은 물리학자들이 그것을 해명하기 위해 정열을 쏟아 왔을까. 그 이유는 그것이 특수하기는 하지만 그런 만큼 본질적으로 새로운 자연의 모습이었기 때문이다. 그것은 고전물리학의 틀 속에서는 아무리 해도 이해할 수 없는 양자역학적인 현상이었다. 그리고 동시에 한 개의 원자 혹은 여러 개의 원자 잡단에서는 나타나지 않는, 다수의 원자집단인 거시적인 물질에서 비로소 볼 수 있는 현상이었다. 그것은 미시적인 세계의 법칙이었을 양자역학의 효과가 거시적인 물질에 거시적인 규모로 나타난 현상이었다.

저온에서 물질에 무슨 일이 일어났는가. 그것이 이 책에서의 우리의 주제이다. 거기서 일어나는 초전도 혹은 초유동이라는 우리의 상식을 뛰어넘는 불가사의한 현상, 왜 저온에서 그런 일이 일어나는 것일까. 또 지금 우리가 도달해 있는 온도보다도 더욱 앞으로 나아갔을 때, 거기에는 어떤 미지의 것이 우리를 기다리고 있는 것일까. 이제부터 그러한 사항들을 하나하나 이야기해 나가고자 한다.

1장
온도란 무엇인가

1-1 온도를 재다

저온에 관해 이야기하려면 우선 온도란 무엇인지부터 설명해야 한다.

온도란, 우리가 손으로 만져서 느끼는 물체의 따뜻함 또는 차가움을 양적으로 표시한 것이라고 할 수 있다. 가지런히 놓은 두 물체를 손으로 만져서 어느 쪽이 뜨거운지를 판단하는 것은 그리 어려운 일이 아니다. 그러나 1년 내내 같은 온도여야 할 샘물을 우리는 겨울에는 따뜻하게, 여름에는 차갑게 느끼거나 한다. 또 어제와 오늘 중 언제가 더 웠느냐를 가리려면 역시 온도계로 기온을 측정해 보지 않고는 정확하게 판단할 수 없다.

우리가 보편적으로 사용하는 온도계는 유리관 속에 수은 등의 액체를 채워 넣은, 이른바 액체 온도계이다. 온도를 측정하려는 물체에 이 온도계를 접촉시켜 잠시 놔두면 온도계 속의 액체는 따뜻해지거나 차가워지거나 하여 물체와 같은 온도가 된다. 액체는 보통 따뜻해지면 팽창하고 차가워지면 수축하여 그 온도에 적응한 부피가 된다. 그래서 유리관에 기록한 눈금으로 그 부피를 측정하고, 그것을 온도의 표준으로 삼는다. 보통 사용하는 섭씨온도에서는 1기압에서 물이 어는 온도를 0, 끓는 온도를 100으로 정하고 그 사이를 100등분하여 온도 눈금으로 삼고 있다[2]. 이렇게 만든 온도계로 기온을 측정하여, 예를 들어 "어제 최고 기온은 30℃였는데 오늘은 34℃이므로 역시 어제보다 오늘이 덥다."라는 등의 판단을 하게 된다.

물체의 온도는 눈으로 직접 볼 수 없다. 그래서 액체의 부피처럼 온도에 따라 변하는 물질의 성질에 주목하여, 그 성질의 변화를 측정함으로써 간접적으로 온도를 측정하는 방법을 쓴다. 그 측정하는 물질의 성질로서는 딱히 액체의 부피로 국한하지 않는다. 게다가 액체는 고온에서 기화하고 저온에서 고체가 되기 때문에 어느 경우에든 액체 온도계는 쓸모가 없어진다. 고온이나 저온에서 온도를 측정하려면 무엇인가 다른 온도계를 마련할 필요가 있다.

물체는 고온으로 가열하면 빛을 발한다. 전기스토브의 니크롬선이나 용광로에서 흘러나오는 용융한 쇠는 가열되어 빛을 발한다. 태양 역시 내부에서 일어나는 원자핵 반응으로 가열되어 빛을 발한다. 고온의 물체가 내는 빛의 색깔은 온도가 낮은 때에는 붉은색을 띠지만 고온에 이르면 청백색으로 빛난다. 인간의 눈으로 느끼는 빛의 파장은 약 4000 Å에서 8000 Å 범위로, 붉은색 빛이 가장 길고 주황색, 노란색, 녹색으로 나아감에 따라 짧아진다.

태양 빛을 프리즘에 통과시키면 일곱 가지 색으로 분산되는 것은 잘 알려진 사실로, 이처럼 고온의 물체가 내는 빛에는 여러 가지 파장의 빛이 혼합되어 있다. 그래서 이 빛의 성질을 정확히 알기 위해서는 빛을 파장으로 분해하여 파장에 따른 빛의 세기를 분석해 보면 된다. 그 결과는 물체의 종류에는 관계없이 그 온도에 의해 (그림 1-1)과 같은 곡선이 된다.

---

2) 온도 눈금을 정확하게 결정하기 위해 현재는 몇 가지 온도의 정점이 정해져 있다. 그것은 산소의 3중점(−189.352℃), 물의 3중점(0.01℃), 물의 끓는점(1기압 아래에서 100℃), 은의 응고점(961.93℃) 등이다.

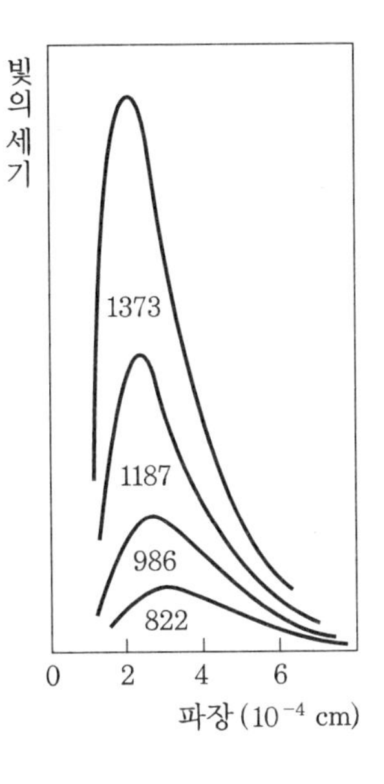

그림 1-1 고온의 물체가 내는 빛을 파장으로 분해하여 세기를 알아본다. 그림의 숫자는 온도(℃)를 나타낸다.

온도가 높아지면 빛의 가장 강한 파장영역이 단파장 쪽으로 옮겨 가므로 눈에는 고온일수록 청백색으로 빛나 보인다. 이처럼 물체가 내는 빛이 온도에 따라 변하는 것을 이용하면 그 빛을 조사함으로써 물체의 온도를 알 수 있다.

저온에서 온도를 측정하는 데에는 금속의 전기저항을 많이 이용한다. 금속의 특징은 전기가 흐르기 쉬운 점인데, 흐르는 전류는 가한 전압에 비례한다(옴의 법칙). 그 비례상수의 역수, 즉 전류가 흐르는 것을 방해하는 것이 전기저항이다. 전기저항은 금속의 종류뿐만 아니라 온도에 따라서도 변화한다. 금속의 경우, 온도에 따른 저항의 변화는 어떤 금속에서든 대체로 같은 형태를 하고 있으며, 온도가 낮아질수록 저항은 감소한다. 따라서 어떤 금속에 대해 전기저항의 온도변화를 자세하게 알아두면 전기저항을 측정함으로써 온도를 알 수 있다.

그런데 어떤 온도계를 사용하든 정확하게 측정하기 위해 반드시 주의해야 할 것은 온도를 측정할 물체와 온도계를 같은 온도로 해야 한다는 점이다. 이것은 체온을 측정할 때도 흔히 경험하는 것으로, 온도계를 피부에 딱 붙여 시간을 충분히 들이지 않으면 체온을 정확하게 측정할 수 없다. 물체와 온도계를 잘 접촉시켜 시간을 충분히 들이면 서로 같은 온도가 된다고 생각된다.

한 물체의 내부에서도 물체의 일부분만을 가열하면 그곳만 온도가 높아지고 물체는 장소에 따라 온도가 다른 불균일한 상태가 된다. 그러나 외부에서 가열하거나 냉각하지 않고 장시간 방치해 두면 물체 내부에서는 고온 영역에서 저온 영역으로 열이 흘러들어가, 결국 장소에 관계없이 온도는 균일한 상태가 된다. 여기까지 오면 그 이상 물체의 상태는 변하지 않는다. 이것은 물체에 작용하는 힘이 균형을 이룬 경우와 비슷하다.

힘이 균형을 이루면 물체는 정지한 채 움직이지 않는다. 온도가 균일하고 변화하지 않는 상태는 열이 균형을 이룬 상태라는 의미에서 **열평형(熱平衡)**이라고 한다. 이제부터 물질의 성질이 온도와 더불어 어떻게 변하는가를 살펴볼 것인데, 그 경우 물질은 각각의 온도에서 열평형에 있다고 생각한다. 이 점을 사전에 주의해 두기 바란다.

1-2 기체 온도계와 절대온도

물질의 열팽창을 온도계에 이용한다고 할지라도 사용하는 물질을 액체로 국한할 필요는 없다. 공기가 빠진 고무공을 따뜻하게 하면 곧바로 부풀어 오르는 것으로도 알 수 있듯이 열팽창은 액체보다 기체에서 뚜렷하게 나타난다. 기체를 이용하면 액체 온도계보다 민감하고 정확한 온도계를 만들 수 있다.

그러나 기체의 부피는 압력에 따라서도 변하기 쉽다. 엷은 기체에서는 압력을 두 배, 세 배로 하면 부피는 그와 반비례하여 1/2, 1/3이 된다. 온도가 일정할 때, 부피 V와 압력 p 사이에는 다음 식과 같은 관계가 있다.

$$pV = \text{일정} \quad \cdots\cdots\cdots (\text{식 } 1\text{-}1)$$

이것을 **보일의 법칙**이라고 한다. 기체의 열팽창으로 온도를 측정하려면 압력을 일정하게 유지해 두어야 한다.

부피의 변화를 측정하는 대신에 부피를 일정하게 하고 압력의 변화를 측정해도 된다. 압력을 일정하게 하고 온도를 높이면 열팽창으로 부피가 늘어난다. 반대로 부피를 일정하게 억제한 채로 온도를 높이면 부피가 증가하지 못하는 분량만큼 압력이 증가한다. 기체의 특징은 이러한 온도의 효과가 대부분 기체의 종류에 좌우되지 않는다는 점이다. 실험에 따르면 온도가 1° 상승할 때마다 압력은 1/273의 비율로 증가한다. 0℃에서의 압력을 p_0로 하면 t℃ 에서의 압력 p는 다음 식과 같이 표시된다.

$$p = p_0\left(1 + \frac{t}{273}\right) \quad \cdots\cdots\cdots (\text{식 } 1\text{-}2)$$

(식 1-2)를 보면 하나의 흥미로운 성질을 알 수 있다. 이 관계가 계속 저온까지 그대로 성립된다고 보고, 압력과 온도의 관계를 그래프로 그려 보면 (그림 1-2)와 같은 직선이 된다. 이 직선은 $t = -273$에서 가로축을 교차하고, 이 온도에서 기체의 압력은 0이 된다. 압력이 마이너스가 된다고는 생각할 수 없으므로 이것은 −273℃ 이하의 온도가 존재하지 않음을 의미하는 것이 아니겠는가.

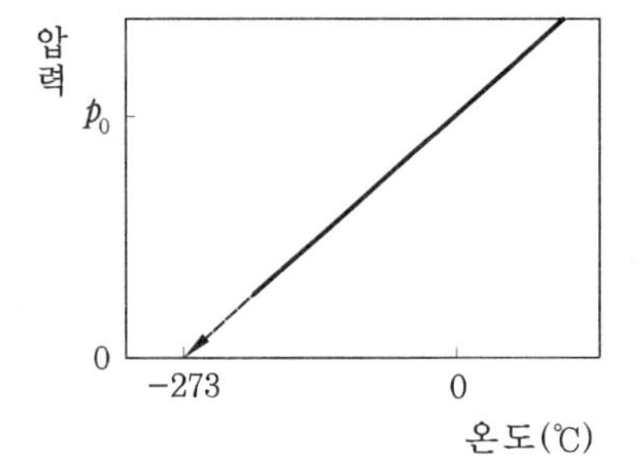

그림 1-2 기체 압력의 온도변화. −273℃에서 압력이 0이 되는 듯 보인다.

섭씨온도에서는 물이 어는 온도를 0℃라고 했다. 물은 생물에게 없어서는 안 되는 소중한 물질이므로 이 온도 눈금은 우리의 일상생활에 있어 의미 있는 것이다. 그러나 자연계 전체에서 보면 물은 하나의 특수한 물질에 불과하다. 그 물질의 성질에 기초하여 정한 0°는 자연법칙 중에서 의미 있는 기준점이라고는 할 수 없다. 그에 대해 온도에 밑바닥이 있다고 한다면 그 밑바닥 온도야말로 절대적인 의미를 갖는 0°라고 해도 좋지 않겠는가. 그래서 이 온도를 **절대0도**라고 한다[3]. 기준점을 여기로 옮긴 새로운 온도 눈금은 다음 식과 같이 취하면 된다.

$$T = t + 273 \quad \text{(식 1-3)}$$

이 온도 눈금을 **절대온도**라 하고, 단위는 켈빈(기호 K)으로 표시한다. 절대온도로 표시하면 물이 어는 온도는 273 K, 끓는점은 373 K, 한여름 기온은 300 K 정도가 된다.

새로 정의한 이 절대온도 T를 사용하면 (식 1-2)는 다음과 같이 되어, 기체의 압력은 절대온도에 비례하는 것을 알 수 있다.

$$p = p_0 \cdot \frac{273 + t}{273} = p_0 \cdot \frac{T}{273}$$

이 관계와 (식 1-1)을 조합하면 다음 식과 같은 관계를 얻을 수 있다.

3) 절대0도의 정확한 값은 −273.15℃이다.

$$pV = RT \quad \cdots\cdots\cdots \text{(식 1-4)}$$

R은 상수(常數)로서 기체의 종류와 양에 따른다. 여러 온도에서의 압력과 부피와의 관계를 그래프로 그리면 (그림 1-3)과 같이 된다.

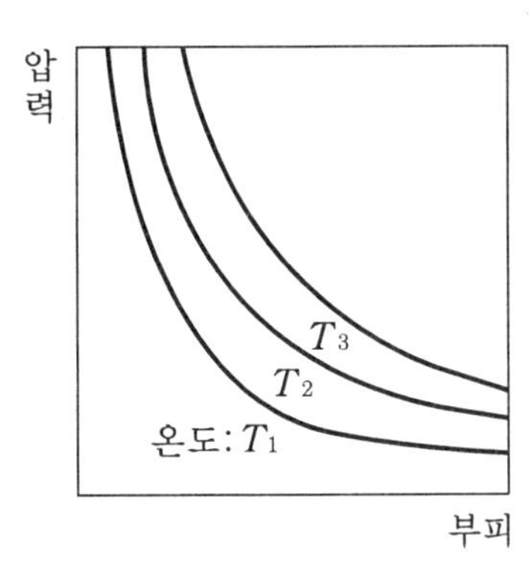

그림 1-3 이상기체법칙. 여러 온도($T_1 < T_2 < T_3$)에서의 부피와 압력의 관계를 나타낸다.

사실, 현실의 기체에서는 이 법칙이 엄밀하게 성립되는 것은 아니다. 특히 기체의 밀도가 짙은 때에는 법칙에서 벗어나는 정도가 크다. 그러나 기체의 밀도를 엷게 해 나가면 오차 범위도 점점 작아져 (식 1-4)가 잘 성립하게 된다. 그래서 기체를 엷게 해 나간 극한으로서 (식 1-4)가 엄밀하게 성립될 만한 기체를 상정하고, 그것을 이상적인 기체, **이상기체(理想氣體)**라고 한다. 그에 맞추어 (식 1-4)의 관계를 **이상기체법칙**이라고 한다. 그것이 어떤 의미에서 '이상적'인지는 이후에 밝혀질 것이다.

1-3 온도 · 열 · 일

그런데 이렇게 측정된 온도는 도대체 그 정체가 무엇일까. 우리는 물체의 어떤 성질을 뜨겁다거나 차갑다고 느끼는 것일까.

물체의 온도를 높이려면 열을 가하면 된다. 이 관계는 그릇에 물을 부으면 수면이 높아지는 것과 비슷하다. 또 물은 높은 곳에서 낮은 곳으로 흐르는데, 이것도 고온의 물체에서 저온의 물체로 열이 흐르는 것과 비슷하다. 이러한 점 때문에 과학사에서 볼 수 있듯이 열소(熱素)라고도 할 수 있는 눈에 보이지 않고 무게도 없는 물질이 있어, 물체는 그것을 많이 함유하고 있을 때는 뜨겁고, 조금밖에 함유하고 있지 않을 때는 차갑다는 생각이 태어났다. 이것이 이른바 열소설(熱素說)이라고 하는 것이다.

그러나 열을 가하는 이외에도 온도를 높이는 방법은 있다. 마찰하면 물체는 따뜻해지고, 전류를 흘리면 전기스토브의 니크롬선은 뜨거워진다. 이처럼 두서너 가지 예를 생각하는 것만으로도 열소라는 불멸의 물질이 있다는 생각이 잘못된 것임은 명확할 것이다. 역학적인 일이나 전류도 열을 가하는 것과 같은 작용을 한다.

물 1 g에 1 cal의 열을 가하면 물의 온도는 1° 상승한다. 역학적인 일의 경우는 어떠할까. 일로 물체의 온도를 올리는 방법을 처음 정량적으로 조사한 사람은 줄(Joule, James Prescott : 1818~1889)이었다.

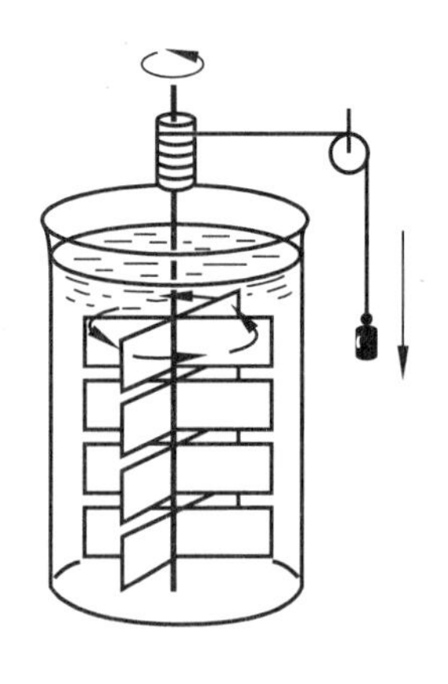

그림 1-4 줄의 실험

줄은 (그림 1-4)와 같은 실험 장치를 고안했다. 이 장치는 실에 매단 추가 그 무게로 아래로 내려가면 축에 감긴 실이 풀림에 따라 물 속의 날개바퀴(impeller)가 회전하여 물을 휘젓는 구조로 되어 있다. 이때 추의 위치에너지가 감소한 분량이 날개바퀴의 운동에너지가 되고, 나아가 물의 운동에너지가 된다. 추가 내려가는 것을 멈춰 날개바퀴가 멈추면 움직이던 물도 점차 느려지고 마침내는 정지한다. 물에는 점성(黏性)이 있어서 물의 흐름이 빠른 곳과 느린 곳이 있으면 그 사이에 일종의 마찰력이 작용하여 그 힘이 물의 움직임을 정지시킨다. 이때 마찰열이 발생하여 물이 데워진다. 그래서 추의 위치에너지 감소와 물의 온도 상승을 측정하면 역학적인 일이 어떤 비율로 물체를 데우는가를 알 수 있다. 이렇게 열과 일은 물체를 데우는 데 있어 같은 작용을 하며, 이를 양적으로 나타내면 다음 식과 같은 관계가 있음을 알 수 있다.

$$1\,\text{cal} = 4.18\,\text{J}\ (\text{줄}) \quad \cdots\cdots\cdots \quad (\text{식 1-5})$$

이것을 **열의 일당량**이라고 한다.

1-4 분자의 열운동

줄의 실험을 할 때, 물속에서 무슨 일이 일어난 것일까. 우리는 물질이 다수의 원자나 분자가 집합하여 구성된 것임을 알고 있다. 물의 경우라면 $1\,\text{cm}^3$ 속에 H_2O라는 물분자가 약 3×10^{22}개 모여 있다. 물의 움직임이 멎고, 동시에 온도가 상승하는 현상을 미시적인 입장에서 다시 살펴보자.

흐르는 액체에서는 개개의 분자도 흐름 방향으로 움직이고 있다. 간단히 설명하기 위해, 모든 분자가 흐름과 같은 속도로 가지런히 움직이고 있다고 치자(그림 1-5(a)). 분자의 질량을 m, 액체 속의 분자 수를 N, 흐름의 속도를 v라고 하면, 분자 한 개의 운동에너지는 $\frac{1}{2}mv^2$이므로 액체 전체의 운동에너지는 다음 식과 같다.

$$E = \frac{1}{2}mv^2 \times N = \frac{1}{2}(Nm)v^2 \quad \cdots\cdots\cdots\cdots (식\ 1\text{-}6)$$

이것은 질량이 Nm인 거시적인 물체가 속도 v로 운동하고 있을 때의 운동에너지라고도 볼 수 있다.

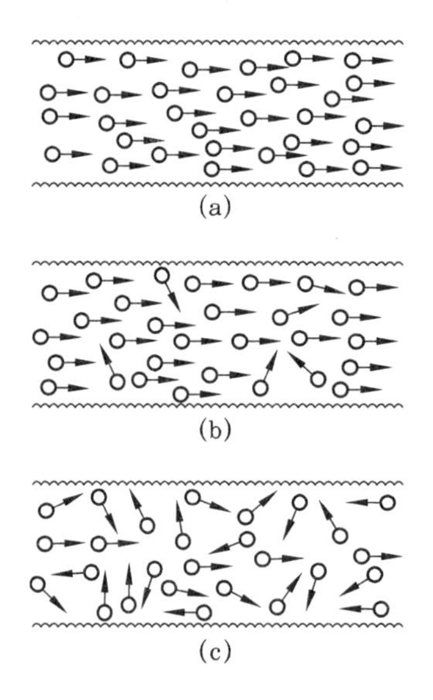

그림 1-5 처음에 같은 속도로 움직이던 분자(a)는 벽에 충돌하여 방향을 바꾸고(b), 분자끼리도 충돌하여 운동이 난잡하게 변한다(c).

액체분자의 운동상태가 처음에 이렇게 가지런하게 있었다고 할 때, 시간이 지남에 따라 그것은 어떻게 변할까. 미시적으로는 평평하게 보이는 그릇의 벽도 분자에서 보면 틀림없이 많은 요철이 있을 것이다. 그래서 그릇의 벽을 따라 운동하던 분자는 때때로 벽에 충돌하여 운동의 방향을 바꾼다. 그 분자는 다음에는 다른 분자와 충돌한다. 이런 식으로 분자와 벽, 분자와 분자 간 충돌이 몇 번이고 반복되는 동안에 한 방향으로 가지런히 일치해 있던 분자의 운동은 점차 뿔뿔이 흩어져 난잡하게 변할 것임이 분명하다(그림 1-5 (b), (c)).

분자의 운동이 완전히 난잡해진 상태에서는 오른쪽을 향해 움직이는 분자와 왼쪽을 향해 움직이는 분자, 위쪽을 향해 움직이는 분자와 아래쪽을 향해 움직이는 분자가 거의 같은 수여서, 분자 속도의 평균값은 거의 제로가 된다고 볼 수 있다. 이와 같은 상태에서 액체의 흐름은 거시적으로는 멈춘 것처럼 보인다. 그러나 개개의 충돌은 역학법칙에 따라 일어나므로 충돌 전후에 분자의 운동에너지 합계는 변하지 않는다. 따라서 흐름이 거시적으로는 멈춘 것처럼 보여도 액체분자의 운동에너지 총계는 변하지 않을 것이다. 분자에 1, 2, ⋯, N이라고 번호를 붙이고 각 분자의 속도를 v_1, v_2, ⋯, v_N이라고 하면 분자의 운동에너지 총계는 다음 식과 같다.

$$E = \frac{1}{2}m{v_1}^2 + \frac{1}{2}m{v_2}^2 + \cdots + \frac{1}{2}m{v_N}^2 \quad \cdots\cdots\cdots\cdots\cdots\text{(식 1-7)}$$

이 에너지는 (식 1-6)과 크기가 같다. 처음 상태에서 (식 1-6)은 액체의 거시적인 운동에너지라고 볼 수 있었다. 마지막 상태에서 액체는 거시적으로 보면 멈춘 것이므로 거시적인 운동에너지는 제로가 된다. (식 1-7)의 에너지는 미시적인 분자 운동의 에너지로서 남겨져 있다.

물의 흐름이 멎어 온도가 상승하는 현상을 미시적으로 보면 위에서 설명한 것처럼 된다. 이로부터 온도가 상승하는 것은 미시적인 입장에서 보면 분자의 난잡한 운동이 격렬해지는 것을 의미함을 알 수 있다. 이와 같은 분자의 운동을 **열운동(熱運動)**이라고 한다. 물체를 구성하고 있는 원자와 분자는 끊임없이 난잡한 열운동을 하고 있으며, 온도는 이 열운동의 격렬함을 나타낸다.

여기서 열평형의 뜻을 다시 한 번 고쳐 생각해 보자. 외부에서 움직이거나 가열하지 않고 방치해 둔 물체는 오랜 시간이 지나면 그 이상 변화하지 않는 상태가 된다. 이런 상태를 열평형이라고 했다. 흐르고 있는 액체는 방치해 두면 흐름이 점점 느려지므로 열평형에 있다고는 할 수 없다. 거시적인 액체의 운동에너지가 모두 미시적인 분자의 열운동에너지로 변하여, 흐름이 멎은 시점에서 액체는 열평형에 이른다. 물론 열평형이라고 해도 분자는 난잡한 열운동을 하고 있고, 미시적으로 보면 액체의 상태는 시시각각 변화하고 있다. 열평형에 있는 물체의 상태가 변화하지 않는다는 것은 우리가 물체를 거시적으로 보고 있어서, 개개 분자의 운동이 아니라 그 평균한 것을 보고 있기 때문이다.

다만, 분자의 열운동이 직접 관측되는 경우도 있다. 매우 작은 입자를 액체 속에 부유시켜 현미경으로 관찰하면 입자가 난잡하게 운동하는 것을 볼 수 있다. 이것은 열운동을 하고 있는 액체분자가 입자에 충돌하기 때문에 일어나는 것으로, **브라운운동**이라고 한다. 브라운운동은 분자가 열운동을 하는 직접적인 증거라고 할 수 있다.

1-5 열운동과 온도

온도란 분자의 격렬한 열운동이란 것을 알게 되었는데, 그렇다면 온도를 정량적으로 나타내려면 어떻게 해야 할까.

열운동의 격렬함을 나타내는 기준으로는, 예를 들어 분자의 운동에너지를 들 수 있을 것이다. 그러나 어느 순간에 분자 전체를 바라보면, 열운동은 분자에 따라 빠른 것도 있고 느린 것도 있다. 또 분자 한 개에 주목하여 그 운동을 쫓으면 다른 분자와 충돌할 때마다 속도는 다양하게 변동한다. 따라서 분자 전체의 열운동의 격렬함을 나타내려면 분자 한 개당 운동에너지의 평균값을 이용하면 된다. 그래서 평균값을 $\langle \cdots \rangle$의 기호로 표시하고, (식 1-8)로 온도 T를 정의하기로 한다. α는 적당히 선정한 상수이다.

$$\left\langle \frac{1}{2}mv^2 \right\rangle = \alpha T \quad \cdots\cdots\cdots\cdots \text{(식 1-8)}$$

여기서 기체 온도계로 측정한 절대온도 T와 같은 기호를 사용했지만 이 둘이 같은 것이라는 보증은 아직 없다. 그러나 온도를 이렇게 정의하면 열운동이 가장 잠잠해졌을 때, 즉 모든 분자가 정지했을 때 $T=0$이 되고 그보다 낮은 온도가 존재하지 않는 것은 명백하다. (식 1-8)로 정의한 온도가 절대온도와 유사한 성질을 갖는다는 것은 이해할 수 있을 것이다.

1-6 기체의 분자운동과 이상기체법칙

분자의 열운동에서 정의한 (식 1-8)의 온도 T와 이상기체법칙 (식 1-4)에 나오는 온도 T와의 관계를 밝히기 위해서는 기체의 성질을 미시적인 분자운동의 입장에서 이해할 필요가 있다.

기체도 다수의 분자로 구성되어 있고, 기체분자도 액체의 경우와 마찬가지로 열운동을 하고 있다. 기체가 액체와 다른 점은 밀도가 월등히 엷다는 것으로, 기체에서 분자는 성글게 존재한다. 따라서 분자끼리의 충돌은 좀처럼 일어나지 않고, 분자는 대부분 자유로이 직진 운동을 하고 있다. 이들 분자가 벽에 충돌하면 벽은 분자로부터 힘을 받는다. 충돌은, 예를 들어 벽을 향해 콩을 던지면 콩이 벽 여기저기에 부딪치는 것처럼 산발적으로 일어날 것이므로 벽이 받는 힘도 장소·시간적으로 불규칙하게 변동할 것임이 틀림없다. 그러나 거시적으로 보면 이와 같은 미세한 변동은 볼 수 없고 평균화된 일정한 힘이 관측된다. 이 힘이 벽이 기체로부터 받는 압력이다.

이 압력과 분자운동의 관계를 좀 더 자세하게 생각해 보자. 설명을 간단하게 하기 위해 한 변이 L인 밀봉한 정육면체 그릇에 기체가 들어 있다고 치고, 기체분자 한 개에 주목하여 그 운동을 추적해 보자. (그림 1-6)과 같이 분자의 운동방향이 그릇의 한쪽 벽에 수직인 경우를 생각하고 그 빠르기를 v라고 한다. 분자와 벽의 충돌이 탄성적이라면 충돌에 의해 분자의 빠르기는 변하지 않는다. 이때 분자는 마주한 양쪽 벽에 반복적으로 충돌하면서 벽 사이를 일정한 속도 v로 왕복한다.

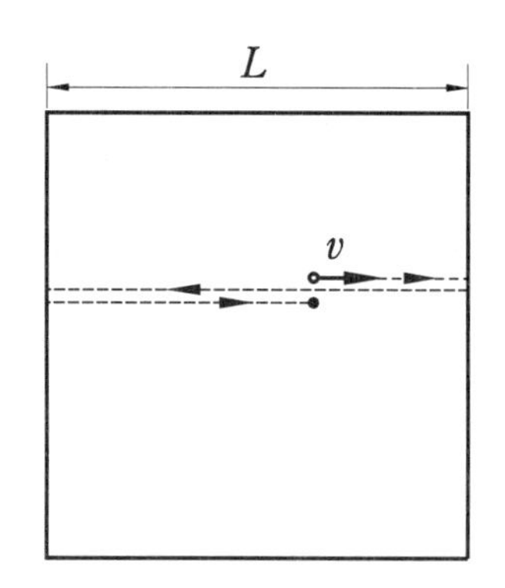

그림 1-6 상자 속 기체분자의 운동

한 번 왕복하는 거리는 $2L$이므로 왕복하는 데 걸리는 시간은 $2L/v$이고, 분자는 하나의 벽에 대하여 단위 시간당 $v/2L$회의 비율로 충돌한다. 충돌로 분자의 속도는 v에서 $-v$로 변하므로 운동량으로 치면 mv에서 $-mv$로 $2mv$의 변화가 일어나는 것이 된다. 여기서 충돌에 관한

역학의 법칙을 상기하자. 그것은

"운동량의 변화는 가해진 충격량(衝擊量)과 같다."

라는 것이었다. 지금의 경우에서 말하면 벽에서 분자에 작용하는 힘을 F, 충돌 시간을 τ로 하면 분자에 가해지는 충격량은 $F\tau$가 되므로 이 법칙은

$$2mv = F\tau$$

라는 형태로 쓸 수 있다. 이것은 작용·반작용의 법칙에 의해 분자에서 벽에 작용하는 충격량과 같다. 시간 t 사이에 이 분자는 벽에 $(v/2L)t$회 충돌하므로, 그 사이에 분자가 벽에 미치는 충격량은

$$2mv \times \frac{vt}{2L} = \frac{mv^2}{L}t$$

가 된다. 이것은 평균화하여 생각하면 분자가 시간 t 사이에 벽에 대하여 일정한 힘

$$f = \frac{mv^2}{L}$$

을 계속적으로 미쳤다고 간주하여도 좋다.

여기서는 벽에 대하여 수직으로 운동하는 특별한 분자를 생각해 봤지만 실제로 분자의 운동은 속도도, 향하는 방향도 다양하다. 그리고 액체 전체의 성질에는 방향성이 없고 어느 벽에나 같은 크기의 압력이 작용하고 있을 것이다. 그래서 매우 개략적인 이야기가 되겠지만 모두 N개인 분자 중에서 $N/3$개씩이 세 집단의 평행한 벽에 각각 수직으로 운동하고 있다고 치자. 이때 벽 하나에 작용하는 힘은

$$F = \frac{N}{3}\langle f \rangle$$

가 되고, 압력은 다시 이것을 벽의 면적 L^2으로 나눠

$$p = \frac{F}{L^2} = \frac{N}{3L^3}\langle mv^2 \rangle$$

가 된다. 분자의 속도는 다양하므로 mv^2으로서는 그 평균값을 사용하면 된다. L^3은 그릇의 부피 V가 되므로 결국 다음 식과 같은 관계를 얻을 수 있다.

$$pV = \frac{2}{3}N\left\langle \frac{1}{2}mv^2 \right\rangle \quad \cdots\cdots \text{(식 1-9)}$$

$\left\langle \frac{1}{2}mv^2 \right\rangle$은 분자 한 개당 운동에너지의 평균값이었다. 좀 더 정확하게 계산해도 이 결과는 변하지 않는다.

여기서 오른쪽의 운동에너지 평균값에 분자의 열운동에서 온도를 정의한 (식 1-8)을 대입하면 다음과 같은 식을 얻을 수 있다.

$$pV = RT, \; R = \frac{2}{3}N\alpha \quad \cdots\cdots \text{(식 1-10)}$$

이것은 바로 이상기체법칙이다. 미시적인 분자운동의 입장에서 이상기체법칙을 유도할 수 있게 된 셈이다. 이것은 동시에 분자의 운동에너지 평균값으로 정의한 (식 1-8)의 온도가, 계수 α를 적당히 선택해 두면, 기체 온도계로 측정할 수 있는 절대온도와 같은 것이 됨을 의미한다.

만약 계수 α를 기체의 종류에 관계없는 보편적인 값으로 선정할 수 있다면 이상기체법칙의 계수 R도 기체의 분자수에 비례하고, 기체의 종류에 상관없는 것이 된다. 이것은 사실

"온도・압력이 같으면 같은 부피에 포함되는 분자수는 기체의 종류에 상관없이 같다."

라는 형태로 아보가드로(Avogadro, Amedeo : 1776~1856)가 예언한 것이었다. 0℃, 1기압 아래에서 부피 22.4 l에 포함되는 기체를 1몰(mole)이라고 하며, 그 분자수는 기체의 종류에 관계없이 다음 식과 같은 수가 되는 것을 알고 있다.

$$N_0 = 6.02 \times 10^{23} \text{개} \quad \cdots\cdots \text{(식 1-11)}$$

이 수를 **아보가드로수**라고 한다. 1몰의 기체에 대하여 계수 R은 다음 식과 같이 된다.

$$R_0 = 8.31 \text{ J/K} = 1.99 \text{ cal/K} \quad \cdots\cdots \text{(식 1-12)}$$

R_0를 **기체상수**라고 한다. 이 아보가드로수와 기체상수

에서 α는 물질에 관계없는 보편적인 상수로서 결정되는데, 우리는 α 그 자체가 아니라 $\frac{2}{3}\alpha \equiv k_B$라는 상수를 사용하는 것이 습관화되어 있다. 즉, 다음 식이다.

$$k_B = \frac{R_0}{N_0} = 1.38 \times 10^{-23} \text{ J/K} \quad \cdots\cdots \text{(식 1-13)}$$

이것을 **볼츠만상수**라 하며, 이후 미시적인 분자 운동과 거시적인 온도를 잇는 중요한 역할을 하게 된다.

볼츠만상수를 사용하여 쓰면, 분자의 운동에너지와 온도의 관계(식 1-8)은 다음 식과 같이 된다.

$$\left\langle \frac{1}{2}mv^2 \right\rangle = \frac{3}{2}k_B T \quad \cdots\cdots \text{(식 1-14)}$$

이것은 다음과 같이 고쳐 쓸 수 있다. 분자의 속도는 크기와 더불어

방향을 갖는 벡터량인데,[4)] 그것은 직교 좌표를 취하여 x, y, z의 세 방향 성분 v_x, v_y, v_z로 나타낼 수도 있다(〈그림 1-7〉).

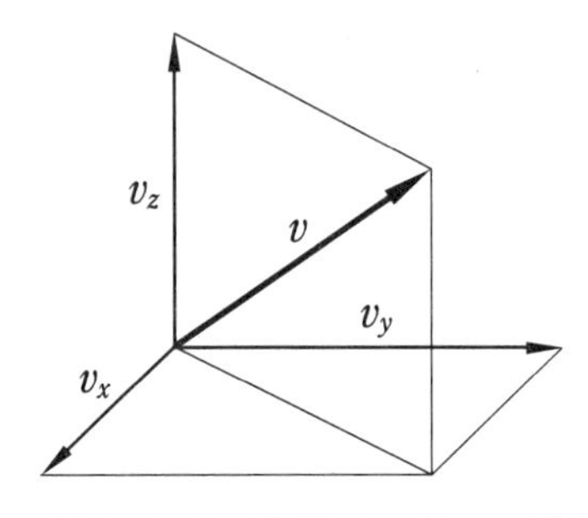

그림 1-7 속도의 벡터 $\boldsymbol{v}$와 그 성분

이때 피타고라스의 정리에 따라

$$v^2 = {v_x}^2 + {v_y}^2 + {v_z}^2$$

이다. 따라서 운동에너지의 평균값도 세 성분으로 나누어 쓰면

$$\left\langle \frac{1}{2}mv^2 \right\rangle = \left\langle \frac{1}{2}m{v_x}^2 \right\rangle + \left\langle \frac{1}{2}m{v_y}^2 \right\rangle + \left\langle \frac{1}{2}m{v_z}^2 \right\rangle$$

이 된다. 기체분자는 불규칙한 운동을 하고 있으므로 평균화하면 운동의 격렬함은 어느 방향에 대해서나 같을 것이다. 따라서 이 세 성분은 모두 같은 값이 된다고 생각된다. (식 1-14)와 합쳐 다음과 같은 식이 된다.

---

4) 속도처럼 크기와 방향을 갖는 양을 벡터(vector)라고 한다. 이제부터 벡터를 나타낼 때는 $\boldsymbol{v}$와 같이 굵은 글자를 사용하기로 하겠다. 벡터는 그 성분으로, 예를 들면 (v_x, v_y, v_z)와 같이 나타낼 수 있으므로 $\boldsymbol{v}$는 이 세 가지 양을 종합하여 나타내는 기호라고 생각해도 좋다. 따라서 나중에 등장하는 $n(\boldsymbol{v})$와 같은 벡터함수는 일반적인 의미로 말하면 세 가지 변수의 함수라고 할 수 있다. 공간 속의 위치도 적당히 정한 원점에서 그 점으로 그은 벡터로 나타낼 수 있다. 이것을 위치벡터라 하며, 기호는 $\boldsymbol{r}$을 사용한다.

$$\left\langle \frac{1}{2}mv_x^{\ 2} \right\rangle = \left\langle \frac{1}{2}mv_y^{\ 2} \right\rangle = \left\langle \frac{1}{2}mv_z^{\ 2} \right\rangle = \frac{1}{2}k_B T \cdots \text{(식 1-15)}$$

평균화하면 세 방향의 운동에 대해 $\frac{1}{2}k_BT$씩 에너지가 할당되어 있다고 해도 좋다.

그런데 이상기체 법칙은 밀도가 엷은 극한에서 성립되는 것이었다. 기체가 엷다는 조건은 미시적인 입장에서 논의한 이 절의 어느 부분에 나타나 있는 것일까. 그것은 개개의 분자가 다른 분자와 관계없이 직선운동을 한다고 생각한 점에 있다. 현실의 기체에서는 분자 간에 힘이 작용하고, 분자 상호 간에 충돌이 일어나기 때문에 분자운동은 결코 이처럼 단순한 것이 아니다. 따라서 압력과 부피·온도와의 관계도 이상기체법칙에서 벗어나게 된다. 다시 말해, 이상기체란 분자 간에 작용하는 힘·분자 상호 간의 충돌효과를 완전히 무시한 듯한 기체를 의미한다.

이 절에서 한 논의로 우리는 절대온도의 미시적인 의미를 명확히 할 수 있었다. 그것은 미시적인 입자가 행하는 난잡한 열운동의 격렬함, 즉 그 운동에너지의 크기를 나타낸다. 이것으로 그것이 물질의 따뜻함이나 차가움을 나타내는 절대적인 지표라 하여도 아무런 손색이 없음이 명확해졌다. 이제부터 할 설명에서는 온도라 하면 절대온도를 쓰는 것으로 하겠다. 별다른 설명이 없어도 온도라고 하면 절대온도를 가리키는 것임을 염두에 두길 바란다.

1-7 기체의 비열

기체분자의 운동에너지는 평균 한 개당 $\frac{3}{2}k_BT$이다. 따라서 분자

수를 N개라고 하면 기체 전체의 에너지는 다음 식과 같이 된다.

$$E = \frac{3}{2} N k_B T \quad \text{(식 1-16)}$$

이 에너지는 기체의 흐름과 같은 거시적인 운동에 의한 것이 아니라 분자의 열운동이라는 형태로, 말하자면 눈에는 보이지 않는 기체의 '내부'에 축적되어 있다. 이와 같은 에너지를 **내부에너지**라고 한다.

물체를 데우려면 고온의 물체를 그에 접촉시키면 된다. 이렇게 하면 고온의 물체에서 저온의 물체로 열이 흘러들어 저온의 물체가 데워진다. 이때 미시적으로는 어떤 일이 일어날까. 고온 물체의 분자는 저온 물체의 분자보다 격렬한 열운동을 하고 있다. 그래서 이 둘을 접촉시키면 접촉면을 통하여 양쪽 분자 간에 힘이 작용하여 고온 쪽 분자의 격렬한 열운동이 저온 쪽 분자를 흔들어 움직인다. 이렇게 하여 저온 쪽 분자의 운동에너지, 즉 저온 물체의 내부에너지가 증가한다. 한마디로 열을 가한다는 것은 분자운동에서 분자운동으로 미시적인 형태로 에너지를 전달하는 것이나 다름없다.

열을 가하면 내부에너지가 증가하여 온도가 상승하다. 이때 온도를 1K 높이기 위해서는 열을 얼마만큼 가해야 하는가를 표시한 것이 **비열(比熱)**이다. 온도가 ΔT만큼 상승했을 때의 내부에너지 증가를 ΔE라고 하면, 온도를 ΔT 높이기 위해서는 ΔE만큼의 에너지를 외부에서 열로 가해야 한다. 따라서 다음 식이 그 물체의 비열이다.

$$C = \frac{\Delta E}{\Delta T} \quad \text{(식 1-17)}$$

즉, 비열은 온도의 상승과 더불어 내부에너지가 증가하는 정도를 나타낸다. 기체의 경우에는 (식 1-16)과 같이 내부에너지는 절대온도에 비례하므로 비열은 다음 식과 같이 온도에 관계없는 일정한 값이 된다.

$$C = \frac{3}{2} N k_B \quad \text{(식 1-18)}$$

특히 1몰의 기체에 대해서는 다음 식이 된다.

$$C = \frac{3}{2} N_0 k_B = \frac{3}{2} R_0 \cong 3 \text{ cal/K} \quad \text{(식 1-19)}$$

현실의 기체에서는 내부에너지에 분자의 회전운동이 부가되는 경우가 많다. 그때문에 비열은 (식 1-19)의 값보다 커진다. 이에 관해서는 (1-10절)에서 다시 논의하겠다.

1-8 기체분자의 속도분포

이제까지 우리는 분자의 운동에너지의 평균값만을 문제 삼아 왔다. 그러나 기체의 성질을 더 자세히 알기 위해서는 평균값만으로는 불충분하다. 학급 학생 전체의 시험 성적을 파악하기 위해서는 평균점뿐만 아니라 점수의 분포도 조사할 필요가 있다. 이와 마찬가지로 기체분자에 대해서도 속도 분포를 알 필요가 있다.

어느 순간, 기체의 모든 분자에 대한 속도를 일제히 조사했다고 하자. 속도는 벡터이므로 조사 결과를 그래프로 나타내려면 3차원 공간을 사용하는 것이 좋다. 속도의 성분 v_x, v_y, v_z를 좌표로 하는 속도공간을 만들고, 각 분자의 속도를 이 공간에 점으로 찍어 표시한다. 3차원 공간의 그림은 그릴 수 없으므로 2차원으로 하여 그리면 (그림 1-8)과 같은 (v_x, v_y) 평면상의 점 분포를 얻을 수 있다.

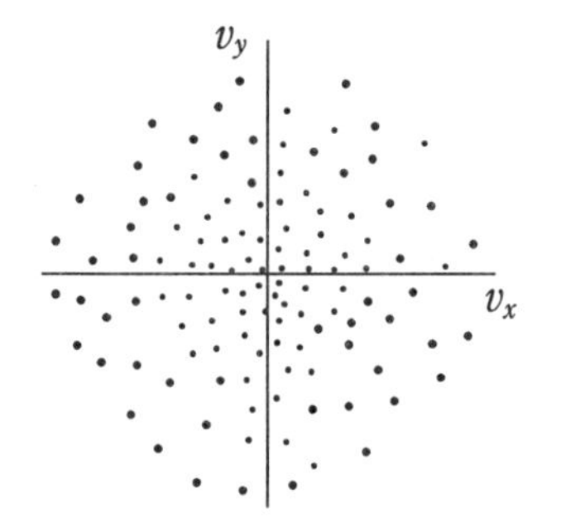

그림 1-8 속도공간에서의 분자분포. 그림에는 120개의 분자분포가 그려져 있다. 실제 분자수는 이보다 월등히 많으므로 이와 같은 그림을 그리면 연속적인 농담(濃淡)으로밖에 보이지 않는다.

이와 같은 그림을 만들면 기체분자의 운동 양상을 한눈에 알 수 있다.

그러나 통계 분포는 상세하다고 해서 무조건 좋은 것은 아니다. 가령 시험의 점수 분포를 예로 들어도 100점 한 명, 96점 세 명, 89점 세 명… 등 그저 데이터를 늘어놓는 것만으로는 별 의미가 없다. 두 번째 시험 결과가 98점 한 명, 95점 두 명, 90점 한 명…이었다고 하고, 100점을 맞은 학생이 한 명에서 0명으로, 98점을 맞은 학생이 0명에서 한 명…으로 변화한 것을 조사해 봐도 전체 상황은 파악할 수 없을 것이다. 보통은 점수를 100~91점, 90~81점…과 같은 식으로 구간을 나눠, 구간마다의 인원수를 파악하는 방법을 선택한다. 이렇게 개략적으로 파악하는 것이 전체 상황을 알기 쉽다.

기체분자의 속도분포도 이와 비슷하다. 각 분자의 속도를 정확히 조사하여 그 결과를 (그림 1-8)과 같은 분포도로 만들었다고 해도, 기체 전체의 성질을 이해하는 데에는 너무 상세하여 오히려 쓸모가 없다. 첫째, 기체분자 사이에서는 빈번하게 충돌이 일어나고 있으므로 충돌할 때마다 분자의 속도가 변화하고, 분포는 시시각각 불규칙하게 변동한다. 이것은 거시적으로 보아 기체가 열평형에 있는 경우와 같다. 그래서 보통 통계 분포를 만들 때와 마찬가지로 속도공간을 작은 영역으로 구분하여, 각 영역 안에 있는 분자수를 세는 방식으로 속도 분포를 만들기로 한다.

속도공간의 분자가 분포되어 있는 영역을, 예를 들어 100억$(=10^{10})$개의 작은 영역으로 구분했다고 하자. 작은 영역을 이렇게 작게 나누어도 1몰의 기체에는 약 10^{24}개의 분자가 있으므로 하나의 작은 영역 안에 있는 분자수는 평균 10^{14}개나 된다. 각 영역의 분자수가 이처럼 많으면 충돌에 의해 분자의 속도가 변하고, 그에 수반해서 각 영역의 분자 수가 늘어나거나 줄어들어도 그 증감은 별로 두드러져 보이지 않는다. 이처럼 개략적으로 본 속도분포는 분자의 불규칙한 운동으로는 거의 변하지 않고, 기체가 열평형에 있으면 시간적으로 변동하지 않는다고 생각해도 좋다.

이 열평형에서의 기체분자의 속도 분포는 어떻게 될 것인가. 그것을 알려면 분자의 운동과 충돌이 일어나는 양상에 대한 상세한 논의가 필요하다. 그 결과에 따르면 속도가 v라는 값의 작은 영역 안의 분자 수 $n(v)$는 기체가 온도 T의 열평형상태에 있을 때 다음 식과 같이 된다.

$$n(v) = A\exp\left\{-\frac{1}{2}mv^2/k_BT\right\} \cdots\cdots\cdots\cdots \text{(식 1-20)}$$

여기서 $\exp\{x\}$는 지수함수 e^x을 나타낸다. e는 2.718⋯이라는 값의 상수이다. 계수 A는 $n(v)$를 모든 영역에 대하여 가합한 것이 모든 분자수 N이 된다는 조건으로 정해지는 상수이다. 이와 같이 열평형의 속도분포는 분자의 운동에너지 $\frac{1}{2}mv^2$에만 따르고 있다.

설명이 약간 전문적인 것이 되므로 속도분포를 구하는 논의는 상세하게 개입할 수 없다. 그러나 다음과 같이 생각하면 분자 간에 충돌이 일어나도 속도분포는 변화하지 않을 것이라고 추찰할 수 있을 것이다. 속도가 v_1인 작은 영역에 있는 분자와 속도가 v_2인 작은 영역에 있는 분자가 충돌하여 각각의 속도가 v_1', v_2'로 변했다고 하자. 물론 이 충돌은 역학법칙에 따라 일어나므로 충돌할 때 운동에너지가 보존되어 다음 식과 같이 된다.

$$\frac{1}{2}mv_1^{\ 2}+\frac{1}{2}mv_2^{\ 2}=\frac{1}{2}mv_1^{\ \prime 2}+\frac{1}{2}mv_2^{\ \prime 2} \quad \cdots\cdots\cdots\cdots \text{(식 1-21)}$$

이 충돌은 어떠한 빈도로 일어나는 것일까. 충돌은 속도 $\boldsymbol{v}_1$, $\boldsymbol{v}_2$의 작은 영역에 있는 분자가 많을수록 빈번하게 일어날 것이며, 빈도는 분자의 곱

$$n(\boldsymbol{v}_1)n(\boldsymbol{v}_2)$$

에 비례한다. 충돌이 1회 일어날 때마다 $n(\boldsymbol{v}_1)$, $n(\boldsymbol{v}_2)$는 한 개씩 감소하고, 대신에 $n(\boldsymbol{v}_1')$, $n(\boldsymbol{v}_2')$가 한 개씩 증가한다. 한편 분자가 불규칙하게 운동하고 있는 동안에는 이것과 역의 충돌, 즉 속도가 $\boldsymbol{v}_1'$인 작은 영역에 있는 분자와 속도가 $\boldsymbol{v}_2'$인 작은 영역에 있는 분자가 충돌하여 각각의 속도가 $\boldsymbol{v}_1$, $\boldsymbol{v}_2$로 되는 경우도 일어날 것이다. 이 역의 충돌이 일어나는 빈도는

$$n(\boldsymbol{v}_1')n(\boldsymbol{v}_2')$$

에 비례하고, 그것이 1회 일어날 때마다 $n(\boldsymbol{v}_1')$, $n(\boldsymbol{v}_2')$은 한 개씩 감소하여 $n(\boldsymbol{v}_1)$, $n(\boldsymbol{v}_2)$가 한 개씩 증가한다. 이렇게 서로 역방향 충돌이 일어나는 빈도를 비교해 보자. 만약 분자가 (식 1-20)의 속도분포를 하고 있었다면

$$n(\boldsymbol{v}_1)n(\boldsymbol{v}_2)=A^2\exp\left\{-\left(\frac{1}{2}mv_1^2+\frac{1}{2}mv_2^2\right)/k_BT\right\}$$

$$n(\boldsymbol{v}_1')n(\boldsymbol{v}_{2'})=A^2\exp\left\{-\left(\frac{1}{2}mv_1^{\ \prime 2}+\frac{1}{2}mv_2^{\ \prime 2}\right)/\ k_BT\right\}$$

이다. 하지만 v_1, v_2, v_1', v_2'간에는 운동에너지의 보존법칙(식 1-21)이 성립되므로 다음 식과 같은 관계가 성립되는 것을 알 수 있다.

$$n(\boldsymbol{v}_1)n(\boldsymbol{v}_2) = n(\boldsymbol{v}_1{}')n(\boldsymbol{v}_2{}') \quad \cdots\cdots \text{(식 1-22)}$$

이것은 (식 1-20)의 온도 분포에서는 서로 반대 방향으로 충돌이 일어날 빈도가 마침 같아지는 것을 나타낸다. 이 관계는 모든 충돌에 성립된다. 따라서 각 작은 영역의 분자 수는 충돌이 일어날 때마다 증가하거나 감소하거나 하지만 시간적으로 평균화해서 보면 변화하지 않는다.

(식 1-20)의 계수 A를 제외한 부분을 v의 함수로 표시하면 (그림 1-9)와 같이 된다.

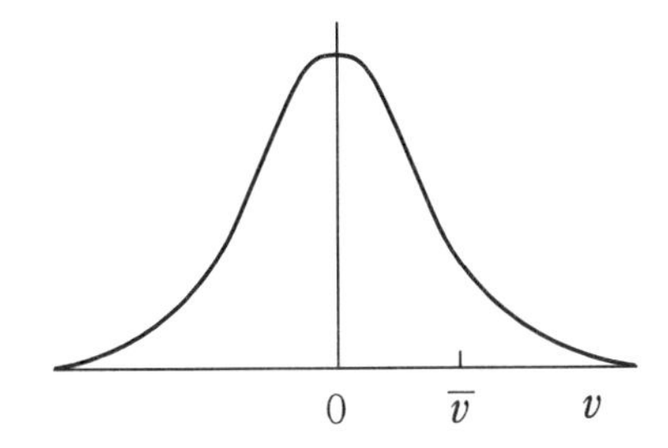

그림 1-9 (식 1-20)의 가우스분포
$\overline{v} = \sqrt{2k_BT/m}$

이것은 통계 분야에서 가우스분포 내지는 정규분포라고 불린다. $v=0$일 때, 그 값은 1, $\frac{1}{2}mv^2 = k_BT$일 때 0.368, v가 이 값을 넘으면 급속히 작아진다. 예를 들어 $\frac{1}{2}mv^2 = 5k_BT$이면 0.00738이 된다. 즉, 분자는 대부분이 속도공간의

$$\frac{1}{2}mv^2 \lesssim k_BT, \text{ 즉 } v \lesssim \overline{v} = \sqrt{2k_BT/m} \quad \cdots\cdots \text{(식 1-23)}$$

이 되는 영역 안에 분포되어 있다고 생각해도 좋다.

운동에너지의 평균값이 $\frac{3}{2}k_BT$가 되는 것은 이것으로부터도 대략 이해할 수 있을 것이다.

1-9 통계역학의 사고방식

우리가 성질을 알아보려고 하는 물질은 모두 10^{24}개라는 막대한 수의 원자나 분자의 집합이다. 게다가 그 원자나 분자는 서로 힘을 미치고 있기 때문에 그 운동은 서로 뒤얽힌 복잡한 것이다. 따라서 아무리 큰 전자계산기를 가지고 있어도 분자 운동의 과정을 완전히 결정하는 것은 도저히 불가능하다.

그러나 한편으로는 분자의 수가 막대하고 그 운동이 복잡하기 때문에 운동에 대하여 확률·통계적인 사고가 허용된다. 주사위를 단 한 번 던져서 무엇이 나올 것인가를 예측하려면 주사위를 잡는 법, 던지는 세기, 바닥의 상태 등을 상세하게 분석할 필요가 있다. 그러나 몇만 번 던졌을 때 무엇이 나올 것인가는 대체적인 경우 간단하게 예측할 수 있다. 6만 번 던지면 1의 눈도, 6의 눈도 거의 1만 번씩 나올 것임이 틀림없다. 던진 주사위가 구르는 운동은 복잡하므로 약간의 탄력으로 나오는 눈은 1이 되기도 하고 6이 되기도 한다. 따라서 어느 눈이 나올지의 '확률'도 $\frac{1}{6}$씩 있어서, 6만 번 던지면 약 1만 번은 1의 눈이 나올 것이라고 생각한다.

물질 속의 분자운동도 마찬가지다. 하나의 예로, 상자 속 기체분자의 운동을 생각해 보자. 상자를 같은 부피의 두 영역 A, B로 나눠, 분자가 두 영역에 몇 개씩 나뉘어 분포되는지를 조사해 본다. 분자는 상자 속을 불규칙하게 돌아다니고 있으므로 어떤 순간에 그것이 A에 있을지 B에 있을지의 확률은 $\frac{1}{2}$씩이다. 가령 분자 수를 열 개라고 하면, 그 분자 열 개가 모두 A에 있을 확률은 $\left(\frac{1}{2}\right)^{10} \simeq 0.001$이 된다. 이에 대하여 분자가 다섯 개씩 나뉠 확률을 구하려면 분자 열 개에서 임의로 다섯 개를 선출할 조합을 생각하여

$$ {}_{10}C_5 \times \left(\frac{1}{2}\right)^{10} = \frac{10!}{5!5!} \times \left(\frac{1}{2}\right)^{10} \cong 0.246 $$

이 된다. 여섯 개와 네 개로 나뉠 경우도 생각하여 A 영역에 있는 분자 수가 넷~여섯 개가 될 확률을 구하면 약 70 %가 된다. 분자가 두 영역에 거의 절반씩 나뉠 확률이 한쪽으로 치우칠 확률에 비해 압도적으로 크다. 이 경향은 분자수가 많을수록 현저하다. 보통 기체처럼 10^{24} 개나 되는 분자가 모여 있으면 두 영역에 있는 분자수의 차 ΔN은 비율적으로 $\Delta N/N \sim 10^{-12}$을 넘는 일이 거의 없다. 이와 같은 것이 확률적인 사고방식에 의해 제시되었다.

분자운동의 가장 복잡한 성질에 대해서도 위와 같은 확률・통계적인 방법을 이용할 수 있다. 앞 절에서 제시한 기체분자의 속도분포도 이와 같은 방법으로 구할 수 있다. 이런 방법을 **통계역학(統計力學)**이라고 한다. 통계역학은 미시적인 세계의 분자 운동과 거시적인 세계의 물질의 성질 사이를 연결하는 중요한 역할을 하고 있다.

앞 절에서는 기체분자의 속도분포(식 1-20)를, 어느 순간에 분자 속도를 일제히 조사했을 때에 얻어지는 분포로서 제시했다. 이 결과는 다른 견해로도 볼 수 있다. 기체 속의 분자 하나에 주목하여 그 운동을 오랜 시간에 걸쳐 추적해 본다. 분자는 벽이나 다른 분자와 몇 번이고 충돌하고 그때마다 속도가 변한다. 속도공간 속에서 보면 분자는 여기 저기로 불규칙하게 방황한다. 앞에서와 같이 속도공간을 작은 영역으로 분할한 다음, 오랜 시간에 걸쳐 분자의 행동을 조사하여 각각의 작은 영역에 체재하는 시간을 기록하였다고 하자. 이와 같이 하여 그 분자가 각각의 작은 영역에 체재하는 시간의 비율, 다시 말해 그 분자가 각각의 작은 영역 안에 있는 확률을 구할 수 있다. 그 확률을 $P(v)$라 쓰면, 그것이 (식 1-20)과 마찬가지로 다음과 같은 식이 된다.

$$P(v) \propto \exp\left\{-\frac{1}{2}mv^2/k_BT\right\} \cdots\cdots \text{(식 1-24)}$$

N개의 분자는 모두 같은 것이므로 어느 분자에 대해서도 그것이 속도 v의 작은 영역에 있을 확률은 같은 $P(v)$이다. 따라서 그 작은 영역에 있는 분자의 수는 $n(v) = NP(v)$가 되어, (식 1-24)와 (식 1-20)이 같은 형태가 되는 것은 명확할 것이다.

주사위를 던지는 것으로 비교하자면, 같은 주사위를 6만 개 준비하여 그것을 일제히 던졌을 때 1의 눈, 2의 눈…, 6의 눈이 나온 주사위의 수를 나타낸 것이 (식 1-20)의 속도분포이고, 한 개의 주사위를 6만 번 던졌을 때 1의 눈, 2의 눈…, 6의 눈이 나온 횟수를 기록한 것이 (식 1-24)이다.

통계역학에 따르면 (식 1-24)는 사실 더 일반적인 확률법칙의 특별한 경우라는 것을 알 수 있다. 그 일반적인 확률법칙이라는 것은 다음과 같은 것이다.

"온도가 T인 환경에 놓인 물체가 에너지 E 상태에 있을 확률은 다음과 같은 식으로 주어진다."

$$P(E) \propto \exp\left\{-\frac{E}{k_BT}\right\} \cdots\cdots \text{(식 1-25)}$$

여기서 물체라고 한 것은 분자 한 개라도 좋고 거시적인 물체라도 좋다. 기체분자의 경우라면 온도가 T인 기체 속에 있는 분자 한 개에 주목하여, 그 분자가 에너지 $E = \frac{1}{2}mv^2$인 상태에 있을 확률을 구하려면 (식 1-25)에 이 운동에너지의 형태를 대입하여 (식 1-24)를 얻을 수 있다.

이 확률법칙이 갖는 의미를 좀 더 자세하게 생각해 보자. 예를 들어 쇳덩어리가 온도 T인 물속에 담겨 있다고 치자. 이때 거시적으로 보면 쇠는 물과 같은 온도가 되고, 그 이상 변화는 일어나지 않는다. 그러나 미시적으로 보면 쇠와 물의 경계에서 쇠 원자와 물분자가 서로 힘을 미쳐 양쪽의 열운동에 영향을 준다. 이렇게 하여 쇠와 물 사이에는 미시적인 형태로 에너지가 출입하므로 쇳덩어리의 에너지는 일정한 값을 유지하지 못하고 시간적으로 변동한다. 이와 같은 경우에도 쇳덩어리가 에너지 E의 상태에 있을 확률이 (식 1-25)로 주어진다.

1-10 진동자

가장 간단한 역학적인 운동은 기체분자처럼 입자가 외부로부터 전혀 힘을 받지 않을 때에 행하는 자유로운 직선운동일 것이다. 반대로 강한 힘으로 고정되어 있는 입자가 움직이기 시작하면 그 입자는 고정점 주위에서 진동한다. 이와 같은 운동은 우리 주위에서도 시계추, 기타 줄의 진동 등 여러 곳에서 볼 수 있다. 미시적인 세계에서도, 예를 들어 고체 속의 원자는 진동하고 있는 것으로 생각된다. 통계역학을 응용한 예로 다음은 진동을 거론해 보고자 한다.

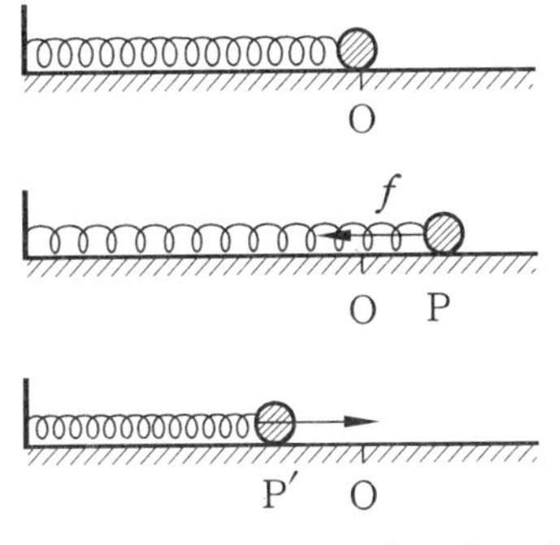

그림 1-10 용수철 끝에 매단 추의 운동

가장 간단한 진동의 예는 용수철 끝에 매단 추의 운동일 것이다. (그림 1-10)처럼 용수철이 자연적인 길이에 있을 때의 추의 위치를 O로 한다. 추를 P점까지 당겨서 손을 놓으면 용수철이 원래 자리로 돌아가려고 추를 끌어당기므로 그것은 O점을 향해 움직이기 시작한다. 추가 O점에 이르면 용수철은 자연적인 길이로 돌아가므로 추를 당기는 힘은 없어지지만 관성에 의해 왼쪽으로 계속 움직인다. 이번에는 용수철이 수축하여 추를 밀어내므로 그 속도는 점점 느려져 P′점에 이르러 정지하고, 다음은 오른쪽을 향해 움직이기 시작한다. 추는 이렇게 하여 O점을 중심으로 P와 P′ 사이를 진동한다. 그 진동 수, 즉 1초 동안 왕복하는 횟수 ν는 추의 질량 m과 용수철의 세기 k만으로 결정되어 다음 식이 된다. 진동의 강약에는 관계없다.

$$\nu = \frac{1}{2\pi}\sqrt{\frac{k}{m}} \quad \cdots\cdots \text{(식 1-26)}$$

이 운동은 역학적인 에너지 보존이라는 눈으로 다시 볼 수도 있다. 용수철을 끌어당겼을 때, 오그라들려고 하는 힘은 늘어남에 비례한다(훅의 법칙). 따라서 추가 중심 O를 원점으로 하여 x의 위치에 있을 때, 추에 작용하는 힘 f는 다음 식과 같이 된다.

$$f = -kx \quad \cdots\cdots \text{(식 1-27)}$$

단, 여기서 추의 위치 x는 O점보다 오른쪽에 있을 때 양, 왼쪽에 있을 때 음, 힘 f도 오른쪽을 양, 왼쪽을 음이라고 약속한다.

추의 위치와 힘의 관계는 (그림 1-11)과 같다.

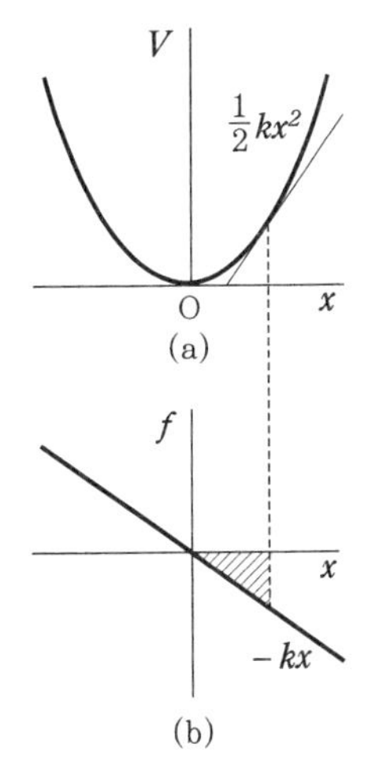

그림 1-11 추에 작용하는 힘 f(b)와 퍼텐셜 V(a)
힘 그래프(b)에서 빗금 친 삼각형 면적이 퍼텐셜이 되고, 퍼텐셜 그래프(a)에서 접선의 구배 부호를 바꾼 것이 힘이 된다.

이 힘에 거슬러 추를 O점에서 x 위치까지 움직이려면 외부에서 일을 하여야 한다. 필요한 일의 크기는 그림에서 말하면 빗금 친 삼각형의 면적에 해당하여, 다음 식이 된다.

$$V(x) = \frac{1}{2}kx^2 \quad \text{(식 1-28)}$$

이만큼의 에너지가 용수철에 탄성에너지로 축적된다.

이 에너지는 반대로 추에 작용하는 힘의 원천이라고도 볼 수 있다. 추의 위치를 아주 약간 x에서 $x+\Delta x$까지 변화시켰다고 하자. 이때 탄성에너지의 변화를 ΔV라고 한다. Δx가 아주 작으면 그만큼 용수철을 당겨 늘리는 사이, 추에 작용하는 힘은 거의 변화하지 않는다. 이 힘을 f라고 하면, 추의 위치를 Δx만큼 움직이기 위해 필요로 한 일은 $-f\Delta x$이다. 이만큼의 일이 용수철에 탄성에너지의 증가로서 축적되므로 $-f\Delta x = \Delta V$, 따라서

$$f = -\frac{\Delta V}{\Delta x}$$

가 된다. Δx를 무한으로 작게 하였을 때, $\Delta V/\Delta x$는 $V(x)$의 미분이 된다.
즉, 용수철의 탄성에너지와 힘과의 관계로서

$$f = -\frac{dV}{dx} \quad \cdots\cdots \text{(식 1-29)}$$

를 얻을 수 있다.

함수 $V(x)$의 구배 부호를 바꾼 것이 그 점에서 추에 작용하는 힘이 되는 셈이다. 이와 같은 의미에서 $V(x)$를 힘 f의 **퍼텐셜(potential)**이라고 한다. 혹은 퍼텐셜의 형태로 축적된 에너지이므로 퍼텐셜에너지라고도 한다. 간단한 미분 계산으로 확인할 수 있듯이 $V(x)$로서 (식 1-28)을 사용하면, 힘 f로서 (식 1-27)을 얻을 수 있다.

퍼텐셜에 관한 설명이 다소 길어졌는데, 이야기를 다시 추의 운동으로 되돌려서, 지금 추가 위치 x에 있고 속도 v로 움직이고 있다고 치자. 이때의 역학적인 에너지는 추의 운동에너지 $\frac{1}{2}mv^2$과 퍼텐셜에너지, 즉 용수철의 탄성에너지 $\frac{1}{2}kx^2$을 합하여 다음과 같이 된다.

$$E = \frac{1}{2}mv^2 + \frac{1}{2}kx^2 \quad \cdots\cdots \text{(식 1-30)}$$

추가 진동할 때, 이 역학적인 에너지는 일정한 값으로 유지된다. 즉, 역학적인 에너지가 '보존되는' 것이다. 추가 P, P'점에 있을 때는 $v=0$이므로 운동에너지가 소멸하여 퍼텐셜에너지가 최대가 된다. O점에 있을 때는 $x=0$이고, 퍼텐셜에너지가 소멸하여 운동에너지가 최대가 된다. 그러나 그 합계한 것은 항상 일정한 값으로 유지된다. OP의 거리를 이 진동의 진폭이라고 하고 그것을 a로 하면, 에너지는 (식 1-30)에서 $v=0$, $x=a$로 놓고 다음과 같은 식이 된다.

$$E=\frac{1}{2}ka^2 \quad \text{(식 1-31)}$$

에너지는 진폭의 제곱에 비례하며, 진폭이 큰 진동일수록 에너지가 높다.

양 끝을 고정한 현(弦)도 마찬가지 운동을 한다. 단, 이 경우에는 입자 한 개의 운동과 달리 여러 가지 형태의 진동이 가능하다. 위에서 든 예에서는, 추의 질량 m과 용수철의 세기 k가 정해져 있으면 (식 1-26)으로 주어지는 진동수 ν의 진동밖에 일어나지 못한다. 현의 진동의 경우, 가장 단순한 형태의 진동은 (그림 1-12(a))이지만 흔들리는 방법에 따라서는 (b) 혹은 (c)와 같은 진동을 일으킬 수도 있다.

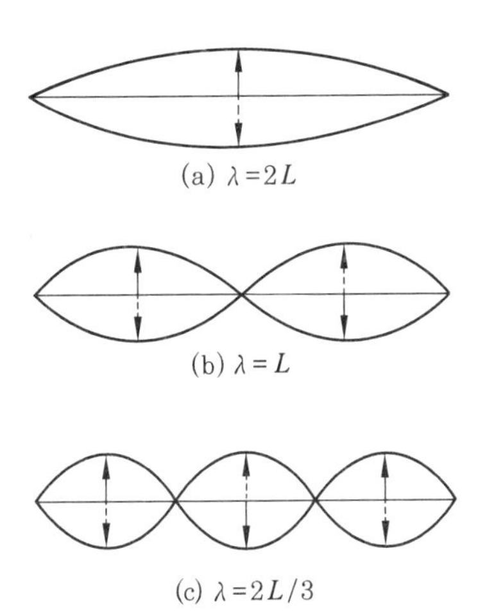

그림 1-12 양 끝을 고정한 현의 진동, 흔들리는 방법에 따라 여러 가지 파장 λ의 진동이 일어난다.

현의 길이를 L, 현을 전파하는 파동의 속도를 c_s라고 하면, (a) 형태의 진동은 파장 $2L$의 파동에 해당하므로 그 진동수는[5] 다음과 같은 식이 된다.

---

5) 파동의 파장 λ, 진동수 ν, 파동의 속도 c의 관계는 $\nu=c/\lambda$이다.

$$\nu_0 = \frac{c_s}{2L} \quad \cdots\cdots (식\ 1\text{-}32)$$

(b), (c)의 진동은 파장이 L, $2L/3$이 되므로 진동수는 각각

$$\nu_1 = \frac{c_s}{L}, \quad \nu_2 = \frac{3c_s}{2L} \quad \cdots\cdots (식\ 1\text{-}33)$$

이다. 이처럼 현은 여러 가지 진동수의 진동을 일으킬 수 있다.

현의 운동은 일반적으로는 이러한 여러 가지 형태의 진동이 혼합된 것이 된다. 그러나 한 가지 형태의 진동만을 분리하여 생각하면, 그 운동은 용수철에 매단 추의 운동과 같아진다. 추와 현은 언뜻 전혀 다른 것처럼 보이지만 진동이라는 측면에서 보면 같은 성질을 갖는 것을 알 수 있다. 이것은 역학적인 운동에 국한되지 않는다. (3-1절)에서처럼 진공 중의 전자기장 또한 맥스웰방정식에 따라 진동한다. 이처럼 어떤 정해진 진동수로 진동하는 '것'을 **진동자(振動子)**라고 한다. 용수철에 매단 추는 한 개의 진동자이고, 양 끝을 고정한 현은 여러 가지 진동수를 갖는 다수의 진동자의 집합이라고 하여도 좋다.

1-11 진동자의 통계역학

고체 속의 원자는 공간적으로 규칙 바른 배열을 하고 있다. 예를 들면 소금 결정이 단정한 주사위 모양을 하고 있는 것 등으로도 추찰할 수 있고, X선 회절(回折) 실험 등으로도 실험적으로 확인할 수 있다. 그러나 원자는 각각의 정해진 위치에 완전히 고정되어 있는 것은 아니다. 원자가 그 정해진 위치에서 움직이면 원래 위치로 되돌리려는 힘

이 작용하고, 그 결과 원자는 진동을 시작한다. 이와 같은 이유로 고체 안의 원자운동은 진동자의 집합이라고 간주할 수 있다. 이와 같은 진동자의 집합에 통계역학을 응용하여 그 성질을 알아보자.

고체 안의 원자도 그러하지만 현실의 물질에서는 진동자 사이에 약하지만 힘이 작용하여 개개의 진동자가 완전히 독립적으로 운동하는 것이 불가능하다. 진동자 한 개에 주목하여 그 운동을 관찰하면, 주위에서 불규칙한 힘을 받기 때문에 일정한 진폭, 일정한 에너지를 갖는 운동을 계속하지 못하고 운동 양상은 불규칙하게 변동한다. 통계역학의 확률법칙(식 1-25)에 의하면 온도 T일 때 진동자가 위치 x, 속도 v의 상태에 있을 확률은 (식 1-25)의 E에 진동자의 에너지 (식 1-30)를 적용하여

$$P(v,\ x) \propto \exp\left\{-\left(\frac{1}{2}mv^2 + \frac{1}{2}kx^2\right) / \ k_BT\right\} \cdots\cdots \text{(식 1-34)}$$

가 된다. 이것은 속도가 v가 될 확률 $P_1(v)$와, 위치가 x가 될 확률 $P_2(x)$로 나누어

$$\left.\begin{aligned} &P(v,\ x) = P_1(v)P_2(x) \\ &P_1(v) \propto \exp\left\{-\frac{1}{2}mv^2/k_BT\right\} \\ &P_2(x) \propto \exp\left\{-\frac{1}{2}kx^2/k_BT\right\} \end{aligned}\right\} \cdots\cdots\cdots\cdots\cdots\cdots \text{(식 1-35)}$$

로 쓸 수도 있다. 어느 쪽 확률이나 모두 기체분자의 속도의 경우와 같은 가우스분포가 된다.

이와 같은 확률법칙에 따라 운동하고 있는 진동자에 대하여 그 운동에너지의 평균값을 구하려면 $\frac{1}{2}mv^2$을 $P_1(v)$의 확률로 평균화하면 된다. 그 계산은 기체분자의 경우와 같으므로 결과도 같아져, 평균값은 다음 식과 같이 될 것이다.

$$\left\langle \frac{1}{2}mv^2 \right\rangle = \frac{1}{2}k_B T \quad \text{(식 1-36)}$$

여기서 속도에 (식 1-14)나 (식 1-20)과 같은 v라는 기호를 사용하였는데, 기체분자의 경우의 v는 3차원적 운동의 속도 벡터 $\boldsymbol{v}$의 크기이고, 여기서의 v는 직선상의 1차원적인 운동의 속도이다. 따라서 운동에너지의 평균값은 3차원적인 운동에 비교하면 그 한 방향분에 해당하여, 결과는 (식 1-14)가 아니라 (식 1-15)와 일치한다.

다음으로 퍼텐셜에너지에 해당하는 분자의 평균값을 구하자. 그것에는 $\frac{1}{2}kx^2$을 (식 1-35)의 $P_2(x)$로 평균화하면 된다. 그 평균 계산을 운동에너지의 경우와 비교해 보면 기호가 v에서 x, m에서 k로 변할 뿐 나머지는 똑같다. 따라서 결과도 같아야 하므로 다음과 같은 식이 된다.

$$\left\langle \frac{1}{2}kx^2 \right\rangle = \frac{1}{2}k_B T \quad \text{(식 1-37)}$$

진동자에너지의 평균값은 (식 1-36)과 (식 1-37)을 합쳐서 (식 1-38)이 된다. 결과는 진동수에도, 입자의 질량에도 관계없다.

$$\langle E \rangle = k_B T \quad \text{(식 1-38)}$$

(식 1-15) 혹은 (식 1-36)이나 (식 1-37)이 표시하는 바와 같이 미시적인 입자가 행하는 열운동에서 그 에너지의 평균값은 한 방향의 운동에너지나 퍼텐셜에너지에 대하여 각각 $\frac{1}{2}k_B T$씩 할당된다. 이것은 고전역학에 기초한 통계역학의 중요한 결론으로, **에너지등분배법칙**이라고 한다. 그 평균값이 미시적인 입자의 질량이나 진동자의 진동수 등, 보고 있는 입자의 특성에 전혀 관계없다는 사실에 주목하기 바란다.

1-12 고체의 비열

앞 절에서 얻은 결과를 사용하여 고체의 비열을 구해 보자. 고체 속에서 원자는 각각 정해진 위치 주위에서 진동하고 있으나 원자운동은 x, y, z 세 방향에서 일어나므로 세 방향의 진동을 따로따로 생각하여 원자 한 개는 진동자 세 개에 해당한다고 생각해도 좋다. 따라서 고체 안의 원자 수를 N이라고 하면 고체는 진동자 $3N$개의 집합이라 볼 수 있다. 온도가 T일 때 진동자 한 개의 에너지는 평균 k_BT이므로 고체 전체의 내부에너지는 다음 식과 같이 된다.

$$E = 3Nk_BT \quad \text{(식 1-39)}$$

따라서 1몰의 고체 비열은 다음 식과 같으며, 고체의 종류에는 관계없다.

$$C = 3N_0k_B = 3R \cong 6\ \text{cal/K} \quad \text{(식 1-40)}$$

이 결과는 **뒬롱·프티의 법칙**이라 하며, 실제로 많은 고체에서 거의 성립된다.

그러나 잘 생각해 보면 고체 안의 원자를 거의 독립된 진동자로 간주하는 것은 그다지 좋은 취급이 아님을 알 수 있다. 원자는 각각 정해진 위치 주위에서 진동한다고 했지만, 원자에는 그 위치에 잡아 두는 용수철이 붙어 있는 것은 아니다. 원자가 움직였을 때 그것을 원래 위치로 되돌리려면 원자와 원자 간에 작용하는 힘이 필요하다. 따라서 움직이는 원자는 이웃 원자에 의해 원래 위치로 밀려 되돌아가는 동시에, 이웃 원자를 밀어 되돌리게 된다. 이렇게 하여 고체 안에서는 원자 운동이 이웃에서 이웃으로 전파되므로 각각의 원자가 독립적으로 운동하는 것이 아니라 고체원자 전체가 하나가 되어 움직이는 진동이 일어난다고 생각된다.

이와 같은 진동을 취급하려면 개개의 원자를 따로따로 생각하기보다는 고체 전체를 탄성체처럼 보는 것이 좋다. 그렇게 하면 고체의 진동은 양 끝을 고정한 현의 진동(그림 1-12)과 마찬가지로 여러 가지 파장의 진동으로 분해할 수 있다. 고체 안을 전파하는 탄성파의 속도(음속)를 c_s라 하면 파장 λ의 진동수는 다음 식과 같다.

$$\nu = \frac{c_s}{\lambda} \quad \text{(식 1-41)}$$

고체가 원자배열이라는 불연속적인 구조를 갖지 않는 완전한 연속체라면 얼마든지 파장이 짧은, 따라서 얼마든지 진동수가 높은 진동이 무한으로 존재하게 된다. 그러나 실제로 고체는 원자가 나란히 배열되어 있으므로 원자 간의 거리보다도 파장이 짧은 진동은 존재하지 않는다. 이렇게 생각하면 결국 고체 안의 원자운동은 진동자 $3N$개의 집합이라고 볼 수 있음을 알 수 있다. 단, 개개의 진동자는 결코 개개의 원자운동은 아니고, 또 그 진동수는 (식 1-41)과 같이 진동자에 의해 여러 가지 값이 된다.

이렇게 생각한 진동자 $3N$개의 집합에 통계역학을 응용하면 진동자 개개의 평균 에너지는 그 진동수에 관계없이 k_BT가 된다. 따라서 진동자가 무엇인가 하는 견해에 관계없이 고체 내부의 에너지는 (식 1-39)로 주어진다. 뒬롱·프티의 법칙이 성립되는 것도 변함없다.

이와 같이 에너지등분배법칙이 성립되는 결과로서 거시적인 물체의 성질은 미시적인 원자운동의 상세에는 관계없는, 말하자면 개성이 없는 것이 되어 버린다. 이것은 물질의 미시적인 구조에 흥미를 갖는 우리로서는 단서를 잃어버린 것과 같은 것으로 오히려 실망할 만한 결과라고 할 수 있다.

1-13 비열의 수수께끼

우리는 물질 속의 원자 · 분자의 열운동에 통계역학을 응용함으로써 거시적인 물체의 비열을 구할 수 있었다. 기체의 경우, 비열은 (식 1-19)처럼 1몰당 약 3 cal/K이 된다. 그러나 사실을 말하자면, 이 결과가 실험값과 일치하는 것은 헬륨, 네온(neon), 아르곤(argon) 등 비활성기체로 불리는 일군의 원소 기체의 경우뿐이다. 이들 원소는 화합 결합을 전혀 하지 않고, 기체라도 원자 한 개가 그대로 기체분자로서 운동하고 있다. 그에 비해 산소나 질소는 O_2, N_2처럼 원자 두 개가 결합하여 분자가 된다. 이산화탄소 CO_2, 메탄 CH_4 등은 세 개 이상의 원자로 분자가 구성되어 있다. 이와 같은 두 개 이상의 원자로 구성된 분자기체에서는 1몰당 비열이 3 cal/K보다 크다. 이런 차이가 발생하는 이유는 이들 분자가 기체 안에서 중심운동뿐 아니라 회전운동도 하고 있기 때문이다. 이 회전운동에 대해서도 통계역학을 적용하면 여기서도 에너지등분배법칙이 성립되고, 그리하여 얻어지는 2원자분자 기체, 다원자분자 기체의 비열은 실험과 잘 일치한다.

그러나 잘 생각해 보면 이것은 다소 불가사의한 이야기이다. 원자는 아주 작은 입자이지만 결코 크기가 없는 질점(質點)은 아니다. 그렇다면 헬륨이나 아르곤 원자도 틀림없이 회전운동을 할 것이다. 그러함에도 이들 기체의 비열이 중심운동에너지만으로 설명되고, 회전운동이 그에 기여하지 않는 것처럼 보이는 것은 무슨 이유에서일까.

2원자분자, 다원자 분자 기체의 비열이 중심운동과 회전운동에너지만으로 설명되는 것도 불가사의하다. 이들 분자에서 원자와 원자를 결부시키는 힘은 그것이 어떤 종류의 것이든 유한한 강도의 것일 것이다. 그렇다면 분자 안에서 원자 간의 거리가 변동하여 진동이 일어난다. 진동에너지는 (식 1-38)과 같이 평균 k_BT가 되지만 이것도 기체의 내부에너지에 가해져, 비열에도 기여할 것이다. 그러함에도 실험적으로는 분자가 전혀 진동하지 않는 것처럼 보이는 것은 도대체 무슨 이유에서일까.

금속은 전기가 잘 통하는데 그것은 금속 속에서 자유로이 운동하는 전자가 있기 때문이라고 생각된다(6-1절). 이들 전자집단은 금속 속에서 일종의 기체처럼 행동한다. 그렇다면 이들 전자는 금속의 비열에 대해 (식 1-18)과 같은 $\frac{3}{2}N_ek_B$(N_e는 전자수)의 기여를 할 것이다. 하지만 실제 금속의 비열은 절연체(絕緣體)와 거의 다름없이 뒬롱·프티의 법칙이 성립되어, 운동하는 전자는 금속의 비열에 기여하지 않는 것처럼 보인다.

에너지등분배법칙에 의하면 고체나 기체의 비열은 온도에 관계없이 일정한 값이 된다. 하지만 현실에 존재하는 물질의 비열은 많은 경우 온도에 의해 변화한다. 특히 고체의 경우는 온도변화가 크고, 온도를 낮춰 감에 따라 뒬롱·프티의 법칙에서 벗어나 점점 작아진다. 이런 온도변화 방식은 물질에 따라 다르다. 이와 같은 현상도 이제까지의 사고방식 틀 속에서는 설명되지 않는다.

물질 속에서는 원자나 분자가 난잡한 열운동을 하고 있는데 그 에너지의 평균값은 에너지등분배법칙으로 구할 수 있었다. 그 결과는 분자의 질량이나 진동자의 진동수 등 물질 개개의 성질에 관계없는, 전혀 특징이 없는 것이 되었다. 그것은 난잡한 열운동에 의해 물질의 개성이 평균화되어 은닉되어 버렸기 때문이라고 할 수 있을 것 같다. 그 결과는 온도가 높은 동안에는 실험과도 일치한다. 하지만 온도가 낮아지면 실험 결과는 등분배법칙으로 얻을 수 있는 값에서 조금씩 어긋나게 된다. 그와 동시에 물질의 개성도 모습을 보이기 시작한다. 저온에서 나타나는 이 엇갈림의 원인은 무엇일까. 또한 거기에서는 어떤 물질의 개성이 그 모습을 드러낼까.

2장
엔트로피－질서와 무질서

2-1 비가역적인 변화

다시 줄의 실험(1-3절) 이야기로 돌아가자. 날개바퀴에 휘감겨 움직이기 시작한 물은 그대로 방치하면 흐름이 자연히 멎고 대신에 물의 온도가 높아진다. 미시적으로 보면 처음 한쪽 방향으로 일치해 있던 물분자의 운동은 충돌에 의해 점차 방향이 난잡해져서, 마지막에는 방향성이 전혀 없는 불규칙한 것으로 변해 버린다. 이 분자의 운동상태가 변하는 과정에서 에너지는 일정하게 유지되고 있다. 변한 것은 에너지가 아니라, 말하자면 운동의 난잡성, '무질서상태의 정도'이다.

이 변화를 분자의 속도분포 측면에서 보면 (그림 2-1)처럼 된다.

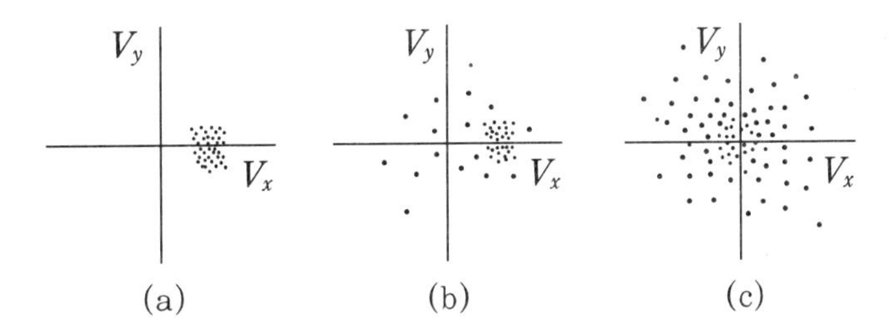

그림 2-1 액체분자의 속도분포 변화. 한쪽 방향으로 일치해 있던 분자의 운동(a)은 충돌에 의해 점차 난잡해지고(b), 오랜 시간이 지나면 열평형분포에 이른다(c).

처음 속도공간의 한 점에 모여 있던 분자는 시간과 더불어 확산되고, 마지막에는 (식 1-20)으로 표시한 바와 같은 열평형분포에 이른다.

이와 유사한 현상은 보통 공간에서도 일어난다. 진공상태인 큰 상자 속에 기체를 채운 작은 상자를 놓는다(그림 2-2).

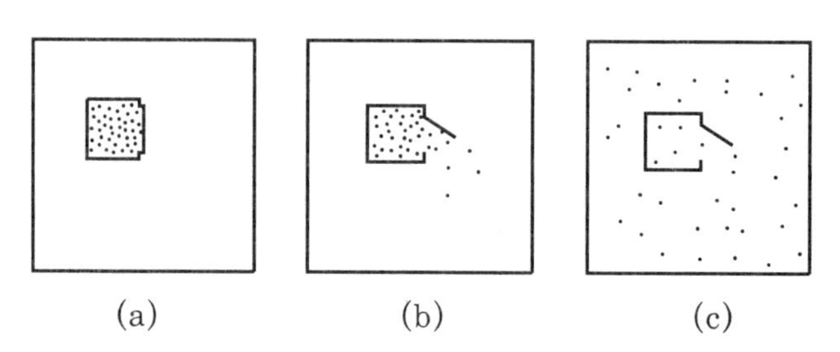

그림 2-2 작은 상자의 뚜껑을 열면, 속에 있는 기체는 큰 상자 전체로 확산된다.

어느 순간에 작은 상자의 뚜껑을 열면, 속의 기체분자는 작은 상자에서 튀어나와 큰 상자 전체에 고르게 확산된다. 이와 같은 실험은 손쉽게 할 수 없고, 기체분자가 확산되는 모습을 눈으로 보기도 어렵지만 컵에 들어 있는 물에 잉크를 떨어뜨리는 실험이라면 쉽게 할 수 있다. 잉크는 점차 퍼져 나가 마침내 물 전체를 고르게 물들인다. 작은 상자의 뚜껑을 연 순간에는 분자가 아직 이 상자 속에 존재한다는 것을 알고 있다. 마지막 상태에 이르면 분자는 큰 상자 전체를 돌아다니고 있어서, 우리는 각 분자가 큰 상자 속 어디에 있는지 전혀 알 수가 없다. 분자의 상태는 그 위치에 관하여 무질서가 증대한 것이다.

이러한 현상의 특징은 방치해 두면 자연적으로 그렇게 된다는 사실에 있다. 그 역방향의 변화는 결코 일어나지 않는다. 일단 큰 상자 전체에 퍼진 기체는 언제까지 기다려도 독자적으로 원래의 작은 상자로 돌아오지 않는다. 공을 던졌을 때와 같은 역학적인 운동일 것 같으면 역방향 운동도 가능하다. 공이 오른쪽에서 왼쪽으로 날아가는 운동을 촬영하여 그 필름을 역회전시키면 공이 왼쪽에서 오른쪽으로 날아가는 것으로 보일 뿐, 어느 누구도 이를 이상하다고는 생각하지 않는다. 그러나 잉크가 물속에서 퍼져 나가는 현상에 대하여 같은 실험을 하면 틀림없이 필름의 역회전을 바로 인지하게 될 것이다. 이처럼 역변화가 일어나지 않는다는 의미에서 이러한 변화를 **비가역(非可逆)**이라고 한다.

사실을 말하자면, 공의 운동도 결코 가역은 아니다. 공기에는 저항이 있기 때문에, 공기에 부딪쳐 공의 속도는 점점 느려진다. 필름을 역회전하면 공의 운동은 점점 빨라진다. 실제로 공을 던져서 이와 같은 운동을 일어나게 할 수는 없다. 이처럼 자연적으로 일어나는 변화는 엄밀하게 말하면 모두 비가역이다.

기체분자는 불규칙적으로 운동하고 있기 때문에 언젠가 우연히 모든 분자가 원래 상자로 돌아오는 경우도 있을 수 있을 것이라고 생각된다. 그러나 막대한 수의 분자가 전부 그렇게 될 확률은 놀랄 만큼 작다. 예를 들어, 큰 상자와 작은 상자의 부피 비율이 9 : 1이라고 하면, 불규칙적으로 운동하고 있는 분자 한 개가 작은 상자로 들어갈 확률은 1/10이다. 따라서 N개의 분자가 전부 작은 상자로 들어갈 확률은 $(1/10)^N$, $N=10^{24}$개라고 하면 확률은 0.00⋯001로 0을 10^{24}개나 적어야 할 정도로 작은 것이 된다.

2-2 무질서와 엔트로피

자연현상을 보는 데 있어 모든 것을 양(量)적으로 포착하고, 그 사이의 관계를 발견해 나가는 것이 물리의 방법이다. 이 '무질서의 정도'도, 예를 들면 에너지처럼 양적으로 나타낼 수는 없을까.

상자에 들어 있는 기체를 생각하면, 기체분자는 상자 속을 돌아다니고 있으므로 기체를 거시적으로 보고 있는 우리로서는 분자가 상자 속 어디에 있는지 알 수가 없다. 따라서 상자의 부피가 클수록 분자의 상태(이 경우에는 분자의 위치)를 알 수 없을 가능성이 크며, 그런 만큼 상태의 무질서가 크다고 할 수 있다. 바꿔 말하면, 무질서란 물질을 구성하고 있는 분자가 열운동을 하고 있는 사이에 취할 수 있는 상태의 양 혹은 넓이를 의미한다.

상자의 부피 V를 부피 v_0의 작은 영역으로 분할하여, 분자가 V/v_0개인 영역의 어느 쪽으로 들어가느냐로 분자의 상태를 나타낸다고 하자. 그렇게 하면 분자 한 개가 취할 수 있는 상태의 수는 V/v_0이다. 분자가 두 개 있으면, 그 각각에 V/v_0의 가능성이 있으므로 분자 두 개가 취할 수 있는 상태의 수는 $(V/v_0)^2$이 된다. 마찬가지로 생각하여, N개의 분자가 취할 수 있는 상태의 수 W는 다음 식과 같다.

$$W=\left(\frac{V}{v_0}\right)^N \quad \text{(식 2-1)}$$

이 W라는 양이, 기체분자의 운동상태의 무질서가 부피에 의해 어떻게 변하는가를 나타낸다고 볼 수 있다. 그러나 이처럼 분자수가 지수(指數)에 들어 있으면 다소 다루기 어렵다. 부피가 V_1에서 V_2로 변했을 때의 W의 변화는

$$\frac{W_2}{W_1}=\left(\frac{V_2}{V_1}\right)^N \quad \text{(식 2-2)}$$

로 되어, 예를 들면 $V_2=2V_1$이면 이 비율은 2^N이라는 매우 큰 수가 되어 버린다. 더욱이 거시적인 물체의 에너지는 입자수에 비례하는 양이므로, 그것과 나란히 놓고 다루면 무질서를 나타내는 양도 입자수

N에 비례하는 것이 바람직하다. 이와 같은 점을 고려하면 W 그 자체보다도 그 로그(log)를 사용하는 것이 편리하다.

로그라는 것은 지수함수의 역함수이다. 즉, a를 1보다 큰 실수(實數)로 하여

$$x = a^y \quad \cdots\cdots \text{(식 2-3)}$$

일 때, 이것을 역으로 y를 x의 함수로 나타낸 것을 로그라 하며,

$$y = \log_a x \quad \cdots\cdots \text{(식 2-4)}$$

로 쓴다. y와 x의 관계는 (그림 2-3)과 같이 되어, x가 증가하면 y도 증가한다.

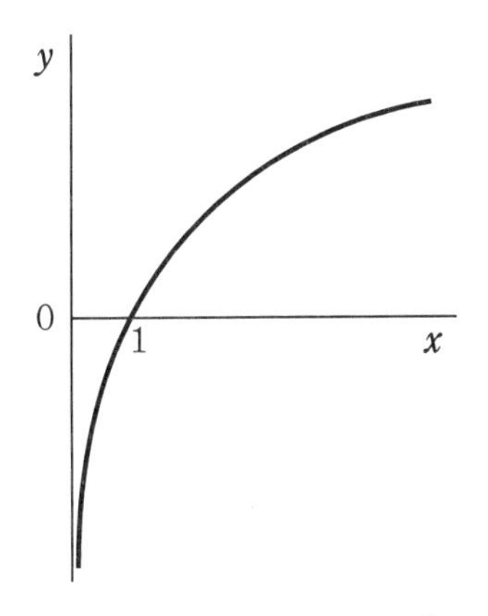

그림 2-3 로그 $y=\log_a x$ 그래프

그러나 로그에는 증가 방식이 매우 느린 것이 로그의 특징이라고 할 수 있다. $x=1$일 때 $y=0$이 되는 것은 (식 2-3)으로도 명확하다.

$$\log_a x^n = n \log_a x \quad \cdots\cdots \text{(식 2-5)}$$

와 같은 성질이 있어, 예를 들면 x가 10에서 1,000,000으로 변해도 로그는 여섯 배가 되는 것에 불과하다.

로그에서, 특히 $a=e=2.718\cdots$로 표시하는 것을 자연로그라고 부르고, ln이라는 기호로 표시한다. 실용적으로는 $a=10$이라고 표시하는 상용로그가 편리하지만 수학적으로는 자연로그 쪽이 여러 가지 점에서 다루기 쉽다.

그래서 이 자연로그를 사용하여, W에서

$$S=k_B \ln W \cdots\cdots (\text{식 } 2\text{-}6)$$

이라는 양을 정의하고, 이것을 **엔트로피(entropy)**라고 명명한다.

비례상수를 볼츠만상수로 선택한 이유는 나중에 알게 될 것이다. W에 (식 2-1)을 대입하면 다음과 같은 식이 된다.

$$S=Nk_B \ln V+\text{상수} \cdots\cdots (\text{식 } 2\text{-}7)$$

부피가 V_1에서 V_2로 바뀌었을 때 엔트로피가 S_1에서 S_2로 된다고 하면, 그 변화 높이는 다음 식과 같다.

$$\Delta S=S_2-S_1=Nk_B \ln\left(\frac{V_2}{V_1}\right) \cdots\cdots (\text{식 } 2\text{-}8)$$

$V_2>V_1$이면 $S_2>S_1$이고, 확실히 부피가 늘어나면 엔트로피는 증대한다.

(식 2-1)처럼 상태의 수 W를 나타내기 위해 상자를 부피 v_0의 영역으로 나누었으나 이것으로는 v_0을 어떠한 크기로 다루면 좋을지도 확실하지 않고, W의 크기에 부정확함이 남는다. 그러나 (식 2-7)처럼 엔트로피로 해 버리면 이 부정확성은 부가 상수 쪽으로 옮겨져, 엔트로피의 변화에만 주목하는 한 신경을 쓸 필요가 없다.

기체분자의 속도에 대하여 그 무질서함을 나타내려면 어떻게 하면 좋을까. 이번에는 보통 공간이 아니라 속도공간 쪽에서 분자분포의 확산에 주목한다. (그림 2-1(a))처럼 속도공간의 좁은 영역에 분자가 모여 있다면 엔트로피는 작고, (b)처럼 확산되면 엔트로피는 커진다. 이 속도공간에서 분자가 분포되어 있는 영역의 부피를 Ω이라고 하면 (식 2-1)과 마찬가지로 생각하여, 기체가 그 분자의 속도에 대하여 취할 수 있는 상태의 수 W는

$$W \propto \Omega^N \quad \cdots\cdots (\text{식 } 2\text{-}9)$$

가 되고, 엔트로피는

$$S = Nk_B \ln \Omega + \text{상수} \quad \cdots\cdots (\text{식 } 2\text{-}10)$$

으로 나타낸다.

기체가 열평형일 때, 분자는 (식 1-20)에 따라 속도공간에 분포되어 있다. 그 영역은 (식 1-23)으로 주어지지만 그 반지름 $\bar{v}$는 분자 한 개당 에너지 E/N으로 나타내면

$$\frac{1}{2}m\bar{v}^2 \simeq \frac{E}{N}, \quad \text{즉 } \bar{v} \simeq \sqrt{\frac{2E}{mN}}$$

로 쓸 수 있다. 따라서 영역의 부피는

$$\Omega \simeq \frac{4}{3}\pi\bar{v}^3 \simeq \frac{4}{3}\pi\left(\frac{2E}{mN}\right)^{3/2}$$

로 나타낸다. 이것을 (식 2-9)에 대입하여 에너지에 의존하는 부분만 적으면 다음과 같은 식이 된다.

$$W \propto \left(\frac{E}{N}\right)^{3N/2} \quad \cdots\cdots (\text{식 } 2\text{-}11)$$

N은 10^{24}이라는 큰 수이므로 W는 기체 에너지 E가 증가하면 급격하게 커진다. (식 2-6)과 (식 2-11)에 의해 엔트로피를 에너지 함수로 나타내면 다음과 같은 식이 된다.

$$S = \frac{3}{2} N k_B \ln E + \text{상수} \quad \cdots\cdots \text{(식 2-12)}$$

에너지가 증가하면 엔트로피는 증대한다. 즉, 에너지가 늘어나면 분자운동이 격렬해지고, 그만큼 기체분자의 미시적인 상태의 무질서가 증가하여 엔트로피가 커지는 것이다.

기체의 내부에너지와 온도 사이에는 $E = \frac{3}{2} N k_B T$의 관계가 있었다. 따라서 이것을 (식 2-12)에 대입하면 엔트로피를 온도 함수로 나타낼 수 있어서 다음과 같은 식이 된다.

$$S = \frac{3}{2} N k_B \ln T + \text{상수} \quad \cdots\cdots \text{(식 2-13)}$$

앞 절에서 자연적으로 일어나는 변화에서는 언제나 무질서가 증가하며, 그와 같은 변화는 비가역인 것임을 알았다. 이 사실을 엔트로피를 사용하여 나타내면 다음과 같이 된다.

"자연적으로 일어나는 변화에서는 언제나 엔트로피가 증대한다. 엔트로피가 감소하는 듯한 변화는 일어나지 않는다."

이것을 **엔트로피증대법칙**이라고 한다.

2-3 기체의 단열변화

기체의 부피를 급격하게 늘리면 엔트로피가 증가한다. 이것은 급격한 변화가 분자의 미시적인 상태를 교란시키기 때문이다. 일상생활에서 생활조건이 갑자기 변화하면 사람들이 혼란에 빠지기 쉬운 것과 마찬가지이다. 생활조건이 오늘에서 내일로 서서히 변한다면 그에 순응하여 혼란 없이 생활할 수 있을 것이다.

기체의 상태 변화도 이와 비슷하다. (그림 2-2)와 같이 기체가 채워져 있는 작은 상자의 뚜껑을 갑작스럽게 열면, 분자가 활동할 수 있는 영역의 넓이가 갑자기 몇 배가 되는 것이므로 분자운동은 혼란하여 엔트로피가 증대한다. 엔트로피가 가급적 증가하지 않도록 변화시키려면 가능한 한 서서히 변화시키면 된다. 기체의 부피를 서서히 늘리려면 (그림 2-2)가 아니라 (그림 2-4)와 같이 기체를 실린더에 넣어 피스톤을 천천히 잡아당기면 된다.

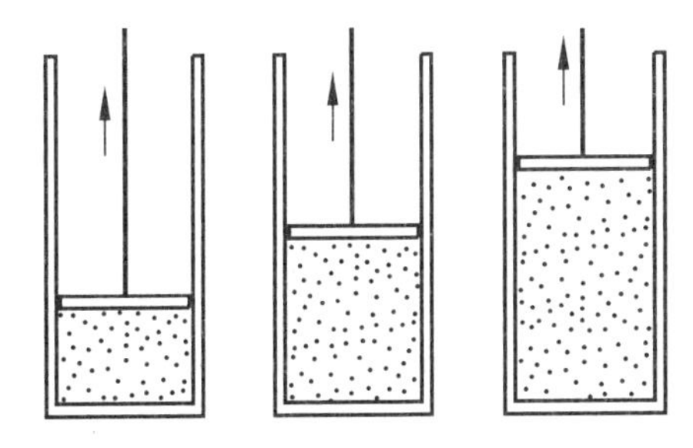

그림 2-4 기체의 단열팽창. 기체를 실린더에 가두고 피스톤을 천천히 잡아당기면, 기체는 밀도를 균일하게 유지한 채 팽창한다.

이렇게 하면 기체는 밀도를 고르게 유지한 채 혼란 없이 팽창할 수 있다. 변화가 서서히 진행될수록 엔트로피의 증가는 적을 것이다. 변화의 속도가 느리고, 엔트로피의 증가를 제로로 간주해도 좋을 만한 변화를 일반적으로 **단열변화(斷熱變化)**라고 한다.

피스톤을 천천히 잡아당기면 실린더 속의 기체분자의 운동에 어떠한 변화가 일어날 것인가. 멈춰 있는 벽에 분자가 충돌할 때, 분자의 속도는 변하지 않는다. 그러나 벽이 움직이고 있을 때에는, 튀어서 되돌아오는 분자의 속도는 전진하는 벽에 충돌할 때는 빨라지고, 반대로

후퇴하는 벽에 충돌할 때는 늦어진다. 이것은 테니스공이 라켓에 부딪쳐 되돌아올 때를 생각하면 쉽게 이해할 수 있다. 라켓을 그냥 들고 있을 때, 라켓으로 공을 되받아쳤을 때, 반대로 라켓을 뒤로 뺐을 때에 튀어서 되돌아온 공의 속도가 어떻게 될지 생각해 보면 된다. 이처럼 피스톤을 천천히 잡아당기면 기체의 부피가 증가함과 동시에 분자의 운동에너지가 감소하여 기체의 온도가 내려가게 된다.

이와 같은 변화로 기체의 부피가 증가하면 엔트로피는 (식 2-7)에 따라 증대하지만 동시에 온도가 내려가므로 (식 2-13)에 의한 감소도 일어난다. 이 역방향 변화가 상쇄하여, 피스톤을 잡아당기는 속도가 느리면 느릴수록 엔트로피의 증가는 작아진다. 엔트로피의 부피에 의한 몫과 온도에 의한 몫을 합하여 쓰면 다음과 같은 식이 된다.

$$S = Nk_B \ln V + \frac{3}{2} Nk_B \ln T + \text{상수}$$
$$= Nk_B \ln\left(VT^{3/2}\right) + \text{상수} \quad \text{(식 2-14)}$$

따라서 엔트로피가 전혀 변화하지 않는다고 하면, $S=$일정한 조건에서 부피 V와 온도 T 사이에 다음 식과 같은 관계가 성립되는 것을 알 수 있다.

$$VT^{3/2} = \text{일정} \quad \text{(식 2-15)}$$

이 관계는 기체가 팽창할 때뿐만 아니라 수축하는 경우에도 성립한다. 기체가 '단열적으로' 수축하면 기체의 온도는 (식 2-15)에 따라 높아진다.

기체가 단열적으로 팽창하면 온도가 내려가므로 내부에너지도 감소한다. 물론 감소한 에너지는 소멸된 것은 아니다. 기체는 피스톤을 밀어내면서 팽창하므로 마치 자동차 엔진처럼 외부에 대하여 역학적인 일을 하고 있다. 내부에너지의 감소분은 이 일에 사용되었다고 생각된다.

공기 펌프로 자전거 타이어에 공기를 주입할 때, 펌프가 뜨거워지는 것을 자주 경험한다. 이것은 펌프 속의 공기가 갑자기 압축되었기 때문에 단열변화의 원리로 공기의 온도가 높아진 것을 나타낸다. 또 지상에서 따뜻해진 공기가 가벼워져서 상승하면 상공에서는 기압이 낮기 때문에 공기는 팽창한다. 이것이 단열팽창(斷熱膨脹)되어 공기의 온도가 내려가고, 공기에 포함되어 있던 수증기가 응축하여 물방울이 된다. 이것이 구름이 형성되는 원리이다.

이처럼 단열변화는 일상의 경험이나 자연 현상에서도 흔히 볼 수 있으며, 저온의 세계를 알고자 하는 우리로서는 단열팽창에 의해 온도가 내려가는 사실은 주목할 만하다. 이 원리를 잘 이용하면 저온을 만들어 내는 방법으로 이용할 수 있기 때문이다. 특히 팽창과 동시에 액체의 기화가 일어나면, 액체상태로 좁은 부피에 가두어져 있던 분자가 넓은 공간으로 확산되므로 그로 인한 엔트로피의 증대가 크다. 단열변화에서는 그것을 상쇄하기 위한 온도의 강하가 크다. 전기냉장고나 에어컨에는 이 방법을 이용하고 있다. 냉장고 안과 바깥 사이에 한제(寒劑)를 순환시키고, 냉장고 안에서 한제를 팽창・기화시켜 온도를 낮춰, 팽창시킨 기체를 냉장고 밖에서 압축하여 액화한다. 압축하면 온도가 상승하지만 그것은 방열기로 열을 발산시켜 냉각한다.

2-4 열역학법칙

이제까지 우리는 물질 중의 분자운동이 어떠한 것인가를 생각해 보고 물질의 열적인 성질에 대하여 논의해 왔다. 이와 같은 미시적인 입장과는 달리 분자운동에는 전혀 관여하지 않고 거시적인 입장에서만 열적인 현상을 연구하는 방법도 있다. 이 거시적인 방법을 **열역학(熱力學)**이라고 한다.

열역학은 다음 두 가지 기본 법칙으로 구성되어 있다.

(1) 역학적인 에너지 외에 열적인 에너지도 고려하면, 이 둘을 합한 모든 에너지는 항상 보존된다.

(2) 자연적으로 일어나는 열적인 현상은 비가역이다.

순수한 역학적 운동으로 물체의 운동에너지와 퍼텐셜에너지의 합이 보존되는 것은 역학적인 에너지보존법칙으로 잘 알려져 있다. (1-10절)에서 제시한 진동자운동은 그 하나의 예로, 외부에서 힘이 전혀 작용하지 않으면 일단 시작한 진동은 같은 진폭으로 영구적으로 계속된다. 그러나 현실의 진동자에서는 어딘가에 마찰이 작용하므로 진동이 점차 감쇠(減衰)하여 마침내는 멎게 된다. 마찰이 있으면 역학적인 에너지는 보존되지 않는다. 그러나 마찰에 의해 발생하는 열적인 에너지도 계산에 넣는다면 에너지보존법칙이 성립된다는 것이 (1)의 내용이다. 현상에 따라서는 화학적 에너지나 전기적 에너지도 고려해야만 한다.

고온 물체와 저온 물체를 접촉시키면 열은 반드시 고온에서 저온으로 전달되며, 그 반대 현상은 일어나지 않는다. 이것은 (2)에서 말하는 비가역적인 열현상의 전형적인 예이다. 그래서 기본 법칙 (2)를 다음과 같이 고쳐 말할 수도 있다.

(2′) 열은 고온 물체에서 저온 물체로 전달되며, 그 반대 현상은 일어나지 않는다.

다른 열현상, 예를 들어 마찰에 의해 열이 발생하는 현상이 비가역인 것은 (2′)를 인정하면 그로부터 출발하여 논증할 수 있다. (2′)는 우리의 일상 경험에서도 너무나 당연하여, 이것을 기본 법칙의 하나라고 하면 오히려 기이하게 느껴질지도 모른다.

그러나 열역학은 언뜻 당연한 것처럼 보이는 이 기본 법칙에서 열적인 현상 전반에 걸친 유력한 이론을 만들어 낸다. 열역학에서는 엔트로피 개념도 비가역한 열현상의 분석에 기초하여 도입된다. (1)을 **열역학 제1법칙**, (2) 또는 (2′)를 **열역학 제2법칙**이라고 한다.

열역학 입장에서 다시 한 번 전기냉장고를 생각해 보자. 냉장고에서 맥주를 차게 식히는 것은, 요컨대 맥주의 내부에너지를 감소시키는 것이므로 우리는 그 감소분의 에너지를 획득하게 된다. 제1법칙만으로 말하면 술을 덥히려면 에너지가 필요한 것은 명백하지만, 맥주를 차게 식히기 위해 전력을 소비해야 한다는 것은 이해할 수 없다. 하지만 맥주를 차게 식히려면 5℃의 냉장고 안에서 20℃의 냉장고 밖으로 열을 끌어내야 한다. 이것은 제2법칙에서 자연적으로는 일어나지 않는다고 하는 변화이다. 이것은 특별히 궁리하여 여분의 전력을 소비하여야 비로소 가능하다. 실제 냉장고의 냉각장치는 한제를 냉장고 밖에서 압축할 때에 전력을 사용하게 된다.

최근 특히 심각성을 더해 가고 있는 '에너지 문제'도 마찬가지라고 할 수 있다. 제2법칙에 따라 마찰에 의해 발생한 열은 비가역이라고 하지만, 만약 그 역변화가 일어날 수 있다면 '에너지 문제'는 전혀 존재하지 않을 것이라고 해도 좋다. 왜냐하면 방대한 양의 바닷물에서 열에너지를 추출하여, 그것을 그대로 역학적인 에너지로 바꾸는 기계가 있다면 에너지 자원은 무진장이라고 해도 틀린 말이 아니기 때문이다. 에너지는 제1법칙에 의해 그 총량이 변하지 않는다는 것이 보증되어 있으므로 부족할 리가 없다. 석유를 연소하면 분자의 화학적 결합이라는 형태로 엔트로피가 낮은 상태에 있던 에너지가, 엔트로피가 높은 열적인 에너지로 변해 버린다. 문제는 에너지 부족이 아니라 이렇게 증대한 엔트로피를 원래 상태로 되돌릴 수 있는 수단이 없다는 사실이다.

열역학으로 열적인 현상에 대해 물질 개개의 성질에 관계없는 일반적인 관계를 알 수 있다. 그 의미에서 그것은 매우 강력한 방법이라고 할 수 있다. 그러나 열역학에서는 전제로 하고 있는 열적인 현상의 비가역성에 대해 왜 그것이 비가역인가를 알려고 하면 미시적인 입장에서 검토할 필요가 있다. 또 개개의 물질에 대해 그 비열 등 구체적인 성질을 아는 데에도 거시적인 견해만으로는 안 되고 미시적인 입장에서 물질의 성질을 조사해야만 한다.

2-5 무질서에서 질서로

저온이 되면 물질의 성질이 어떻게 변하는가 하는 문제를 다소 일반적인 입장에서 생각해 보자.

온도 T라는 환경에 놓인 물체, 예를 들어 일정한 온도로 유지되고 있는 액체에 고체를 담그는 경우를 생각하자. 물체와 환경 사이에는 에너지가 출입하므로 물체의 에너지는 일정하게 유지되지 않는다. 이때 물체가 에너지 E인 하나의 미시적인 상태에 있는 확률은 (식 1-25)에 의해 다음과 같은 식이 된다.

$$P(E) \propto e^{-E/k_B T} \quad \text{(식 2-16)}$$

이 식에 의하면 $P(E)$는 E가 작을수록 크므로 온도에 관계없이 언제나 에너지가 낮은 상태일수록 높은 확률로 실현된다. 그러나 우리가 물체를 거시적으로 보았을 때, 그것이 어떠한 상태에 있는가 하는 문제가 되면 사정은 달라진다. 우리가 거시적인 물체의 상태를 볼 때에는 개개의 분자가 어디에서 어떻게 운동하고 있느냐 하는 듯한, 물체의 미시적인 운동을 보고 있는 것이 아니다. 미시적으로 보면 물체는 끊임없이 불규칙적으로 상태가 변화하고 있다. 우리가 거시적으로 관측하고 있는 것은, 예를 들면 (1-6절)에서 조사한 기체의 압력처럼 평균화된 양이다. 따라서 물체가 미시적으로는 다른 상태에 있을지라도 우리는 같은 상태에 있는 것처럼 보게 된다. 에너지가 E인 미시적인 상태의 수를 W라고 하면, W개의 상태 하나하나가 (식 2-16)의 확률로 실현되는 셈이므로 물체가 에너지 E의 거시적인 상태에 있을 확률 $Q(E)$는 다음과 같은 식이 된다.

$$Q(E) \propto We^{-E/k_BT} \quad \cdots\cdots \text{(식 2-17)}$$

여기서 상태의 수 W와 엔트로피 S 사이에는 (식 2-6)의 $S=k_B\ln W$라는 관계가 있었다. 이 관계를 (식 2-3)과 (식 2-4)를 써서 지수함수 형태로 되돌리면

$$W=e^{S/k_B}$$

가 된다. 따라서 확률 $Q(E)$는 다음 식으로 쓸 수 있다.

$$Q(E) \propto e^{-(E-TS)/k_BT} \quad \cdots\cdots \text{(식 2-18)}$$

거시적으로 보아 물체가 가장 높은 확률로 실현되는 것은 이 $Q(E)$를 최대로 하는 상태이다.

(식 2-18)을 보아도 알 수 있듯이 $Q(E)$를 최대로 하려면 다음 식을 최소로 하면 된다.

$$F=E-TS \quad \cdots\cdots \text{(식 2-19)}$$

이것은 열역학에서 **자유에너지**라고 하는 양으로, 물체의 열평형을 결정하는 데 있어 중요한 역할을 한다.

여기서 F를 최소로 하는 데 E와 TS라는 두 가지 요소가 경합하고 있는 점에 주의하자. 제1항만 보면 에너지가 작을수록 좋고, 제2항뿐

이라면 엔트로피가 클수록 좋다. 제2항에는 온도 T가 걸려 있으므로 고온으로 되면 제2항이 중요해지고, 반대로 저온에서는 제1항이 중요해진다. 따라서 고온에서는 엔트로피가 큰 상태가, 저온에서는 에너지가 낮은 상태가 실현되는 것이다. 엔트로피는 에너지가 낮아지면 감소하는 양이었으므로 저온이 되면 엔트로피 또한 감소한다. 저온이 됨에 따라 물체의 미시적인 상태의 난잡함이 감소하여 질서가 생겨나는 것을 이와 같은 자유에너지의 성질로서도 알 수 있다.

F를 최소로 하는 에너지를 $\overline{E}$라고 하자. 에너지가 이 값에서 벗어나면 F가 증가하여 확률은 작아진다. (식 2-19)에서 E도, S도 분자수에 비례하므로 F도 분자량에 비례하는 양이지만 그와 반대로 k_BT는 분자 한 개당 에너지 정도의 크기에 불과하다. 따라서 (식 2-18)의 지수 F/k_BT는 분자수의 정도, 10^{24}라는 큰 수이다. 에너지 $\overline{E}$에서 벗어나는 비율이 낮으면 F의 증가 비율도 낮을 것이다. 그러나 F/k_BT의 증가는 분자수에 비례한 매우 큰 수가 되고, 그에 따라 확률 $Q(E)$는 급격히 감소한다(그림 2-5).

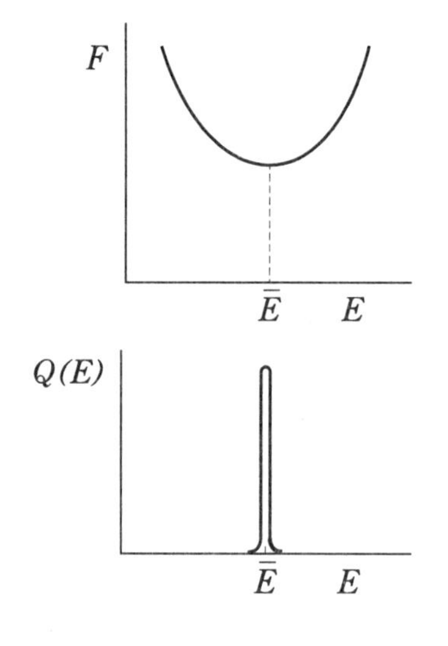

그림 2-5 자유에너지 F와 확률 $Q(E)$. 에너지 $E=\overline{E}$인 곳에서 F는 완만한 최소가 되지만 $Q(E)$는 예리한 최대가 된다. $Q(E)$의 마루(산)는 이와 같은 그림으로는 다 그릴 수 없을 정도로 예리한 것이 된다.

에너지가 $\overline{E}$에서 가령 0.001 %로 작다고는 해도 거시적으로 벗어날 확률은 거의 0이라고 봐도 좋다. 물체와 환경 사이에는 에너지가 출입하므로 물체의 에너지는 일정하지 않지만 확률 $Q(E)$는 $E=\overline{E}$로 매우 예리한 마루(산)를 가지고 있으며, 실질적으로 물체의 에너지는 $\overline{E}$로 정해져 있다고 생각해도 좋을 것이다.

확률이 최대가 되는 에너지 값 $\overline{E}$는 (식 2-19)의 F가 최소가 되는 조건 $\frac{dF}{dE}=0$으로 구할 수 있다.

$$\frac{dF}{dE}=1-T\frac{dS}{dE}=0$$

이라고 하면 다음과 같은 식이 된다.

$$\frac{dS}{dE}=\frac{1}{T} \quad \text{(식 2-20)}$$

이것은 엔트로피, 에너지, 온도 간의 매우 간단한 관계로 되어 있다. 온도가 일정한 채 물체에 Q라는 열을 가했다고 하면, 내부에너지가 $\Delta E=Q$만큼 증가한다. 이때 엔트로피의 변화 높이 ΔS는 (식 2-20)에 의해 다음 식으로 나타난다.

$$\Delta S=\frac{Q}{T} \quad \text{(식 2-21)}$$

이것이 물체를 가열했을 때 엔트로피가 얼마만큼 증가하는가를 나타내는 관계로, 열역학에서는 이 관계에 의해 절대온도가 정의된다.

2-6 열역학 제3법칙

엔트로피는 저온이 됨에 따라 감소하지만 온도의 밑바닥, 절대0도에 이르렀을 때 어떻게 될까. (식 2-19)에서 $T=0$으로 놓으면 제2항은 소멸하므로 절대0도에서는 에너지가 최소인 상태가 실현된다. 에너지가 최소인 상태가 물질마다 단 하나로 결정되어 있다고 하면 $T=0$에서 $W=1$이 된다. 이것은 다음과 같은 식이 되는 것을 의미한다.

$$T \to 0 \text{일 때 } S \to 0 \quad \cdots\cdots \text{(식 2-22)}$$

특정한 물질의 성질이 온도와 더불어 어떻게 변하는가를 문제 삼는 한 엔트로피의 온도변화만을 알면 되고, 엔트로피의 크기를 알 필요는 없다. 그러나 물질 간에 화학변화가 일어나는 경우에는 서로 다른 물질의 엔트로피를 비교할 필요가 있다. 따라서 엔트로피의 크기를 알아야만 하며, 엔트로피의 원점이 어떻게 되어 있는가를 확인할 필요가 있다. (식 2-22)와 같이 엔트로피가 절대0도에서 제로가 되는 것은 여러 가지 실험사실에 기초하여 네른스트(Nernst, Walther Hermann : 1864~1941)가 예측한 것으로 **열역학 제3법칙** 또는 **네른스트정리**라고 한다. 그 내용은 "절대0도에서는 완전한 질서상태가 실현된다."라고 표현해도 좋다.

기체의 온도를 낮춰 가는 경우를 생각해 보자. 기체의 엔트로피 표(식 2-14)를 보면, 저온이 되면 속도공간에서 분자가 분포되어 있는 영역이 협소해지는 것에 따라 온도변화의 몫은 감소한다. 그러나 기체분자가 활동하고 있는 한은 아무리 온도를 낮추어도 기체는 상자 가득 확산되어 있어, 분자의 위치에 관한 몫은 작아지지 않는다. 이것으로는 기체에 제3법칙이 성립되지 않는 것처럼 보인다.

사실, 이와 같이 되는 것은 여기서 우리가 생각하고 있는 것이 이상기체인 엔트로피이기 때문이다. 현실의 기체에서는 이렇게 되지 않는다. 왜냐하면 기체분자 간에 힘이 작용하기 때문이다.

기체분자 사이에는 인력(引力)이 작용하고 있다. 그러나 온도가 높은 동안에는 에너지가 낮아지는 것보다 엔트로피를 크게 하는 편이 좋기 때문에 분자는 상자 가득 확산되어 활동한다. 그러나 온도가 낮아지면 엔트로피는 작아도 에너지로 얻는 편이 좋다. 분자가 한 곳에 모이면 분자가 활동하는 영역이 좁아지므로 엔트로피는 작아지지만 분자 간의 거리가 가까워지기 때문에 분자 간의 인력에 의한 퍼텐셜에너지가 낮아진다. 따라서 온도를 낮게 하면 기체가 응축하여 액체가 되는 것이다. 액체에서는 좁은 영역 안이기는 하지만 분자는 아직 활동하고 있어 미시적으로는 여러 가지 상태를 취하므로 엔트로피는 제로가 아니다. 온도를 더욱 낮추면 퍼텐셜에너지를 더욱 낮게 하도록 분자는 등간격으로 배열하여 고체가 형성된다. 고체가 되어도 (1-12절)에서 살펴본 바와 같이 분자는 진동하지만 절대0도가 되면 이 진동도 멎는다. 이렇게 하여 모든 분자가 하나의 배열로 고정되었을 때, 비로소 $W=1$, $S=0$이 된다.

물질에 따라서는 고체로 되어 분자의 중심이 정지하여도 그것으로 엔트로피가 제로가 된다고는 단언할 수 없다. 예를 들면 수소의 경우, H_2 분자가 모여 고체가 되지만 분자는 길고 가느다란 모양을 하고 있기 때문에 분자가 회전하여 방향이 난잡하다면 그만큼의 엔트로피가 남는다. 최종적으로는 절대0도에서 분자의 방향도 고정되어 제3법칙이 성립하게 된다.

이와 같이 현실의 물질에서는 분자 간에 어떠한 힘이 작용하고 있어서, 물질 전체로서 에너지가 가장 낮은 상태는 단 하나로 정해져 있다고 할 수 있다. 따라서 제3법칙은 현실의 물질에서는 반드시 성립된다고 기대해도 좋다. 어떻게 하여 $S=0$이 되는가는 물질에 따라 천차만별이다. 고체가 된다고 해도 거기서 원자나 분자가 어떻게 배열되는가는 원자나 분자 간에 작용하는 힘의 성질에 따라 여러 가지 경우가 일어난다. 또 고체가 된 뒤에 고체 수소에서 분자의 방향처럼 원자나 분자에 다시 여러 가지 상태를 취할 가능성이 남아 있을지도 모른다. 이 원자나 분자에 남아 있는 '자유'가 어떠한 것이며, 마지막에 그것이 어떻게 고정될 것인가. 이와 같은 문제는 모두 물질에 따라 다르다. 고온에서는 엔트로피가 커지고, 물질 각각의 개성은 난잡한 열운동에 의해 평균화되어 은닉되고 만다. 그것이 저온이 되어 엔트로피가 감소하면 물질의 성질이 보이게 되는 것이다. 저온에서 물질의 성질을 조사하는 목적은 바로 물질 각각의 다양한 개성을 발견하기 위함이라고 할 수 있다.

2-7 자성체

고체 안에서 각 원자에 남겨진 '자유'가 고정되어 가는 모습을 보기 위하여 이제까지와는 조금 다른 예를 생각해 보자.

원자는 양전하를 갖는 원자핵 주위에 음전하를 갖는 전자가 몇 개 결합하여 형성되어 있다. 개개의 전자는 원자핵 주위를 회전하면서 동시에 자전도 하고 있다. 이 전자의 자전운동을 스핀(spin)이라고 한다[6]. 전하를 갖는 입자가 회전하므로 거기에는 회전하는 전류가 흐른다. 이때문에 전자는 일종의 전자석(電磁石)이 된다. 이와 같은 전자가 몇 개 결합하여 원자가 되고, 다시 그것이 분자·고체가 되었을 때, 전자석은 위로 향한 것, 아래로 향한 것이 같은 수로 있어서 전체로서는

6) 전자의 스핀에 관한 이야기는 4-3절에서 나온다.

자석의 성질이 소멸되고 마는 경우가 많다. 하지만 전이원소라고 불리는 철·니켈(nickel) 등의 원자에서는 원자 안에서의 전자의 결합방법이 특별하기 때문에 전자석이 소멸되지 않고 고체 속에서도 원자가 자석의 성질을 남겨 두고 있는 경우가 있다. 이와 같은 원자자석(原子磁石)을 포함한 물질을 **자성체(磁性體)**라고 한다. 자성체에서는 원자자석의 N극·S극이 어느 쪽을 향하는가 하는 자유가 남겨져 있다.

이와 같은 물질을 자기장 안에 두면, 원자에너지는 원자자석이 자기장 방향으로 일치하면 낮고, 반대로 향하면 높다. 이 원자자석의 성질을 다음 3장에서 기술할 양자론에 기초하여 조사하면, 원자자석은 임의의 방향을 지향하지 못하는 것을 알 수 있다. 여기서는 가장 간단한, 원자자석이 위아래 두 방향으로만 향하게 되는 경우를 생각해 보자.

자기장의 세기를 H, 원자자석의 세기를 μ라고 하면, 각 원자의 에너지는 자석이 자기장 방향에 일치하면 $-\mu H$, 반대로 향하면 μH가 된다. 절대0도에서는 모든 원자가 자석을 자기장 방향으로 일치시켜 에너지가 가장 낮은 상태가 된다. 물론 이때 $W=1$, $S=0$이다. 반대로 매우 높은 온도에서는 원자가 약간의 에너지 차 등은 개의치 않고 열운동으로 자석의 방향을 불규칙하게 변동시킨다. 각 원자는 각각 두 상태를 취할 수 있으므로 원자 수를 N으로 하면, 전체로서 취할 수 있는 상태의 수는 다음 식과 같이 된다.

$$W = 2^N \quad \text{(식 2-23)}$$

따라서 엔트로피는 다음 식과 같이 된다.

$$S = k_B \ln 2^N = N k_B \ln 2 \quad \text{(식 2-24)}$$

엔트로피는 고온에서 이 값이 되고, 온도가 내려감과 더불어 감소하여 절대0도에서 제로가 된다.

원자 한 개에 주목하면, 그 원자자석이 자기장에 일치할 확률, 반대로 향할 확률은 (식 1-25)에 의해 각각

$$e^{\mu H/k_BT}, \qquad e^{-\mu H/k_BT}$$

에 비례한다. 따라서 자석이 자기장에 일치한 원자의 수를 $N_\uparrow$, 반대로 향한 원자의 수를 $N_\downarrow$ 라고 하면 다음과 같은 식이 된다.

$$N_\uparrow \propto e^{\mu H/k_BT}, \qquad N_\downarrow \propto e^{-\mu H/k_BT} \quad \cdots\cdots (식\ 2\text{-}25)$$

단, $N_\uparrow + N_\downarrow = N$이다. 온도가 내려감에 따라 지수 $\mu H/k_BT$가 커지므로 $N_\uparrow$이 증가하고, $N_\downarrow$은 감소하여 원자자석은 점점 자기장 방향으로 일치해 간다. $N_\uparrow$과 $N_\downarrow$에 차이가 생기면, 그 분량만큼 원자자석이 소멸되지 않고 남아 고체 전체도 자석이 된다. 그 세기는 다음 식과 같다.

$$M = \mu(N_\uparrow - N_\downarrow) \quad \cdots\cdots (식\ 2\text{-}26)$$

온도가 내려가 원자자석이 일치해 가면 상태의 무질서가 감소하므로 엔트로피도 감소한다. (식 2-25)에서 온도는 바꾸지 않고 자기장을 세게 하여도 $N_\uparrow$가 증가하여 $N_\downarrow$이 감소하는 것을 알 수 있다. 말하자면 원자자석은 자기장에 의해 강제적으로 일치된 것이다. 이때에도 엔트로피는 감소한다. 엔트로피의 온도변화를 자기장 세기의 여러 가지 경우로 표시하면 (그림 2-6)과 같이 된다.

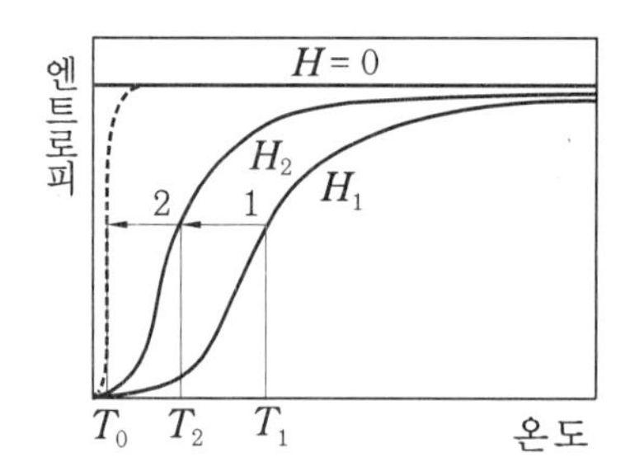

그림 2-6 여러 가지 자기장의 세기($H_1 > H_2$)에서의 자성체의 엔트로피와 온도의 관계

이 자성체에 처음 강한 자기장 H_1을 가하고 온도를 T_1로 해 둔다. 그리고 밖에서 열이 스며들지 않도록 주의하면서 자기장을 서서히 약하게 해 나가면 어떻게 될까. 진행이 느린 변화에서는 원자상태가 교란되지 않으므로 위를 향한 자석은 위를 향한 채, 아래를 향한 자석은 아래를 향한 채 유지된다. 따라서 원자상태의 무질서는 변하지 않고 엔트로피도 변화하지 않는다. 이것은 기체의 부피를 서서히 변화시킬 때와 같은, 일종의 단열변화이다.

기체의 단열변화에서 온도가 변화한 것과 마찬가지로 이 경우에도 온도변화가 일어난다. (식 2-25)를 보면 $N_\uparrow$, $N_\downarrow$가 변하지 않는 것은 H/T가 변하지 않는 것을 의미한다. 즉, 자기장을 H_1에서 단열적으로 H_2까지 감소시키면, 온도도 T_1에서 T_2까지 변화하여 다음 식이 성립한다.

$$\frac{H_1}{T_1} = \frac{H_2}{T_2} \quad \cdots\cdots\cdots\cdots \text{(식 2-27)}$$

(그림 2-6)으로 말하면, 1의 상태에서 2의 상태로 엔트로피 일정의 변화가 일어나게 된다. 자기장을 약하게 하면 온도도 이 식에 의해 낮아진다. 이 방법도 **단열소자법(斷熱消磁法)**으로서 저온 발생에 이용된다.

(식 2-27)에 의하면 자기장 H_2를 제로에 접근시키면 온도 T_2도 제로에 가까워져, 절대0도에 도달할 수 있는 것처럼 보인다. 그러나 잘 생각해 보면 이 결론은 다소 이상하다. 이것은 단열변화이며, 엔트로피는 불변으로 유지되고 있다. 따라서 단열변화에서 절대0도에 도달하였다고 하면, 처음 상태에서 엔트로피는 유한한 값을 가지고 있었으므로 절대0도에서도 엔트로피는 같은 유한한 값을 갖게 된다. 이래서는 제3법칙에 맞지 않는다.

어디가 잘못된 것일까. 그것은 마치 기체를 이상기체로 간주했을 때와 마찬가지로 우리가 생각하고 있는 자성체가 이상화되고 단순화되어 있기 때문이다. 자기장이 가해져 있지 않을 때, 이 자성체에는 각 원자가 취할 수 있는 두 상태의 에너지가 전적으로 같고, 원자자석은 온도에 관계없이 자유자재로 위아래를 향할 수 있다. 원자자석의 방향이 다른 2^N개의 상태가 모두 같은 에너지를 가지고 있다. 에너지가 가장 낮은 상태의 수가 $W=1$이 아니라 $W=2^N$ 상태로서, 엔트로피는 절대0도라도 (식 2-24)의 값이 된다. 제3법칙은 성립되지 않는다.

현실의 자성체에서는 이렇게는 되지 않는다. 엔트로피는 자기장이 제로일지라도 저온에서는 (식 2-24)의 값에서 벗어나 (그림 2-6)의 점선처럼 되어 절대0도에서는 제로가 된다. 이 경우에는 1의 상태에서 단열적으로 자기장을 제로로 하여도 온도는 T_0까지밖에 낮아지지 않으며, 절대0도에는 도달하지 못한다. 현실의 자성체에서 엔트로피가 이와 같이 변화하는 것은 무엇 때문일까.

2-8 자성체의 상전이

현실의 자성체는 앞 절에서 살펴본 이상화된 자성체와 무엇이 다를까. 이상기체가 현실의 기체와 다른 점은 기체분자 간에 힘이 작용하지 않으려고 하는 것에 있다. 그것과 마찬가지로 이 이상자성체에서도 원자자석 간에 힘이 작용하지 않고, 각 원자는 임의로 자석의 방향을 바꿀 수 있는 것으로 보고 있다. 현실의 자성체에서는 원자자석 간에 어떤 종류의 힘이 작용하는 것이다.

원자자석 간에는 보통 자석 사이에 작용하는 것과 같은 전자기적인 힘도 작용하고 있다. 그러나 그것으로는 너무 약하여 실제 자성체의 성질을 설명할 수 없다. 원자자석 간에 작용하는 힘의 기원은 양자론적인 것으로 생각된다. 이 힘은 원자가 가까이에 있을 때 강하고, 멀리 떨어지면 약해진다. 힘의 성질은 자성체의 종류에 따라 여러 가지가 있지만 여기서는 우선 인접한 원자 간에 자석의 방향을 일치시키는 힘이 작용하는 경우를 생각해 보자. 에너지는 인접하는 원자자석이 같은 방향으로 일치하면 낮고, 반대로 향하면 높아진다. 방향이 일치되었을 때의 에너지를 $-J$, 반대로 향했을 때의 에너지를 $J(J>0)$라고 한다. 명백히 모든 원자자석이 같은 방향으로 일치했을 때(그림 2-7(a)), 전체 에너지가 가장 낮아진다.

그림 2-7 원자자석이 향하는 여러 가지 방향

고체 속에서 하나의 원자로부터 보아 인접해 있는 원자의 수를 z개라고 하면, 인접하는 2원자의 조합 수는 $\frac{1}{2}Nz$이다[7]. 따라서 (그림 2-7 (a))와 같이 원자자석이 일치했을 때의 에너지는 다음 식과 같이 된다.

$$E=-\frac{1}{2}NzJ \quad \text{(식 2-28)}$$

이처럼 원자자석 간에 힘이 작용하면 에너지가 가장 낮은 상태는 하나로 결정되어 버리기 때문에 절대0도에서는 이 상태가 실현되어

7) 특정한 원자 한 개에서 보아, 그 인접한 원자와의 짝은 z개가 만들어진다. 따라서 N개의 원자 전체에 대해서는 N_z개가 된다고 생각하면, 이것은 하나의 짝을 양쪽 원자에서 두 번 센 것이 되어 옳지 않다. 올바른 답은 그것을 2로 나눈 $\frac{1}{2}Nz$이다.

엔트로피가 제로가 되는 것이다.

만약 모든 원자자석이 그 사이에 작용하는 힘에 신경 쓰지 않고 열운동에 의해 자유로이 위아래로 향한다고 하면 엔트로피는 (식 2-24)의 값이 된다. 에너지는 자석이 같은 방향으로 일치하는 원자쌍과는 반대로 향한 원자쌍이 거의 같은 수가 되므로, 양쪽에서의 $-J$와 J의 기여가 상쇄하여 제로가 될 것이다. 따라서 이 상태의 자유에너지는 (식 2-19)에서 $E=0$, $S=Nk_B \ln 2$로 두고 다음과 같은 식이 된다.

$$F=-Nk_B T\ln 2 \quad \cdots\cdots (식\ 2\text{-}29)$$

유한온도($T\neq 0$)가 되어도 모든 원자자석이 (그림 2-7(a))처럼 일치된 상태라고 하면, 엔트로피는 제로이고 자유에너지는 $F=E$인 그대로이다. 완전히 일치한 이 상태와 완전히 흐트러진 상태 중 어느 쪽이 실현될지는 (식 2-28)과 (식 2-29)의 대소(大小)에 따라 결정된다. 말하자면 에너지가 이기느냐, 엔트로피가 이기느냐이다.

그림으로 그리면 (그림 2-8)과 같이 되며, 온도가

$$T_C' = \frac{zJ}{2\ln 2 \cdot k_B} \quad \cdots\cdots (식\ 2\text{-}30)$$

을 경계로 하여 자유에너지의 대소 관계가 역전하는 것을 알 수 있다.

이로써 저온에서는 에너지가 승리하여 원자자석이 일치한 상태가 실현되고, 고온에서는 엔트로피가 승리하여 흐트러진 상태가 실현된다.

실제로는 이와 같은 극단적인 상태가 실현되는 것은 절대0도와 매우 고온의 경우로, 중간 온도에서는 중간적인 상태가 발생한다. 원자자석이 일치된 상태라도 온도가 높아지면 완전히 일치되지 못하고, 흐트러진 상태라도 온도가 낮아지면 인접한 원자 간에 자석의 방향이 일치되는 경향이 나타난다.

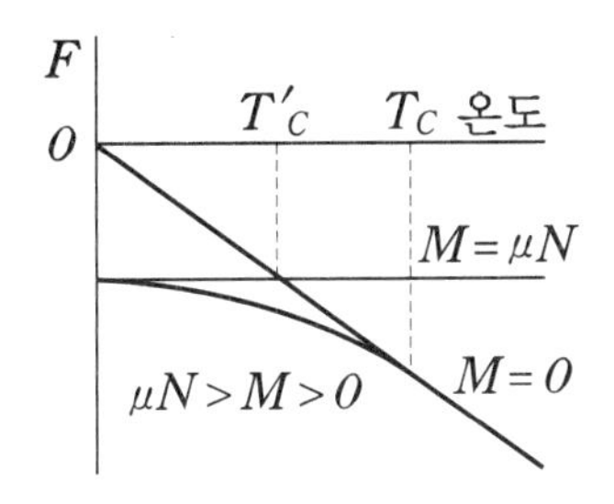

그림 2-8 자성체의 자유에너지 온도변화. 온도가 T'_C 인 곳에서 $M=\mu N$인 자유에너지와 $M=0$인 자유에너지의 대소가 역전한다.

그 결과, 자유에너지는 (그림 2-8)과 같이 직선에서 곡선으로 변하지만 그래도 온도를 낮추어 가면 어떤 온도 T_C—그 크기는 (식 2-30)과는 다르지만—를 경계로 원자자석이 한 방향으로 일치하기 시작함에는 변함이 없다.

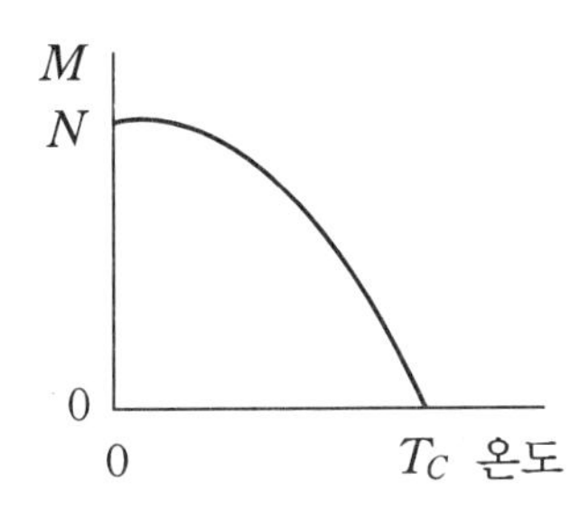

그림 2-9 강자성체 자석의 세기 M의 온도변화. T_C 이하의 저온에서 M은 거시적인 크기($-\mu N$)가 된다.

T_C보다 저온에서는 자기장을 가하지 않아도 자발적으로 $N_\uparrow$ 과 $N_\downarrow$에 차이가 발생하여, 고체 전체로서의 자석의 세기 M(식 2-26)이 제로가 아닌 값이 된다(그림 2-9). 즉, 자성체가 거시적인 자석이 되는 것이다. 이것이 강자성체(强磁性體)라는 것으로 철·코발트(cobalt)·니켈 등의 금속이나 그 합금, 철의 산화물인 페라이트(ferrite) 등이 이와 같은 성질을 가지고 있다. 철은 상온에서는 자석이지만[8] 온도를 높여 가면

8) 보통 철은 자석의 작용을 하지 않는다. 그것은 철이 원자자석이 일치한, 자기구역(磁氣區域)이라 불리는 작은 영역으로 나뉘어 있기 때문으로, 일치한 자석이 자구(磁區)마다 여러 가지 방향을 취하여 전체로서는 자석이 되지 않는다.

1043K에서 자석의 성질을 상실한다. 이 온도가 위에서 T_C라고 쓴 것으로 **퀴리온도**라고 한다.

저온에서 원자자석이 어떤 배열법을 취하느냐는 자석 간에 작용하는 힘의 성질에 따른다. 원자자석을 반대 방향으로 일치시키는 힘이 작용할 때는 배열법이 (그림 2-7(b))처럼 된다. 물질에 따라서는 (c) 혹은 (d)처럼 배열되는 것도 있다. 고온에서 원자자석의 방향이 흐트러진 상태에서는 자성체의 성질에 이렇게 물질마다 다른 힘의 특징이 그다지 나타나지 않는다. 그러나 저온이 되면 이와 같은 원자자석의 배열법에서 물질 개개의 개성이 분명하게 모습을 드러낸다.

저온이 됨에 따라 물질의 미시적인 상태의 무질서가 줄어들고 질서가 나타난다. 그것이 이 자성체의 경우에는 정해진 온도를 경계로 하여 질서의 정도가 갑자기 성장한다. 이것은 액체가 고체로 될 때에도 마찬가지로, 예를 들어 물은 0℃에서 갑자기 물분자의 난잡한 배치가 규칙적으로 변하여 얼음이 된다. 이처럼 정해진 온도에서 일어나는 급격한 변화를 **상전이(相轉移)**라고 한다. 상전이는 온도가 낮아짐에 따른 질서의 성장이 가장 극적인 형태로 일어나는 경우라고 할 수 있다. 이 책 후반에서 우리는 물과 자성체의 경우와도 다른, 불가사의한 상전이를 만나게 될 것이다.

현실의 자성체에서 엔트로피가 (그림 2-6)의 곡선처럼 감소하는 것은 원자자석 간에 작용하는 힘에 의해 자석의 방향이 고정되어 있기 때문이다. 엔트로피가 감소하기 시작하는 온도는 자석의 방향이 고정되기 시작하는 온도에 해당하며, 그것은 거의 (식 2-30)으로 주어진다. 그 온도는 자석 간에 작용하는 힘이 약할수록 낮다. 따라서 앞 절에서 기술한 단열소자법에 의해 저온을 만들려면 가급적 원자자석 간에 작용하는 힘이 약한 자성체를 사용하면 된다. 그러기 위해서는 원자자석을 너무 치밀하게 포함하지 않고, 간격을 두고 성글게 포함하는 물질을 선택하면 된다. 또 앞 절에서 기술한 바와 같이 철과 니켈 등의 원자의 경우, 자석의 바탕이 되는 것은 원자 안에 있는 전자의 자전이지만 개중에는 전자가 자석이 되지 않고 대신 원자핵이 자석이 되는 원자도 있다. 예를 들어 구리가 그러한데, 이와 같은 경우에는 원자핵의 자석 간에 작용하는 힘은 전자의 경우보다 훨씬 약하다. 원자핵을 사용한 단열소자법을 특히 **핵단열소자법(核斷熱消磁法)**이라 하며, 이것은 매우 저온을 만들어 내는 가장 유효한 방법이다. 현재는 이 방법으로 $1\mu K(=10^{-6}K)$ 이하의 저온 발생도 가능해졌다.

그러나 원자핵의 자석 간에도, 약한 것이라 치더라도 힘이 작용하고 있다. 따라서 매우 저온으로 하면 그 자석의 방향도 결국에는 고정되고, 절대0도에서는 엔트로피도 제로가 될 것이 확실하다. 우리는 핵 단열소자법을 아무리 개량해도 역시 절대0도에는 도달하지 못한다. 즉, 현실의 물질에서 제3법칙이 성립되는 한, 그리고 그 현실의 물질을 이용하는 한 절대0도는 저온을 구하는 우리에게 있어 절대로 도달할 수 없는 목표로 계속 남아 있을 것이다.

3장
양자론—미시적인 세계의 법칙

3-1 공동복사(空洞輻射)

이제까지 우리는 물질의 거시적인 성질을 미시적인 원자·분자 수준에서 설명하는 것을 시도해 왔다. 이와 같은 견해는 여러 가지 열현상의 의미를 생각하는 데 있어서, 또 이상기체법칙이나 기체·고체의 비열 등의 실험사실을 설명하는 데 있어서도 유효했다. 그러나 동시에 아무리 해도 해결할 수 없는 어려움에 봉착할 때도 가끔 있었다. 예를 들면 (1-13절)에서 기술한 바와 같이, 에너지등분배법칙에 기초하여 생각하면 당연히 있어야 할 비열이 실험적으로는 발견되지 않는 경우가 일어난다.

이와 같은 어려움이 가장 심각한 모습으로 나타나는 것이 열복사(熱輻射) 문제이다. 전하나 자석 사이에는 힘이 작용하는데, 이 힘은 공간에 발생하는 일종의 일그러짐에 의해 전달되는 것으로 볼 수 있다. 이 전하나 자석이 만들어 내는 공간의 일그러짐을 **전자기장(電磁氣場)**이라고 한다. 전하가 움직이면 주위의 전자기장도 변동한다. 전자기장이 변동하는 방식을 나타내는 것이 맥스웰방정식인데, 이에 따르면 변동은 마치 고체 등의 탄성체 속을 진동이 전파되듯이 파동이 되어 공간에 전해진다. 이것이 전자기파(電磁氣波)이고, 그 전달 속도가 다음 식으로 표시되는 광속(光速)이다.

$$c = 2.998 \times 10^8 \text{ m/s} \quad \cdots\cdots \quad (\text{식 } 3\text{-}1)$$

전파, 적외선, 가시광선, 자외선, 감마선 등은 모두 다른 파장영역의 전자기파이다. 전자기파가 도래하면 거기에 전자기장이 형성되어 전하를 갖는 입자가 흔들려 움직이게 되므로, 이것은 전자기파가 에너지를 운반해 온 것이라 생각해도 좋다. 에너지는 태양에서 지구로 전자기파에 의해 운반된다.

그런데 물체를 고온으로 하면 물체 중의 전자나 이온(ion)은 격렬하게 열운동을 한다. 이때 전하가 움직이므로 주위에는 변동하는 전자기장이 만들어진다. 즉, 전자기파가 복사되는 것이다. 고온이 될수록 전자나 이온의 운동이 격렬해지기 때문에 복사되는 전자기파도 세다. 이 고온의 물체에 의한 전자기파의 복사를 **열복사**라고 한다.

열복사를 측정하려면 물체로부터 나오는 전자기파를 직접 측정하기보다는 (그림 3-1)과 같이 속이 비어 있는 물체를 일정한 온도로 가열하고, 벽에 뚫은 작은 구멍에서 속의 공동(空洞)에 고인 전자기파가 빠져나오는 것을 측정하면 된다.

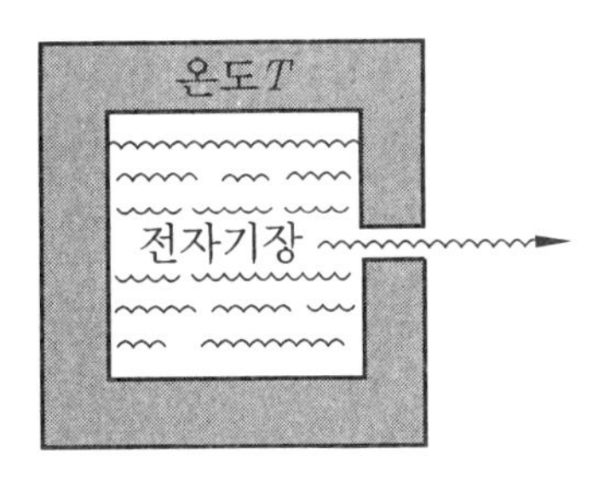

그림 3-1 공동 복사. 온도가 T인 벽으로 둘러싸인 공동의 전자기장 진동은 온도가 T인 열평형상태에 있다.

이렇게 하면 물체 표면의 성질 등에 영향을 받지 않고 정확하게 측정할 수 있다. 이것을 **공동복사**라고 한다. (그림 1-1)은 이렇게 하여 얻은 전자기파의 복사를 파장으로 나누어 그 세기를 측정한 결과이다.

사방이 벽으로 둘러싸인 공동 속의 전자기장은 (1-12절)에서 살펴본 고체의 경우와 매우 유사한 상황에 있다. (1-12절)에서 본 바와 같이, 고체의 진동은 다양한 파장의 탄성파로 분해할 수 있다. 그와 마찬가지로 공동 내의 전자기장 진동도 다양한 파장의 전자기파로 분해할 수 있는 것이다. 파장을 λ라고 하면 그 진동수 ν는 다음 식과 같다.

$$\nu = \frac{c}{\lambda} \qquad \text{(식 3-2)}$$

고체는 다양한 진동수의 진동자의 집합으로 간주할 수 있었는데, 공동 안의 전자기장도 진동자의 집합이라고 간주해도 된다. 온도가 T인 액체에 잠긴 고체 진동자는 액체분자의 열운동에 의해 요동되어 온도가 T인 열평형상태가 된다. 공동 안의 전자기장의 진동자도 또한 벽의 물질 중 전자나 이온의 열운동에 의해 들뜬상태가 되어, 벽의 온도가 T라면 이 진동자의 집단도 온도가 T인 열평형상태가 된다고 생각된다. 아무것도 없는 진공에 온도가 있다는 것은 다소 이상하게 들릴지도 모르지만 진공의 전자기장도 에너지를 가지고 있어서 열적으로는 물질과 같은 작용을 한다. 이렇게 생각하면 공동복사 측정에서는 공동 안에서 온도 T로 열평형에 있는 전자기장의 진동자의 모습을 보고 있는 것임을 알 수 있다.

이 전자기장의 진동자에 통계역학을 적용해 보자. 에너지등분배법칙에 의해 온도가 T일 때 진동자 한 개의 평균 에너지는 진동수에 관계없이 $k_B T$였다. 그렇다면 (그림 1-1)과 같이 단파장이 되면 빛의 세기가 감소하는 강도분포를 설명할 수 없을 것 같다. 그뿐만 아니라 고체의 경우에는 원자의 간격보다도 파장이 짧은 진동은 존재하지 않으므로 진동자의 수는 결국 개개의 원자를 독립된 진동자로 간주한 경우와 같은 $3N$개(N은 원자 수)였다. 하지만 전자기장에는 고체와 같은 불연속한 구조가 없다. 따라서 파장이 짧은 전자기파가 가시광선에서 자외선 · 엑스선 · 감마선 등등 수없이 존재하며, 공동 안의 전자기장의 진동자의 수는 무한하다. 진동자 한 개당 비열은 k_B이므로 공동의 비열도 또한 무한대가 된다. 이래서는 벽으로부터 아무리 에너지를 공급받아도 공동은 정해진 온도로 열평형이 될 수 없다. 온도에 따른 열복사가 관측되는 것 또한 설명되지 않는다.

도대체 무엇이 잘못된 것일까. 에너지등분배법칙은 통계역학으로 유도된 것으로, 미시적인 세계의 운동은 고전물리학[9)]의 법칙에 따른다. 고전역학은 천체의 운행 등 거시적인 물체의 운동에 대해서는 많은 실험사실·관측 사실로 뒷받침되므로 의심의 여지가 없다. 그러나 잘 생각해 보면 그것이 미시적인 세계에서도 그대로 성립된다고 생각해도 될 증거는 아무것도 없다. 오히려 이와 같은 고전론에 기초하여서는 아무리 해도 설명할 수 없는 사실이 겹쳐 쌓이게 되면, 미시적인 세계에 고전론이 성립되는 것인지 아닌지 그 기본적인 점에 의혹의 눈길을 돌리지 않을 수 없다.

3-2 양자론의 탄생

1900년, 19세기에서 20세기로 넘어가는 해에 고전론의 어려움을 해결하기 위해 큰 돌파구가 열리게 되었다. 독일의 물리학자 플랑크(Planck, Max Karl Ernst Ludwig : 1858~1947)는 이 열복사 문제를 해결하기 위해 새로운 가설을 제창했다.

플랑크의 가설은

---

9) 뉴턴역학을 이제부터 이 장에서 설명할 양자역학과 대비하여 고전역학(古典力學)이라고 칭한다. 또 뉴턴역학, 맥스웰 전자기학 등, 양자론 이전의 물리학을 종합하여 고전물리학 내지는 고전론이라고 한다.

"전자기장의 진동자는 그 진동수를 ν로 하면 h를 상수로 하여 $h\nu$의 정수배의 에너지밖에 취할 수 없다."

라는 것이었다. 고전역학에 의하면 진동자의 에너지는 (식 1-31)과 같이 진폭의 2제곱에 비례하며 어떠한 값이라도 연속적으로 취할 수 있다. 플랑크의 가설은 '상식'이 전혀 통용되지 않는 것이었다. 그러나 이 가설에 기초하여 계산된 열복사의 강도분포는 실험과 완전히 일치했다. 플랑크에 의해 도입된 상수 h는

$$h = 6.626 \times 10^{-34}\ \mathrm{J \cdot s} \qquad \text{(식 3-3)}$$

이라는 값을 취하며, **플랑크상수**라고 한다.

이와 같이 에너지가 불연속이 되는 것을 에너지가 '양자화된다.'라고 한다. 플랑크상수는 거시적인 규모로 보면 매우 작고, 에너지의 불연속한 단위 $h\nu$도 작은 양이다. 그러나 이것이 제로가 아니라는 사실이 미시적인 세계의 운동에 있어서는 결정적인 의미를 갖는다. 플랑크에서 시작된, 양자화를 도입한 새로운 이론은 **양자론(量子論)**이라고 한다.

양자론은 그 후에 아인슈타인(Einstein, Albert : 1879~1955) 등 많은 물리학자들에 의해 발전되었다. 아인슈타인은 전자기장의 진동자가 견해를 달리하면 에너지 $h\nu$의 입자집단처럼 작용한다는 사실에 주목했다. 빛은 파동인 동시에 입자와 같은 성격을 갖는다. 이 빛의 입자를 **포톤(photon)**이라고 한다. 또 아인슈타인은 진동의 양자화가 전자기장뿐만 아니라 고체 속의 원자의 진동에도 일어난다고 생각하고, 이것으로 저온에서 고체의 비열이 어떻게 작용하는가를 설명했다. 이렇게 하여 양자론은 미시적인 세계의 일반적인 법칙이라는 사실이 점차 명백해져, 1930년대에 들어 슈뢰딩거(Schrödinger, Erwin : 1887~1961), 하이젠베르크(Heisenberg, Werner Karl : 1901~1976) 등에 의해 **양자역학(量子力學)**으로 완성되기에 이른다.

3-3 파동함수

그렇다면 미시적인 세계의 일반 법칙인 양자역학이란 어떤 것일까. 우리는 거시적인 세계에 살고 있고, 거기서 우리의 상식은 거시적인 세계에서 성립되는 고전론에 기초한 것이다. 이제부터는 그 고전론이 성립되지 않는 세계를 생각할 것이므로 앞으로 우리는 이 상식과 양립되지 않는 사항들과 자주 마주치게 될 것이다.

아인슈타인이 생각한 고체 속 원자의 진동처럼 입자의 진동이 양자화되어 띄엄띄엄 있는 에너지밖에 취할 수 없다는 것은 대체 무엇을 의미하는 것일까. 여기서 양 끝을 고정한 현의 진동을 떠올려 보자. (그림 1-12)에 표시한 바와 같이 이 현에서는 띄엄띄엄 있는 진동수의 진동만이 일어난다. 현의 운동상태에 일종의 불연속이 나타나 있다. 미시적인 입자에 현을 전파하는 파동과 같은 성질이 있다고 하면 그 운동에도 불연속성이 발생하지 않을까. 파동인 빛에 포톤이라는 입자와 같은 성질이 있는 것과는 반대로 미시적인 입자에는 파동으로서의 측면이 있는지도 모른다.

여기서 파동에 대해 생각해 보자. 예를 들어 현을 전파하는 파동의 경우, 발생한 파동의 모습을 나타내려면 현의 각 점이 가로로 얼마만큼 움직이는가를 표시하면 된다. 숫자적으로는 한쪽 끝에서 측정하여 x거리에 있는 현 위의 점이 가로로 움직인 길이를 $u(x)$로 하면, 이 함수 $u(x)$가 파동의 모습을 표시하게 된다. 공기 중의 음파는 밀도의 변동이 파동으로 전파하는 것이다. 이 경우에는 공기 중의 위치 $\boldsymbol{r}$[10]에서

10) 공간 안에서 위치를 표시하려면 좌표축을 골라 좌표(x, y, z)를 사용할 수도 있지만 여기서는 원점에서 그 위치로 이끈 위치벡터 $\boldsymbol{r}$을 이용한다. $\boldsymbol{r}$은 좌표(x, y, z)를 종합하여 표시하는 기호라고 생각해도 좋다(1-6절 37쪽 각주 참조).

의 밀도 평균값으로부터의 벗어남을 $n(r)$이라고 하면, 이 함수 $n(r)$이 음파를 나타낸다.

파동의 중요한 성질 중 하나로 **중합원리(重合原理)**가 있다. 이것은 현을 전파하는 파동의 경우로 비유하면, $u_1(x)$로 표시되는 파동과 $u_2(x)$로 표시되는 파동이 동시에 전파되면 거기에는 두 파동을 중합한 $u_1(x)+u_2(x)$의 파동이 발생한다는 것이다. 예를 들어 파장과 진폭이 모두 같은 두 파동이 같은 방향으로 진행하는 경우를 생각해 보자. 이때 두 파동의 마루와 마루, 골과 골이 정확하게 합쳐지면 중합의 결과로 진폭이 두 배인 파동이 된다. 그에 대해 두 파동이 반 파장씩 엇갈려서 마루와 골이 합쳐지면 파동은 상쇄된다. 이처럼 두 파동이 중합함으로써 강화되기도 하고 약화되기도 하는 것을 **파동간섭(波動干涉)**이라고 한다.

두 파동이 반대 방향으로 진행하는 경우는 어떻게 될까. 이때 중합으로 생기는 파동은 (그림 3-2)와 같이 되며, 파동은 좌우 어느 방향으로도 진행하지 않고 한 곳에 머문 채 진동한다.

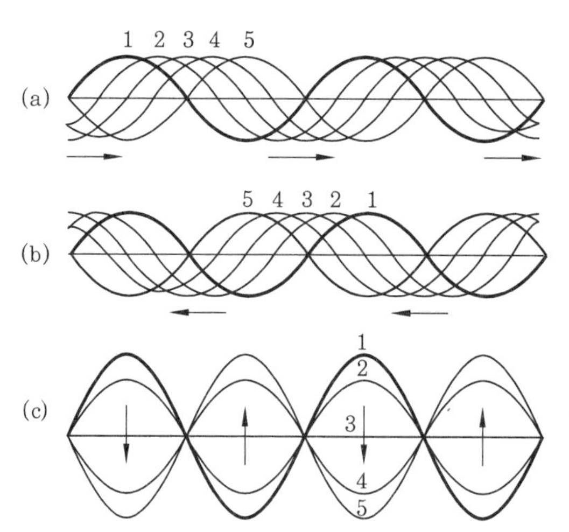

그림 3-2 오른쪽으로 진행하는 파동(a)과 왼쪽으로 진행하는 파동(b)을 중합하면 정상파(c)가 된다.

이와 같은 파동을 **정상파(定常波)**라고 한다. 양 끝을 고정한 현의 진동은 바로 이것이다. 현에 오른쪽으로 진행하는 파동이 생겼다고 하면, 현 오른쪽 끝에서 왼쪽으로 향하는 반사파가 생겨, 그 두 파동이 중합하여 정상파가 형성된다.

파동간섭의 한 가지 예로 (그림 3-3)과 같이 두 줄의 좁은 격간(슬릿)을 둔 판에 단색 빛을 쪼이는 실험을 생각해 보자.

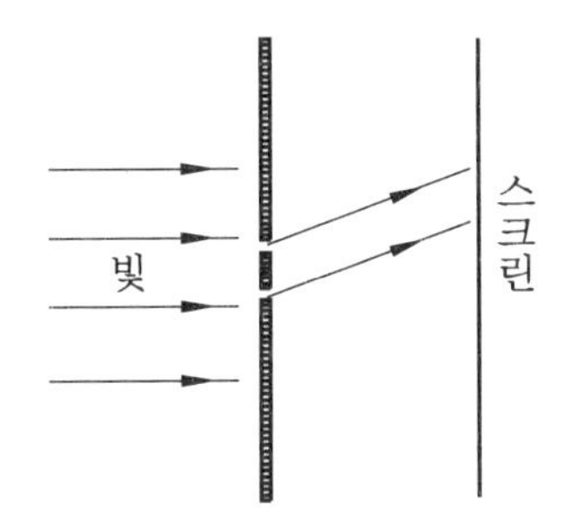

그림 3-3 두 줄의 격간에 의한 빛의 간섭 실험

이때 판 뒤쪽 화면(스크린)에는 거기에 닿는 빛의 강약에 따라 줄무늬 모양이 나타난다. 이것은 두 줄의 격간을 통과한 빛의 간섭에 의한 것이다. 즉, 두 격간으로부터의 거리 차가 빛 파장의 정수배가 되는 점에서는 양쪽에서 오는 빛이 서로를 강하게 해 밝아진다. 반대로 거리 차가 빛 파장의 반정수배가 되면 양쪽에서 오는 빛이 상쇄하여 어두워져서, 빛의 강약이 줄무늬 모양으로 나타난다.

이 원리를 효과적으로 이용한 것이 결정에 의한 엑스선 회절(回折) 실험이다. 앞에서도 기술하였지만 고체에서는 대부분의 경우, 원자가 규칙적으로 배열되어 있다. 이와 같은 고체를 특히 **결정(結晶)**이라고 한다. 결정에 파장이 짧은 전자기파인 엑스선을 쪼이면, 각 원자에서 반사된 엑스선에 원자가 규칙적으로 배열되어 있는 관계로 강한 간섭효과가 나타난다.

간단한 예로 (그림 3-4)와 같이 원자가 간격 a로 일렬로 늘어서 있는 곳에 파장 λ의 파동을 입사한 경우를 생각해 보자.

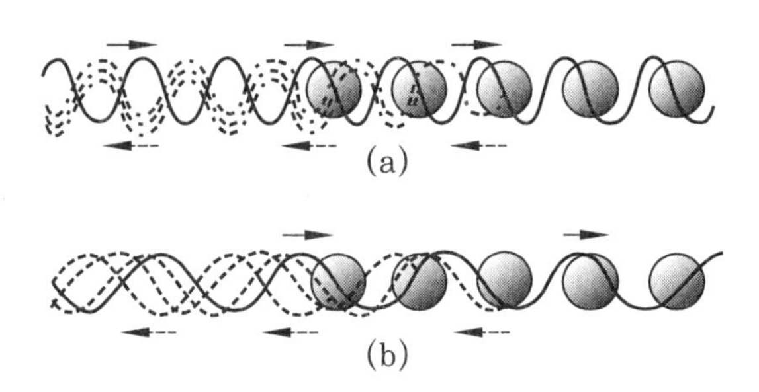

그림 3-4 등간격으로 늘어선 원자에 의한 파동의 반사
(a) 파동의 파장과 원자의 간격이 같을 때에는, 각 원자로부터의 반사파의 마루와 마루, 골과 골이 일치하며 반사파는 간섭에 의해 강해진다.
(b) 파동의 파장과 원자의 간격이 같지 않을 때에는, 각 원자로부터의 반사파의 마루의 위치가 어긋나며 반사파는 간섭에 의해 약해진다.

파동은 개개의 원자에 의해 반사된다. 이때 이웃 원자까지의 왕복거리 $2a$가 파장 λ의 정수배로 되어 있으면 다음다음의 원자로부터 반사되는 파동이 강화되어 결과적으로 강한 반사가 일어나게 된다. 그 이외의 경우에는 각 원자로부터 반사파가 간섭하여 약화되고 반사는 소멸하고 만다. 3차원 결정의 경우도 이와 마찬가지로 입사하는 파동의 파장과 입사·반사 방향이 특정한 관계에 있을 때에만 강한 반사가 일어난다. 그래서 반대로 이 반사가 일어나는 양상을 조사함으로써 결정 속에서의 원자의 배열법을 알 수 있다.

파동에 관한 설명이 약간 길어졌는데, 미시적인 입자에 파동의 성질이 있으면 거기에서도 간섭효과를 볼 수 있다. 그것은 실제로 전자에서 확인되었다. 결정에 고속 전자선을 쪼이면 엑스선과 마찬가지로 반사 방향에 따른 강약이 나타나, 전자선 또한 간섭하는 것이 분명히 나타낸 것이다.

미시적인 입자에 파동과 같은 측면이 있다고 하는데 그럼 그 파동이란 대체 무엇일까. 그 파동으로서의 성질을 나타내는 것으로서 위치 r의 함수 $\psi(r)$을 생각하고, 이것을 **파동함수(波動函數)**라고 한다. 현의 진동 u나 음파 n은 둘 다 현의 변위 혹은 공기의 밀도라는 직접 측정할 수 있는 양이었다. 그렇다면 파동함수 ψ는 무엇을 나타내는 것일까.

파동함수가 나타내는 것은 사실 입자의 양자역학적인 '상태'이다. 그것은 직접 측정할 수 있는 양은 아니다. 이제까지 우리는 '입자의 운동상태'라는 말을 별 의식 없이 사용해 왔다. 그러나 고전역학의 경우라면 그것이 "입자가 지금 어디에 있고, 어떤 속도로 움직이고 있는가."를 의미한다는 것은 명백할 것이다. 수학적으로 표현하면 입자의 위치를 나타내는 벡터 r과 속도를 나타내는 벡터 v가 입자의 운동상태를 나타내는 것이다. 나중에 양자역학과의 관계를 알게 된 후에는 속도 v 대신에 운동량

$$p = mv \quad (m\text{은 입자의 질량})$$

를 이용하는 것이 편리하다. 여기서 운동량을 이용하기로 한다면, 고전역학에서는 위치 r과 운동량 p가 입자의 운동상태를 나타내는 것이 된다. 운동에너지, 퍼텐셜에너지, 각운동량(角運動量) 등, 입자에 관한 역학적인 양은, 예를 들어 운동에너지라면 $\frac{1}{2m}p^2$과 같이, 그 순간의 r과 p를 알면 그것으로부터 구할 수 있다. 입자의 운동상태의 변화, 즉 위치와 운동량이 시간과 더불어 어떻게 변하는가를 표시하는 것이 운동 방정식이다. 위치 r의 시간 변화는 속도이므로 p/m과 같다. 운동량의 시간 변화는, 운동의 제2법칙으로 익숙한

$$(\text{질량})\times(\text{가속도}) = (\text{힘})$$

이라는 식이 된다.

양자역학에서는 이것과 전혀 다른 해석을 한다. 양자역학에 따른 미시적인 입자의 경우에도 우리가 알 수 있는 것은 입자의 크기, 운동량, 에너지 등, 측정해서 얻을 수 있는 양이다. 그러나 고전역학처럼 위치와 운동량의 측정값이 그대로 입자 '상태'인 것은 아니다.

양자역학에서는 그러한 여러 가지 양의 측정값을 부여하는 것으로서 그 배후에 입자 '상태'가 있다고 생각한다. 그리고 이 양자역학적인 '상태'를 수학적으로 표현하는 것이 바로 파동함수이다. 따라서 '상태'의 변화는 파동함수의 시간 변화를 나타내는 방정식으로 주어진다. 이 방정식은 **슈뢰딩거방정식**이라 하며, 음파 등의 경우에 파동의 전파방식을 나타내는 파동방정식과 비슷하다.

3-4 위치와 운동량

미시적인 입자의 양자역학적인 상태, 즉 그 파동함수를 알았다고 해도 그것으로 끝은 아니다. 우리는 그 입자에 대해 운동량·에너지 등을 측정하였을 때 얻어지는 값이 파동함수와 어떤 관계가 있는지를 알고, 양자역학적인 상태와 측정과의 관계를 알 필요가 있다.

우선 입자의 위치를 측정하는 경우를 생각해 보자. (그림 3-3)에서 본, 좁은 격간에 의한 파동의 간접실험은 전자의 파동에도 시행할 수 있을 것이다. 격간에 전자선을 쪼이면 뒤쪽 화면에는 부딪치는 전자선의 강약에 따라 줄무늬 모양이 생긴다. 전자선의 세기를 측정하려면 화면 위에 작은 계수관(計數管)을 많이 늘어놓으면 된다. 계수관은 거기에 전자가 들어오면 신호를 발신하여, 입사한 전자의 수를 셀 수 있는 장치이다. 이렇게 하여 계수관마다 입사된 전자의 수를 계산하면,

그 값이 화면 위에 강약의 줄무늬를 만든다. 한 계수관이 신호를 발신했다고 하면, 그것은 그 위치에 전자가 생긴 것을 의미하므로 전자의 위치를 측정한 것이 된다. 이때 아무리 전자의 파동함수가 확산되어 있을지라도, 예를 들어 두 계수관이 전자 $\frac{1}{2}$개씩의 신호를 발신하는 일은 없다. 측정하면 전자는 한 개의 입자로서 화면 위 어딘가 한 곳에서, 한 계수관 속에서 발견되기 마련이다. 한편 이와 같은 측정을 여러 번 반복하여 시행하면 화면 위에서 전자의 파동이 간섭에 의해 강해지는 곳에서는 다수의 전자가 발견되고, 파동이 약한 곳에서는 전자의 수가 적다. 이것은 파동함수가 측정 '확률'과 관계가 있음을 나타낸다.

즉, 이런 것이다. 화면 위에서의 전자의 파동함수를 $\psi(r)$이라고 한다. (식 1-31)과 같이 진동 에너지는 진폭의 2제곱에 비례하지만 이것과 마찬가지로 파동 에너지도 진폭의 2제곱에 비례한다. 따라서 전자선의 경우로 말하면, 그 에너지는 파동함수의 2제곱 $\psi(r)^2$에 비례하는 셈이다. 이것은 전자를 입자로 간주하면 r이라는 위치에 오는 전자의 수가 $\psi(r)^2$에 비례하는 것임을 의미한다. 전자선으로서 격간을 통해 빠져나오는 다수의 전자에 대해 그 위치의 측정 결과가 이렇게 분포하므로, 전자 한 개에 대한 측정이라면 그것이 r이라는 위치에서 발견될 '확률'이 $\psi(r)^2$에 비례한다.

다시 한 번 반복하여 말하면, 미시적인 입자가 $\psi(r)$이라는 파동함수로 표시되는 양자역학적인 상태에 있을 때, 그 입자가 r이라는 위치에서 발견될 확률은 $\psi(r)^2$에 비례한다. 예를 들어 파동함수가 (그림 3-5)와 같은 모양으로 되어 있다고 하자.

3차원 공간은 그림으로 그리기 어렵기 때문에 여기서는 입자가 1차원적으로밖에 움직이지 못한다고 치고 그 직선 위의 위치를 x로 표시했다. 그림의 경우, 입자의 위치를 측정했을 때 그것이 O점 부근이 될 확률이 가장 높지만 AB 사이의 다른 점이 될 가능성도 있어, 측정 결과에는 Δx만큼의 **불확실함**을 피할 수 없다.

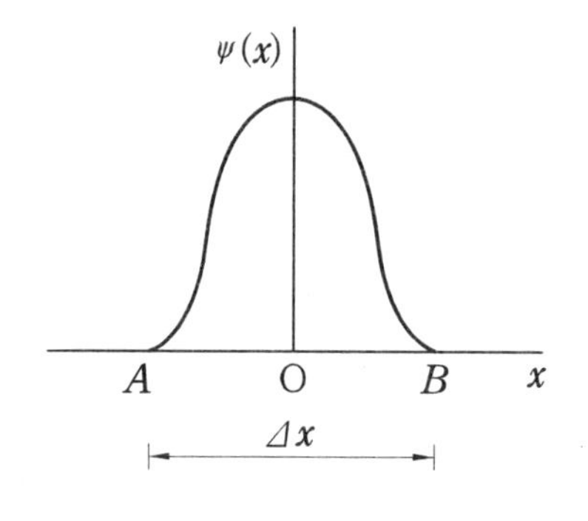

그림 3-5 미시적인 입자의 파동함수. 입자의 위치를 측정하면 측정 결과는 AB 사이의 어디에 있는지 확정되지 않는다.

여기서 불확실함이란 것은 측정의 오차를 말하는 것은 아니다. 실제로 무엇인가를 측정할 때에는 오차가 따르기 마련으로, 측정할 때마다 약간씩 다른 측정값을 얻게 되는 것이 보통이다. 그러나 측정 오차라면 측정법을 개선하면 되고, 또 측정에 숙련되면 오차를 작게 할 수 있다. 하지만 양자역학적인 상태에 있는 입자의 위치의 불확실함은 상태 본래의 성질에 기인하는 것이므로 아무리 측정법을 개선하여도 작게 할 수가 없다.

이것은 우리의 이제까지의 상식에 비추어 본다면 놀랄 만한 일이라고 할 수 있다. 입자상태가 하나로 결정되어 있고, 그 입자에 대해 같은 측정을 했다면 결과 또한 하나여야 한다는 것이 우리의 상식이다. 거기에는 우연적인 요소 등이 개입할 여지가 없다. 그런데 미시적인 입자의 경우에는, 같은 측정을 하여도 결과가 제각각이어서 결과에 대해서는 '입자가 O점 부근에서 발견될 확률은 60 %'라고 하듯이 확률적인 예측밖에 할 수 없다. 양자역학의 이와 같은 성격은 오랫동안 논쟁을 불러일으켜, 양자론 초기에 큰 업적을 쌓은 아인슈타인이 마지막까지 양자역학을 받아들이지 않았다는 유명한 일화가 있다. 그러나 우리는 아인슈타인과 함께 심각한 고민을 할 필요가 없으므로 다음으로 나아가야 하겠다.

다음은 운동량 측정을 생각해 보자. 고전역학의 경우, 외부에서 아무런 힘이 작용하지 않으면 입자는 운동량이 일정한 등속직선운동을 한다. 파동은 아무런 방해물도 개입하지 않으면 반사하거나 굴절함 없이 일정한 파장을 가지고 직진한다. 이와 같은 파동은 파면이 평면이기 때문에 **평면파(平面波)**라고 한다. 이와 같은 대비(對比)로 생각할 때, 평면파의 모습을 하고 일정한 방향으로 진행하는 파동함수가 일정한 운동량을 갖는 입자의 상태를 나타낸다고 생각하는 것은 당연할 것이다. 빛 입자인 포톤의 경우에는 파장이 짧고 진동수가 높은 것일수록 에너지도 크다. 그와 마찬가지로 입자의 파동함수도 파동이 짧은 것일수록 고속인 입자상태를 나타냄이 틀림없다. 양자역학에 의하면, 파장 λ의 진행파 파동함수가 운동량

$$p = \frac{h}{\lambda} \quad \text{(식 3-4)}$$

의 입자상태를 나타낸다. 여기서 다시 플랑크상수가 나타난 사실에 주목하자.

이처럼 파동함수가 진행파의 모습을 하고 있을 때는 그 입자에 대해 운동량을 측정하면 (식 3-4)의 정해진 값이 된다. 그러나 그것은 이 특별한 경우에 한한 것이고, 파동함수가 이것과 다른 모습을 하고 있을 때에는 운동량의 측정값도 불규칙해져서 확정된 값은 되지 못한다. 예를 들어 파동함수가 양 끝을 고정한 현의 진동과 같은 정상파로 되어 있다고 하자. 정상파는 두 개의 반대 방향으로 진행하는 파동의 중합이었다. 즉, 오른쪽으로 향한 진행파의 파동함수를 $\psi_+(x)$, 왼쪽으로 향한 진행파의 파동함수를 $\psi_-(x)$로 하면, 정상파의 파동함수는 중합원리에 의해 다음과 같은 식으로 표시된다.

$$\psi(x) = \psi_+(x) + \psi_-(x) \quad \cdots\cdots\cdots\cdots\cdots \text{(식 3-5)}$$

운동량의 측정값은 제1항뿐이라면 오른쪽으로 h/λ, 제2항뿐이라면 왼쪽으로 h/λ가 된다. 이 둘을 중합한 (식 3-5) 상태에서는 측정값은 확정되어 있지 않고, 이 두 값이 1/2씩의 확률로 얻어진다.

더욱 일반적인 3차원의 경우를 생각하여, 운동량이 $\boldsymbol{p}_1$, $\boldsymbol{p}_2$, $\boldsymbol{p}_3$…인 상태를 나타내는 진행파의 파동함수를 $\psi_1(\boldsymbol{r})$, $\psi_2(\boldsymbol{r})$, $\psi_3(\boldsymbol{r})$…로 하여, 지금 주목하는 입자의 파동함수가 그 중합에 의해 다음과 같은 식으로 나타나는 것으로 한다.

$$\psi(\boldsymbol{r}) = c_1\psi_1(\boldsymbol{r}) + c_2\psi_2(\boldsymbol{r}) + c_3\psi_3(\boldsymbol{r}) + \cdots \quad \cdots\cdots\cdots \text{(식 3-6)}$$

이 상태에 있는 입자의 운동량을 측정하면, 얻어지는 결과는 $\boldsymbol{p}_1$, $\boldsymbol{p}_2$, $\boldsymbol{p}_3$…로 다양한 값이 된다. 그 중에서, 예를 들어 $\boldsymbol{p}_1$이라는 값을 얻을 확률은 $\psi_1(\boldsymbol{r})$ 계수의 2제곱 $|c_1|^2$에 비례한다.

여기서 입자상태의 파동함수를 알았을 때, 운동량의 측정값이 어떤 확률로 어떠한 값이 되겠는가를 예측하려면 그 파동함수를 여러 가지 파장의 진행파의 중합으로 분해하여 볼 필요가 있다. 그렇다면 어떠한 형태를 한 파동함수라도 그와 같은 식으로 분해할 수 있을까. 답은 "그렇다."이다. 어떤 함수라도 (식 3-6)과 같이 여러 가지 파장의 진행파의 중합으로 분해할 수 있음은 수학적으로 증명되었다. 단, 보통은 중합해야 할 파동의 수는 무한이 되고, (식 3-6)은 무한개 항의 합이 된다. 이것을 수학에서는 푸리에급수라고 한다.

이 파동함수의 분해가 어떤 것이 되는지, 실제 예에 대해 생각해 보자. (그림 3-6(c))의 범종형 파동함수를 만들려면, 그림에 표시한 바와 같이 여러 가지 파장의 파동을 언제나 파동의 마루가 중앙에 오도록 위치를 정해 중합하면 된다.

단, 파장이 짧은 파동은 범종의 너비를 a로 하여 $\lambda = 2a$ 부근까지로 해 둔다. 이렇게 하면 중합하는 파동은 범종의 너비 a 안에서는 모두 양의 값을 취하므로 그것을 합친 $\psi(x)$도 양이 된다. 그러나 그 바깥쪽 영역에서는 파동이 양이 되기도 하고 음이 되기도 하여 서로 보태어 합치면 상쇄된다. 이렇게 해서 중합한 것은 너비 a의 범종형이 된다. 물론 정확하게 (그림 3-6(c))의 함수를 만들려면, 그림과 같이 파동 몇 개의 중합이 아니라 파장이 조금씩 다른 무한개의 파동을 중합해야 한다.

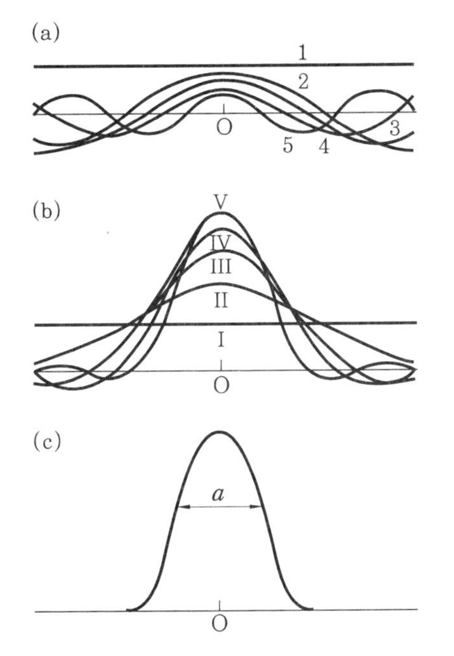

그림 3–6 파동을 중합하여 범종형 함수를 만든다.
(a) 여러 가지 파장(λ)의 파동
$1 : \lambda = \infty$, $2 : \lambda = 5a$
$3 : \lambda = 4a$, $4 : \lambda = 3a$
$5 : \lambda = 2a$.
(b) 파동의 중합. Ⅰ : 파동 1뿐
Ⅱ : 파동 1과 2의 중합
Ⅲ : 파동 1~3의 중합
Ⅳ : 파동 1~4의 중합
Ⅴ : 파동 1~5의 중합.
함수의 형태는 점점 (c)에 접근한다.
(c) 너비 a의 범종형 함수

이 상태의 입자에 대해 운동량을 측정하면 어떤 결과를 얻을 수 있을까. 분해된 파동의 파장은 무한대의 것에서부터 $2a$의 것까지 있으므로, 운동량으로 하면 (식 3-4)에 의해 $p = 0$의 것에서 $p = \pm h/2a$의 것까지 있다. 운동량의 양과 음은 오른쪽으로 향한 운동을 양이라고 하면, 음은 왼쪽으로 향한 운동을 나타낸다. 결국 운동량의 측정값에는 $h/2a$에서

$-h/2a$까지, 다음 식과 같은 너비의 불확실함이 발생하게 된다.

$$\Delta p = \frac{h}{a} \quad \cdots\cdots (\text{식 } 3\text{-}7)$$

3-5 불확정성원리

특별한 경우를 제외하고 입자의 위치나 운동량을 측정 결과가 확정된 값이 되지 않는다는 것이 양자역학에 따른 미시적인 입자의 특징인 것을 알았다. 특별한 경우라는 것은, 운동량의 측정이라면 파동함수가 일정한 파장을 갖는 진행파가 되어 있을 때이다. 하지만 이 경우에 파동은 무한하게 확산되어 있기 때문에, 위치를 측정하면 입자는 어디에 있는지 전혀 정해지지 않고 위치의 불확실함 Δx는 무한대가 된다. 한편, 위치를 확정한 파동함수를 원한다면 (그림 3-6)의 범종형 함수의 너비를 제로로 한 극한을 생각하면 된다. 이때는 (식 3-7)을 보면 알 수 있듯 운동량의 불확실함 Δp가 무한대로 되고 만다.

아무래도 가까스로 저쪽을 세우면 이쪽이 서지 않고 하는 관계가 있는 듯하다. 그것은 (그림 3-6)의 범종형 파동함수의 경우를 생각하면 명확하게 알 수 있다. 이 경우에 입자는 거의 너비 a 안에 있는 것은 확실하므로 위치의 불확실함 Δx는 거의 a라고 생각해도 된다. 다른 한편, 운동량의 불확실함은 (식 3-7)로 주어진다. 따라서 이 둘 사이에는

$$\Delta p \cdot \Delta x \sim h \quad \cdots\cdots (\text{식 } 3\text{-}8)$$

라는 관계가 성립됨을 알 수 있다. 여기서 ~는 크기의 정도가 "거의 같다."라는 의미를 나타낸다.

(식 3-8)은 파동함수가 범종형을 하고 있는 경우의 결과지만 그것이 너비는 a 그대로고 더욱 복잡한 변동을 하고 있으면 중합하는 파동으로서는 더욱 단파장인 것까지 포함시켜야 한다. 그 분량만큼 운동량의 불확실함 Δp는 커질 뿐이다. 즉, (식 3-8)은 위치와 운동량의 불확실함의 최소 한도를 부여하는 것으로 생각된다. 이 관계를 **하이젠베르크의 불확정성원리**라고 한다.

고전역학에서는 입자의 위치와 운동량을 동시에 정확하게 결정할 수 있었다. 그 결정된 위치와 운동량이 '입자의 상태'를 나타냈다. 그에 대해 (식 3-8)은 양자역학에서는 그것이 불가능하다는 것을 나타내고 있다. 이것은 입자의 양자역학적인 성격을 나타내는 기본적인 관계이다.

우리는 이제까지 미시적인 입자가 거시적인 물체와는 다른 법칙에 따른다고 하여 그 입자의 성질이 어떤 것인지를 살펴봐 왔다. 그러나 잘 생각해 보면 미시와 거시는 어떻게 구별할 수 있을까. 지금까지의 이야기만으로는 분명하지 않다. 10^{-23} g밖에 안 되는 수소원자는 미시적인 입자, 1kg의 돌덩이는 거시적인 물체라 하더라도 1만 개의 원자가 모여 형성된 고분자, 혹은 지름 1미크론(micron)의 금속 미립자는 미시적인 것이겠는가, 아니면 거시적인 것이겠는가. 아무래도 도중에 경계선을 긋고 여기까지가 미시적인 것이고 여기부터가 거시적인 것이라고 하는 것은 불가능한 것 같다. 만약 그렇다고 한다면, 양자역학의 원리가 올바르다면 1kg의 돌덩이라도 그에 따라야 하지 않을까. 그래서 이 돌덩이가 매초 1m의 빠르기로 움직이고 있다손 치고 그것에 불확정성원리를 적용해 보자.

돌덩이의 위치를 0.1mm 정밀도로 측정할 수 있었다고 하면, 질량과 시간의 측정 오차는 무시할 수 있다고 치고, 위치와 운동량의 측정 오차는 각각

$$\delta x \sim 10^{-4}\ \mathrm{m}, \quad \delta p \sim 10^{-4}\ \mathrm{kg \cdot m/s}$$

가 된다. 따라서 그 곱은

$$\delta x \cdot \delta p \sim 10^{-8}\ \mathrm{J \cdot s}$$

가 된다. 한편, 양자역학적인 불확정성은 (식 3-8)에 의해

$$\Delta x \cdot \Delta p \sim h \sim 10^{-34}\ \mathrm{J \cdot s}$$

이다. 이것은 거시적인 양의 측정 정밀도에 비해서는 월등하게 작다. 측정 정밀도가 아무리 향상되었다고 하더라도 이 양자역학적인 부정확함이 문제가 되는 일은 있을 수 없다. 미시적인 물체란 h처럼 작은 상수로부터의 효과를 무시할 수 있을 만큼 큰 것이라고 생각하면 그만이다.

미시적인 입자의 경우에는 $1\,\text{Å} = 10^{-10}$ m 정도의 길이(원자의 크기), 10^{-26} kg 정도의 질량(원자의 질량), 10^{-12}초 정도의 시간(원자의 진동 주기)이 문제가 된다. 따라서 여기서 다루는 운동량의 크기는

$$p \sim 10^{-26}\ \mathrm{kg} \times 10^{-10}\ \mathrm{m} / 10^{-12}\ \mathrm{sec} = 10^{-24}\ \mathrm{kg \cdot m/s}$$

정도이고, 그것과 길이와의 곱은

$$p \cdot x \sim 10^{-34}\ \mathrm{J \cdot s}$$

가 된다. 다루는 양 자체가 양자역학적인 부정확함과 같은 정도의 크기이다. 미시적인 입자의 운동에서는 양자역학이 본질적인 역할을 수행하고 있다고 생각해야 한다.

거시적인 세계에 사는 우리는 미시적인 입자의 상태가 파동함수로 표시되고, 그것이 파동으로서의 성질을 갖는다고 해도 좀처럼 머릿속에 확 들어오지 않는다. 그러나 가열한 물체가 청백색으로 빛나는 것은 잘 알고 있다. 그와 같은 사실이 고전론의 원리로는 도저히 설명되지 않는다고 하면 우리는 일상의 경험이 통용되지 않는 세계가 거기에 있다는 것을 인정하지 않을 수 없을 것이다. 그렇다면 고전론으로는 이해할 수 없었던 갖가지 수수께끼는 양자역학에 의해 어떻게 해결될까.

3-6 상자 속의 입자(1차원의 경우)

우선 두서너 가지 구체적인 경우에 대하여, 미시적인 입자의 양자상태가 어떤 것인지를 생각해 보자. 설명을 간단히 하기 위해 여기서는 입자가 선 위를 운동하는 경우(1차원운동)에 한하겠다.

가장 간단한 운동은 입자에 아무런 힘도 작용하지 않는 경우이다. (3-4절)에서도 기술한 바와 같이, 이때 고전역학에서라면 입자는 등속운동을 하고, 그에 대응하는 양자역학적인 상태는 일정한 파장을 갖는 진행파로 나타난다. 운동에는 아무런 방해도 개입되지 않으므로 진행파의 상태는 언제까지나 그대로 변하지 않는다. 이처럼 시간이 지나도 변하지 않는 상태를 **정상상태(正常狀態)**라고 한다. 이 경우, 고전역학에서는 입자의 운동량이 일정한 값으로 유지된다. 즉, 운동량보존법칙이 성립된다. 양자역학적으로도 운동량이 확정된 값을 취하는 진행파의 상태가 시간이 경과하여도 변하지 않는 것은 거기에서도 운동량보존법칙이 성립되는 것을 나타낸다. 물론 에너지보존법칙도 성립된다. 이 진행파의 상태에서는 파장을 λ로 하면 운동량은 (식 3-4)로 주어지므로 에너지는 다음과 같은 식이 된다.

$$E=\frac{p^2}{2m}=\frac{h^2}{2m\lambda^2} \quad \cdots\cdots\cdots\cdots (식\ 3\text{-}9)$$

정상상태에서는 에너지도 확정된 값을 취하며 변화하지 않는다.

이 입자가 상자에 들어 있다고 하면 어떻게 될까. 1차원에서 상자라는 것은 직선상의 두 곳에 입자를 반사하는 칸막이가 있어서 입자가 그 사이에 가두어진 경우이다. 퍼텐셜로 말하면 그 칸막이가 있는 곳에 무한대의 퍼텐셜 벽이 있어서, 거기에 도달한 입자는 운동에너지의 변화 없이 반발당하게 된다.

고전역학에서 입자는 벽 사이를 일정한 속도로 왕복운동한다. 운동 방향은 오른쪽 · 왼쪽 · 오른쪽 · 왼쪽으로 변하므로 운동량은 일정하게 유지되지 않는다. 이에 대응하여 양자역학적으로도 진행파의 파동함수는 정상상태가 되지 않는다. 처음에, 예를 들어 오른쪽 진행파가 있다고 하면 그것은 오른쪽 끝 벽에서 반사하고, 거기서 왼쪽으로 진행하는 반사파가 발생한다. 이 파동은 다시 왼쪽 끝 벽에서 반사하여…, 이런 식으로 파동의 모습은 점점 변해 버린다. 단, 파동의 파장과 벽 사이의 거리 간에 특정한 관계가 있을 때에만 특별한 일이 일어난다. 그것은 오른쪽으로 향한 진행파와 왼쪽으로 향한 진행파의 중합에 의해 정상파가 발생하는 경우이다. 정상파가 생기면 파동의 모습은 변하지 않게 되므로 그것이 상자 속에 가두어진 입자의 정상상태를 나타내는 파동함수가 된다.

정상파의 형태는 현의 진동과 마찬가지로 (그림 3-7)처럼 된다.

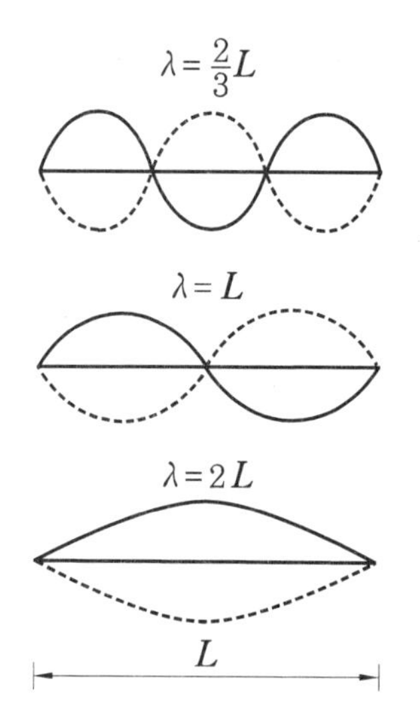

그림 3-7 길이가 L인 1차원 상자에 가두어진 입자의 정상상태의 파동함수

벽 사이의 거리를 L로 하면, 파동의 파장은 가장 긴 것이 $2L$ 그리

고 L, $2L/3$이 된다. 일반적으로는 정상파의 파장은 다음과 같은 식으로 표시된다.

$$\lambda_n = \frac{2L}{n} \quad (n = 1, 2, 3, \cdots) \text{ ······························ 식 (3-10)}$$

이와 같은 상태에서는 (식 3-5)에서 본 바와 같이 운동량의 방향은 정해져 있지 않지만 크기는 h/λ_n으로 확정되어 있다. 따라서 이 상태의 에너지는 다음과 같이 된다.

$$E_n = \frac{1}{2m}\left(\frac{h}{\lambda_n}\right)^2 = \frac{n^2h^2}{8mL^2} \quad (n = 1, 2, 3, \cdots) \text{ ····· (식 3-11)}$$

이 된다. 이 정상상태의 특징은 무한으로 넓어진 공간을 운동하는 자유로운 입자의 경우(식 3-9)와는 다르게, 에너지가 (식 3-11)과 같이 띄엄띄엄한 값밖에 취하지 못한다는 점이다. 정상상태의 에너지를 낮은 쪽에서부터 순서대로 늘어놓으면

$$\frac{h^2}{8mL^2},\ \frac{4h^2}{8mL^2},\ \frac{9h^2}{8mL^2},\ \cdots$$

이 된다.

이 정상상태는 고전역학으로 말하면 벽 사이를 왕복하는 입자에 대응하고 있다고 생각해도 좋다. 그러나 고전역학적인 운동일 것 같으면 에너지는 물론 연속적으로 어떠한 값도 취할 수 있다. 여기서 발생한 불연속이 양자역학의 효과인 것은 명확할 것이다. 플랑크 상수 h를 제로로 하면 양자역학은 고전역학으로 되돌아가 버리고 마는데, 분명 이 예에서도 h를 제로로 하면 에너지 간격은 제로가 되고 입자는 어떠한 에너지라도 가질 수 있게 된다.

양자역학적인 상태에서도 무한한 공간을 운동하는 자유로운 입자의 경우에는 (식 3-9)가 나타내는 바와 같이 에너지는 연속적이다. 그것

이 불연속이 된 것은 입자가 유한한 영역에 가두어짐에 기인한다. 그것은 영역의 길이 L을 크게 하면 에너지 간격이 좁아지고, L을 무한대로 하면 간격은 제로가 되어 버리는 것에서도 알 수 있다.

이처럼 띄엄띄엄한 에너지를 갖는 입자의 정상상태를 (그림 3-8)과 같이 그 에너지에 부응한 높은 위치에 가로 막대를 그어서 나타내기로 하자.

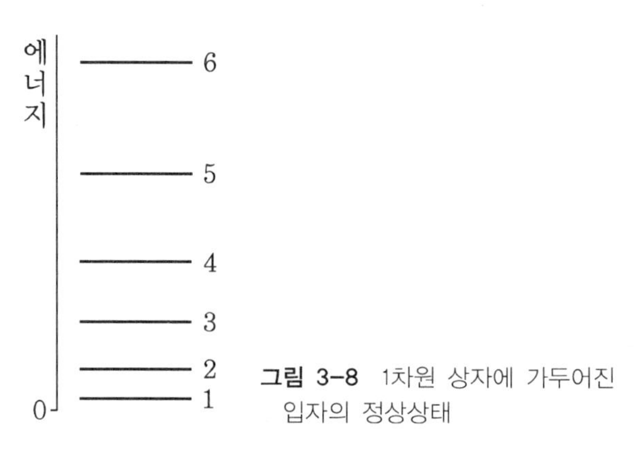

그림 3-8 1차원 상자에 가두어진 입자의 정상상태

이 그림은 위로 어디까지나 계속되는 고층 빌딩과 비슷하다. 정상상태는 입자가 언제까지나 거기에 낙착되어 있을 수 있는 장소이므로 가로 막대는 빌딩의 각 층에 해당한다. 지상으로부터의 높이가 에너지이다. 이 빌딩에는 계단이 없으므로 입자는 1층에 있다면 언제까지나 1층에, 5층에 있다면 역시 언제까지나 5층에 계속 있어야만 한다. 어떻게 하면 1층에서 2층으로 갈 수 있을까. 이에 대해서는 (3-9절)에서 다루겠다.

이 빌딩 1층은 입자가 취할 수 있는 에너지가 가장 낮은 상태이다. 이 상태를 **기저상태(基底 狀態)**[11], 그에 대해 2층 이상의 상태를 **들뜬상태**라고 한다.

11) 기저상태를 영어로는 ground state라고 하는데, 영국에서는 건물 1층을 ground floor라고 한다.

3-7 바퀴 위의 입자

길이 L인 영역에 가두어진 입자라도 그것이 상자가 아니고 양 끝이 이어진 바퀴로 되어 있는 경우, 입자의 상태는 약간 달라진다.

바퀴 위를 전파하는 파동은 고정된 끝에서의 반사가 없으므로 정상파가 되지 않고 한 방향으로 진행할 수 있다. 단, 파동의 파장은 다음 식과 같은 값으로 한정된다 (그림 3-9).

$$\lambda_n = \frac{L}{n} \quad (n = 1, 2, 3, \cdots) \quad \cdots\cdots \text{(식 3-12)}$$

파장이 이 값이 아니면 1회전, 2회전한 파동이 앞의 파동과 겹쳐져 상쇄되어 버리고 만다.

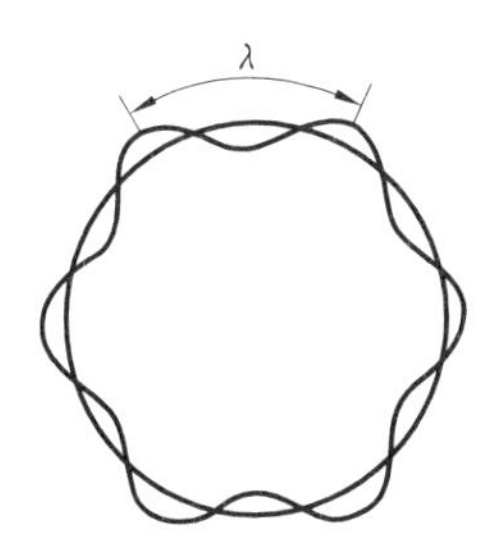

그림 3-9 바퀴 위를 전파하는 파동. 파장은 바퀴 길이의 정수분의 1이어야 한다.

바퀴 위를 운동하는 입자의 정상상태의 파동함수도 이에 대응하여 우회전 또는 좌회전하는 진행파가 된다. 이번에는 입자의 운동방향은 한 방향으로 결정되어 있으므로 바퀴를 따라 운동량은 보존된다고 생각해도 된다. 그에 수반하여 이 정상상태에서는 운동량은 그 크기가 다음 식과 같은 확정된 값을 갖게 된다.

$$p_n = \frac{nh}{L} \quad \cdots\cdots \text{(식 3-13)}$$

여기서 운동량의 부호를 좌회전을 양, 우회전을 음으로 정하면, n은 $n=0, \pm 1, \pm 2, \pm 3, \cdots$으로 제로 또는 양과 음의 값을 취한다고 하면 된다. 여기서 $n=0$의 상태는 (식 3-12)의 파장이 무한대로 되어, 보통 의미로 파동이라고 말하기는 어렵다. 그러나 양자역학적인 상태로서 그것은 운동량이 제로, 즉 정지한 입자의 상태를 나타내고 있으며, 이 것을 제외할 이유는 없다. 정상상태의 에너지는

$$E_n = \frac{p_n^2}{2m} = \frac{n^2h^2}{2mL^2} \quad (n=0, \pm 1, \pm 2, \cdots) \cdots\cdots (식\ 3\text{-}14)$$

와 같이 되며, 이 경우도 띄엄띄엄한 값이 된다.

1장에서 기체분자의 운동을 살펴봤을 때, 그 상태를 속도공간의 점으로 나타냈다. 그 예를 따라, 이 양자역학적인 상태도 그 상태의 운동량에 대응하여 **운동량공간**의 점으로 나타낼 수 있다. 지금 생각하고 있는 것은 1차원운동이므로 운동량공간도 1차원, 즉 직선이 된다. (그림 3-10)과 같이 운동량을 좌표로 한 직선을 그리고, 그 정상상태의 운동량의 값(식 3-13)에 점을 찍어 이 점으로 정상상태를 표시한다. 이렇게 하면 점은 운동량공간에 h/L의 등간격으로 늘어서게 된다.

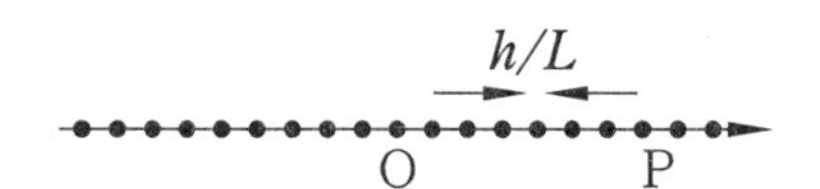

그림 3-10 1차원의 운동량공간. •은 바퀴 위에 있는 입자의 정상상태를 나타낸다.

여기서 입자가 바퀴 위를 회전하고 있다는 사실에 주목하기 바란다. 회전운동에서 중요한 양으로 **각운동량**이 있다. 케플러(Kepler, Johannes : 1571~1630)의 행성운동법칙에서 제2법칙은 면적속도일정의 법칙으로 불리는 것이다. 이 법칙은 행성운동처럼 언제나 중심(태양)을 향하는 힘을

받아 일어나는 운동에서는 각운동량이 일정하게 유지되는 것을 나타낸다. 각운동량은 반지름 R, 속도 v인 등속원운동이라면

$$M = mvR = pR$$

로 주어진다. p는 입자의 운동량이다. 이 운동을 양자역학으로 다루면, 운동량은 (식 3-13)과 같은 띄엄띄엄한 값밖에 취하지 못한다. 바퀴의 길이는 $L = 2\pi R$이므로 다음 식과 같이 된다.

$$M_n = p_n R = \frac{nh}{2\pi R} \cdot R = n\frac{h}{2\pi} \quad \cdots\cdots (\text{식 } 3\text{-}15)$$

양자역학에 의하면 각운동량도 $h/2\pi$를 단위로 하여 그 정수배의 값밖에 취하지 못한다.

3-8 진동자의 양자역학

입자가 운동하는 영역을 좁은 곳으로 한정하면 입자가 취할 수 있는 에너지는 (식 3-11) 혹은 (식 3-14)처럼 불연속이 된다.

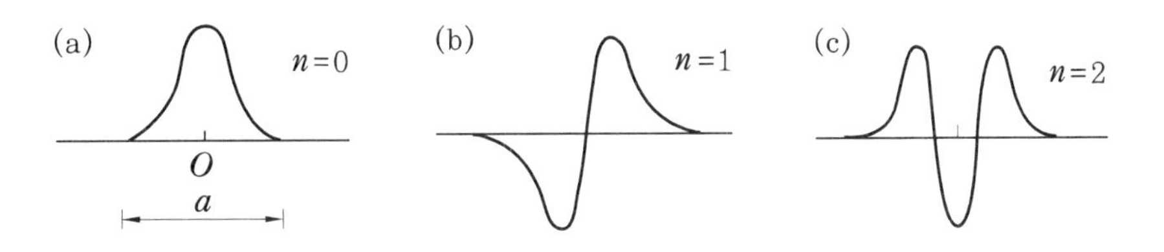

그림 3-11 진동자의 정상상태의 파동함수

이것은 상자나 바퀴의 경우처럼 영역이 처음부터 기하학적으로 제한되어 있는 경우로 국한된 것은 아니다. 입자에 힘이 작용하여 그로 인해 입자가 그다지 멀리까지 움직이지 못할 때도 마찬가지이다. 그 가장 간단한 예는 (1-10절)에서 기술한 진동자의 운동이다.

진동자의 퍼텐셜은 진동의 중심점에서 측정한 입자의 위치를 x로 하여 다음과 같은 식으로 주어진다(식 1-28).

$$V(x) = \frac{1}{2}kx^2 \quad \cdots\cdots\cdots \quad (\text{식 } 3\text{-}16)$$

이와 같은 퍼텐셜 속을 운동하는 입자의 양자역학적인 정상상태는 어떠한 것이 될까.

가령 정상상태의 파동함수가 (그림 3-11(a))와 같은 너비 a의 범종형이라고 하자. 이때 입자의 위치는 $\pm\frac{a}{2}$ 사이에 넓어져 있으므로, 진동 중심에서 입자 위치까지의 거리는 평균 $\frac{1}{4}a$ 정도라고 생각하면 된다. 따라서 퍼텐셜에너지는 평균

$$V\left(\frac{a}{4}\right) = \frac{1}{2}k\left(\frac{a}{4}\right)^2$$

정도가 된다. 한편, 불확정성원리에 의해 이 상태에 있는 입자의 운동량은 (식 3-7)과 같이 $\pm h/2a$ 범위로 넓어져 있다. 따라서 운동량의 크기는 평균 $h/4a$ 정도이고, 운동에너지는

$$\frac{1}{2m}\left(\frac{h}{4a}\right)^2$$

정도라고 어림잡을 수 있다. 이 둘을 합쳐, 이 입자에너지는 너비 a를 파라미터로서 다음과 같은 식이 된다.

$$E(a)=\frac{1}{2m}\left(\frac{h}{4a}\right)^2+\frac{1}{2}k\left(\frac{a}{4}\right)^2 \quad \cdots\cdots \text{(식 3-17)}$$

지금 우리가 구하고 있는 것이 에너지가 가장 낮은 기저상태라고 하면, 그 파동함수는 너비 a가 $E(a)$를 최소로 하도록 결정되어 있을 것이다. 이 최솟값을 구하는 수학문제는 (식 3-17)을 다음과 같이 고쳐 씀으로써 풀 수 있다. 즉,

$$E(a)=\frac{1}{32m}\left(\frac{h}{a}-\sqrt{mk}\,a\right)^2+\frac{1}{16}h\sqrt{\frac{k}{m}}$$

이다. 이렇게 하면 $E(a)$는 제1항이 제로일 때 최소가 되고, 그때의 최솟값이 제2항이 된다. 여기서 용수철의 세기 k와 진동자의 진동수 ν 사이에는

$$\nu=\frac{1}{2\pi}\sqrt{\frac{k}{m}}$$

의 관계(식 1-26)가 있으므로 결과를 입자의 질량과 진동수로 나타내면, 기저상태의 파동함수의 넓어짐은

$$a=\sqrt{\frac{h}{2\pi m\nu}} \quad \cdots\cdots \text{(식 3-18)}$$

정도이며, 그때의 에너지는

$$E_0=\frac{2\pi}{16}h\nu \quad \cdots\cdots \text{(식 3-19)}$$

가 된다.

들뜬상태의 파동함수는 상자 속 입자의 파동함수(그림 3-6)로 유추하여 (그림 3-11(b), (c))와 같은 모양을 하고 있을 것으로 예상된다.

이와 같이 물결치는 함수 형태를 푸리에급수 모양으로 만들려면 짧은 파장들을 중합시켜야 한다. 그 결과, 입자는 평균화하여 큰 운동량을 갖게 되고 운동에너지도 높아진다.

물론 이와 같은 개략적인 논의만으로는 정상상태의 에너지를 정확하게는 구할 수 없다. 정확한 값을 구하려면 파동함수에 대한 슈뢰딩거방정식을 풀어야만 한다. 이렇게 해서 얻어지는 정상상태의 에너지는 간단한 모양을 하고 있어 다음 식과 같이 된다.

$$E_n = \left(n + \frac{1}{2}\right)h\nu \quad (n = 0, 1, 2, \cdots) \cdots\cdots\cdots\cdots\cdots\cdots (식\ 3\text{-}20)$$

여기서 $n = 0$이 기저상태이다. 개략적인 논의만으로 구한 (식 3-19)는 이것과 계수의 수가 약간 다르다.

이 결과는 기저상태의 에너지 $\frac{1}{2}h\nu$를 별도로 하면, 플랑크가 전자기장의 진동자에 대해 가정한 바로 그것이다.

진동자의 운동을 고전역학으로 생각한다면, 에너지가 가장 낮은 상태는 입자가 중심점 $x = 0$에 정지한 경우이고, 그때의 에너지는 제로이다. 하지만 양자역학적인 기저상태에서는 파동함수가 유한하게 넓어짐으로(식 3-18) 에너지는 $\frac{1}{2}h\nu$이지 제로는 아니다. 왜 이렇게 되었을까. 그 이유는 (식 3-18), (식 3-19)를 구한 계산 과정을 추적해 보면 명확해진다. 만약 입자의 위치가 $x = 0$의 한 점에 확정했다고 하면, 퍼텐셜에너지는 최소가 되지만 불확정성원리에 의해 운동량의 불확실함은 무한대가 되어 운동에너지도 무한대로 되어 버린다. 오히려 파동함수가 적당히 넓어짐으로써 에너지 최소 상태가 실현된다. 이 기저상태에서 입자가 하고 있는 '진동'을 **0점진동**이라고 한다. 이것도 양자역학적인 운동의 고유한 특징이다.

끝으로 파동함수가 넓어지는 것과 퍼텐셜의 관계를 살펴보자. 고전역학에 따르는 입자일 것 같으면 (식 3-16)과 같은 퍼텐셜을 받아 운동할 때, 에너지가 마침 $E=\frac{1}{2}h\nu$ 상태에서는 (식 1-30)에 의해

$$\frac{1}{2}mv^2+\frac{1}{2}kx^2=\frac{1}{2}h\nu$$

의 관계가 성립한다. 진동은 (그림 3-12)와 같이 PP' 사이에서 일어난다. 양자론의 경우, 같은 에너지에 있는 기저상태의 파동함수는 (그림 3-12)와 같이 P, P'점 앞까지 넓어져 있다.

이것은 고전론으로 보면 위의 식, 제1항의 운동에너지가 음이 되는 영역에도 입자는 어떤 확률로 발견됨을 의미한다. 이것도 고전론으로는 이해하기 어려운 양자론 특유의 성질이다. 뒤에서 살펴보는 바와 같이, 이것이 기초가 되어 터널효과라는 양자론적인 현상이 야기된다(7-9절).

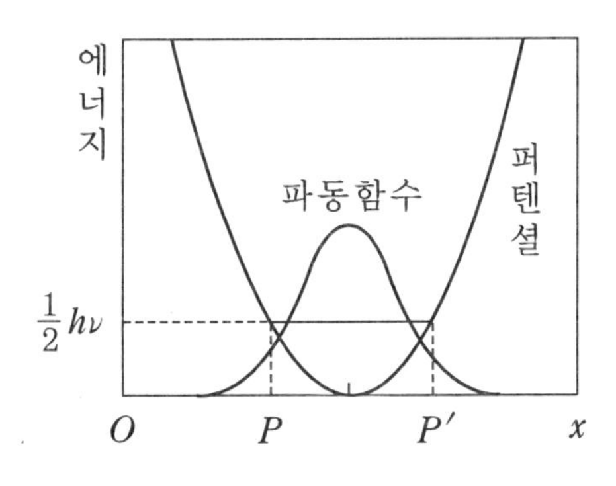

그림 3-12 진동자의 퍼텐셜과 파동함수. 에너지가 $E=\frac{1}{2}h\nu$인 고전역학에 따르는 입자는 PP' 사이를 진동한다. 양자역학에 따르는 입자의 파동함수는 P, P'점 앞까지 넓어져 있다.

3-9 상태천이

이제까지 우리는 상자 속의 입자와 진동자에 대하여 정상상태가 어떻게 되는가를 보아 왔다. 이들 예에서는 입자에 작용하는 힘은 입자

의 위치에 의해서만 역학적인 에너지보존법칙이 성립되었다. 따라서 입자가 일정한 에너지를 갖는 정상상태에 있으면 언제까지나 그 정상상태에 머물러 입자의 상태는 변하지 않는다.

그러나 현실의 물질 속에서는 원자나 전자에 여러 가지 복잡한 힘이 작용하고 있다. 그 힘은 시간적으로도 변동한다. 이와 같은 변동하는 외력(外力)이 하나의 정상상태에 있는 입자에 작용하면 입자의 운동이 교란되어, 언제까지나 그 정상상태에 머물러 있을 수 없게 되어 다른 정상상태로 뛰어 옮겨 간다. 즉, 에너지 준위(準位)의 고층 빌딩 1층에 있던 입자는 지진으로 건물이 흔들리면 그 요동을 이용하며 2층으로 뛰어올라갈 수 있다. 이것을 **상태천이(狀態遷移)**라고 한다.

하나의 예로, 원자 속의 전자를 생각해 보자. 음전하를 갖는 전자는 양전하를 갖는 원자핵에 쿨롱력으로 끌어당겨져 원자 속에 묶여 있다. 원자 속에서 전자의 정상상태는 진동자의 경우와 마찬가지로 띄엄띄엄한 에너지밖에 취하지 못한다. 이 원자에 빛이 닿으면 무슨 일이 일어날까. 빛은 전자기장의 진동이므로 전하를 갖는 전자에 진동하는 힘이 작용하게 된다. 이 힘에 의해 전자에 상태천이가 일어난다.

전자가 에너지 E_1 상태에서 그보다 에너지가 높은 E_2 상태로 천이하였다고 하자. 물론 에너지는 보존되므로 천이에 필요한 에너지는 빛에서 흡수한 것이다. 한편, 빛에서도 에너지의 양자화가 일어나 있어, 진동수 ν의 빛이라면 $h\nu$의 정수배로밖에 에너지는 변화하지 않는다. 보통 천이는 포톤 한 개를 흡수하는 형태로 일어난다. 따라서 에너지 사이에는 다음 식과 같은 관계가 성립한다.

$$E_2 - E_1 = h\nu \quad \text{(식 3-21)}$$

반대로 E_2에서 E_1로, 에너지가 낮은 상태로 천이가 일어날 때에는 여분의 에너지가 포톤 한 개로 방출된다.

이와 같이 원자 속에 있는 전자는 $h\nu$가 상태 간의 에너지 간격에 상등한 빛만을 흡수 혹은 복사할 수 있다. 따라서 반대로 원자가 흡수·복사하는 빛의 진동수를 조사함으로써 원자 속의 전자의 상태가 어떻게 되어 있는가를 알 수 있다. 원자가 내는 빛을 파장으로 분해하면 특별한 파장에서만 밝은, 이른바 선스펙트럼을 얻을 수 있다.

양자론이 발전한 초기에 보어는 수소의 스펙트럼이 매우 규칙 바른 배열을 하고 있는 것을 단서로 수소원자 속의 전자의 상태에 관한 이론을 만들어 냈다. 보어의 원자모형은 양자론의 발전상에도 중요한 역할을 했다.

원자의 빛스펙트럼은 원자 속의 전자상태를 반영하므로 원소마다 다른 휘선(輝線) 배열이 된다. 그래서 이것을 반대로 이용하면 원소를 검출할 수 있다.

이 책 후반에서 활약하는 헬륨이라는 원소는 처음에 지구상에는 그 존재가 알려지지 않았다. 그러던 것이 태양빛 속에서 이제까지 알려진 다른 원소와는 다른 스펙트럼이 발견되어 그 존재가 밝혀진 것이다. 헬륨의 명칭은 그리스 신화에 나오는 태양신 헬리오스(Helios)에서 유래하였다.

3-10 양자론과 통계역학

미시적인 입자가 따르는 자연법칙은 고전역학이 아닌 양자역학이라는 것을 알았다. 그렇다면 다수의 미시적인 입자로 구성되어 있는 물질은 어떤 성질을 갖을까. 우리는 1장, 2장에서 입자가 고전역학에 따른다고 하여 이 문제를 생각하였는데, 여기서 양자론의 입장에서 다시 생각해 보기로 하자.

물질 속에서 원자나 분자는 난잡한 열운동을 하고 있다. 양자론의 입장에서 생각해도 그것은 변함없는 사실이다. 단, 열운동이라는 것의 의미를 약간 다시 생각할 필요가 있다. 개개의 원자나 분자는 양자역학의 법칙에 따라 운동하므로 그것이 취할 수 있는 에너지는 두서너 가지 예에서 본 바와 같이 띄엄띄엄한 값이 된다.

입자가 완전히 고립되어 있으면 그 에너지는 보존되기 때문에 하나의 정상상태라면 언제까지나 그 상태로 멈춰 있게 된다. 그러나 물질 속에서는 입자 간에 힘이 작용하고 있다. 그때문에 개개 입자의 운동은 교란되어 하나의 정상상태에 멈춰 있을 수가 없게 된다. 입자는 많은 정상상태 사이를 여기저기 난잡하게 옮겨 다닌다. 이것이 양자역학의 입장에서 보았을 때의 입자의 열운동이다.

이 열운동의 확률법칙은 고전론의 경우와 변함이 없다. 물질의 온도가 T일 때, 입자 한 개가 에너지 E의 정상상태에 있을 확률은 (식 1-25)와 마찬가지로

$$P(E) \propto e^{-E/k_B T} \quad \cdots\cdots \text{(식 3-22)}$$

가 된다. 고전론과 다른 것은 에너지 E가 불연속이 된다는 것뿐이다.

엔트로피는 양자론의 입장에서 생각하는 것이 오히려 이해하기 쉽다. (2-2절)에서 이상기체의 엔트로피를 구했을 때, 우리는 상태의 수를 세기 위하여 기체가 들어 있는 상자를 부피가 v_0인 작은 부분으로 나누는 인위적인 방법을 취해야만 했다. 이 방법으로는 v_0을 취하는 방식에 임의성이 있어, 엔트로피를 그 크기까지 정확하게 결정할 수가 없다. 그에 반해 양자역학에서는 상태의 수는 본래 하나둘로 셀 수 있는 것이다. 따라서 상태의 수 W를 애매함이 없이 구할 수 있고, 엔트로피도 정확하게 결정할 수 있다.

양자역학의 제3법칙은, 절대0도에서 물질은 전체로서 에너지가 가장 낮은 하나의 상태에 귀착되는 것을 나타낸다. 양자역학의 입장에서 말하면, 그것은 물질 전체로서 그 기저상태가 단 하나로 결정되어 있는 것을 의미한다[12]. 물질의 성질을 저온에서 조사한다는 것은 물질을 그 기저상태에 접근시켜, 물질마다 다른 그 기저상태의 성질을 명확하게 밝히는 것이라고 할 수 있다.

3-11 비열의 수수께끼를 풀다

고전론의 입장에서는 도저히 설명할 수 없었던 여러 가지 수수께끼는 양자역학으로 해결할 수 있었다.

입자가 에너지 E 상태에 있을 확률은 (식 3-22)로 주어지는데, 이 지수함수는 E/k_BT가 1보다 커지면 갑자기 작아진다. 따라서 입자가 취할 수 있는 상태는 에너지가 거의 $E < k_BT$인 영역의 것뿐이라고 생각해도 좋다.

애초에 온도가 높아 k_BT가 정상상태의 에너지 간격에 비해 충분히 큰 경우를 생각해 보자. 이 경우에는 입자가 취할 수 있는 상태의 수가 많고, 에너지의 불연속함은 두드러지지 않는다. 따라서 에너지가 연속적으로 변할 수 있다고 생각해도 큰 잘못은 일어나지 않을 것이다. 이

---

12) 사실을 말하면, 기저상태에서 $W=1$이 되지 않을지라도 제3법칙은 성립한다. 그 로그 $\ln W$가 입자수 N 정도의 크기로만 되지 않으면 된다. 예를 들어, 기저상태로서 같은 에너지상태가 N개 있다고 해도 $N \sim 10^{24}$일 때 $\ln N \sim 100$이 되는 것에 불과하다. 이때에도 거시적으로 보면 엔트로피는 제로가 되었다고 생각해도 좋다.

와 같은 고온에서는 양자론의 효과가 작아 고전론이 성립된다고 생각해도 좋다.

그러나 저온이 되어 k_BT가 에너지 간격과 같은 정도의 크기, 혹은 그보다 작아지면 그렇게는 되지 않는다. 에너지가 불연속인 것을 무시할 수 없으며, 양자론의 효과가 중요해진다.

그릇에 콩을 넣는 경우를 생각해 보자. 그릇의 용적(k_BT)이 콩알 크기(에너지의 불연속함)보다 훨씬 크면, 콩 낱알들은 크게 개의치 않고 콩을 연속적인 액체로 보아도 된다(그림 3-13(a)). 콩을 술과 마찬가지로 되를 사용하여 용적을 측정할 수도 있는 셈이다. 하지만 그릇의 용적이 작아져서 콩의 크기와 같은 정도가 되면(그림 3-13(b)) 불연속함이 마음에 걸리기 시작하고, 그릇이 콩보다 작아지면(그림 3-13(c)) 한 개도 들어가지 못하게 된다.

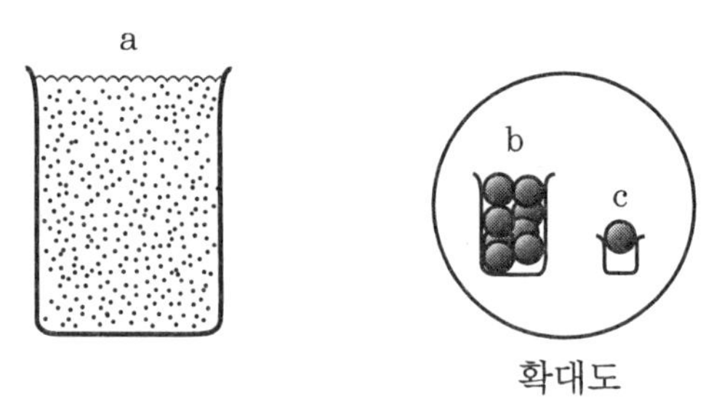

그림 3-13 그릇에 콩을 넣는다. 그릇이 크면 콩은 연속적으로 보이고(a), 작으면 불연속함을 무시할 수 없으며(b), 너무 작으면 콩은 한 개도 들어가지 못한다(c).

이와 같이 k_BT가 에너지 E_0인 기저상태와 에너지 E_1인 맨 처음 들뜬상태의 에너지 차 $\Delta E = E_1 - E_0$에 비해 월등하게 작아,

$$k_BT \ll \Delta E \quad \text{(식 3-23)}$$

이 되면 입자는 대부분 언제나 기저상태에 있다고 생각해도 좋다(콩

이 한 개도 들어가지 못한다). 온도가 약간씩 높아져도 (식 3-23)의 영역에 있는 한, 입자의 평균 에너지는 거의 E_0인 채이다. 온도가 높아져도 에너지가 변함없으므로 이 입자가 비열에 기여하는 바는 제로이다. 말하자면 입자가 그 기저상태에 얼어붙어, 열운동을 하지 않게 되어서 비열에 기여하지 못하게 되는 것이다.

진동자의 경우에는 에너지 간격은 $h\nu$이다. 따라서 온도가

$$k_B T \gg h\nu \quad \cdots\cdots (식\ 3\text{-}24)$$

이면, 그 진동자의 운동은 고전론에 따른다고 생각해도 좋다.

그 평균 에너지는 에너지등분배법칙에 따라 $k_B T$가 되어 비열에는 k_B만의 기여를 한다. 그러나

$$k_B T \ll h\nu \quad \cdots\cdots (식\ 3\text{-}25)$$

되는 저온에서는, 위에서 기술한 바와 같이 진동자는 기저상태에 얼어붙어 비열에 기여하지 않는다.

이 양자론의 효과에 의해 공동복사로 비열이 무한대가 된다는 어려움은 무사히 해결된다. 확실히 공동복사 문제에서 진동자의 수는 무한하다. 그러나 파장이 짧고 진동수가 높은 진동자는 (식 3-25)의 영역으로 들어가 버리므로, 혹 있을지라도 비열에는 전혀 기여하지 않는다. 개략적으로 말하면, 진동수가

$$\nu \lesssim \frac{k_B T}{h} \quad \cdots\cdots (식\ 3\text{-}26)$$

으로 되는 진동자만이 비열에 기여하며, 비열은 유한한 값을 갖게 된다.

고체의 비열이 저온에서 온도에 의존하여 감소하는 것도 마찬가지로 설명할 수 있다. 고체의 원자운동도 여러 가지 파장·진동수의 진동자의 집합으로 간주할 수 있었다. 이 경우에 진동자의 파장은 가장

짧은 것이 원자 간격 정도이고, 그보다 단파장인 진동자는 없다. 따라서 진동자의 진동수가 최대인 것을 ν_D라고 하면, 온도가

$$k_B T \gg h\nu_D \quad \cdots\cdots (식\ 3\text{-}27)$$

이면 비열에 $3N$개의 모든 진동자에 대하여 고전론이 성립되어 뒬롱·프티의 법칙(식 1-40)을 얻을 수 있다. 그에 대하여 저온이 되어

$$k_B T < h\nu_D \quad \cdots\cdots (식\ 3\text{-}28)$$

이 되면 비열에 기여하는 진동자는 진동수가 (식 3-26)의 조건을 충족하는 것에 국한되어 그 수는 온도가 낮아짐과 동시에 감소한다. 따라서 비열도 온도와 더불어 감소한다. 최대 진동수 ν_D의 크기나 진동자의 수가 진동수에 의해 어떻게 분포하고 있는가는 고체의 종류에 따른다. 고온에서는 그 종류에 관계없이 뒬롱·프티의 법칙을 따랐던 고체의 비열에도, 저온에서의 온도변화에는 고체의 개성이 얼굴을 드러낸다.

기체의 비열에 분자의 진동이 효력을 발휘하지 못하는 것도 같은 이유로 생각하면 된다. 기체분자에서는 원자가 단단하게 결합되어 있기 때문에 그 진동의 진동수가 높다. 상온에서 이미 $k_B T \ll h\nu$라는 조건이 성립되어, 진동은 얼어붙은 것으로 보인다.

1원자분자의 회전운동이 비열에 효력을 발휘하지 못하는 문제는 어떠할까. (3-9절)에서 약간 언급한 바와 같이, 원자는 원자핵 주위에 전자가 결합하여 구성되어 있다. 원자핵은 원자의 질량 대부분을 감당하고 있는데, 그 크기는 10^{-14} m 정도로 원자의 크기 10^{-10} m에 비해 매우 작다. 원자의 크기라고 하는 것은, 주위에 결합한 전자의 넓어짐을 말한다. 따라서 원자가 회전한다고 하면 그것은 전자의 회전이다.

회전운동의 에너지 간격은 (식 3-14)에서 m을 전자의 질량 10^{-30}

kg으로, L을 원자의 크기 10^{-10} m로 취하고, $n=1$로 하여

$$\frac{h^2}{mL^2} \sim \frac{(10^{-33})^2}{10^{-30} \times (10^{-10})^2} = 10^{-16} \text{ J}$$

이라고 어림잡을 수 있다. $k_B T$는 상온 300 K에서

$$k_B T \sim 10^{-23} \times 300 \sim 10^{-21} \text{ J}$$

이다. 원자의 회전운동의 에너지 간격은 온도 $k_B T$에 비해 매우 크며, 이 운동도 얼어붙어 있는 것으로 생각해도 좋다.

금속의 전자 비열의 문제는 어떠할까. 전자는 금속 속을 자유롭게 움직이고 있으며, 금속 밖으로는 나오지 못한다. 따라서 이 전자는 상자에 가두어진 입자 같은 것이라고 볼 수 있다. (3-6절)에서 생각한 운동은 1차원, 실제 금속은 3차원이지만 표준으로서는 거기서 얻은 (식 3-11)을 사용하면 된다. L을 금속의 크기로 하여 10^{-2} m라고 하면

$$\frac{h^2}{mL^2} \sim \frac{(10^{-33})^2}{10^{-30} \times (10^{-2})^2} = 10^{-32} \text{ J}$$

이 된다. 이것은 상온 $k_B T$에 비해 매우 작다. 이와 같이 거시적인 크기의 금속에서는 전자처럼 가벼운 입자라도 에너지의 불연속은 무시할 수 있을 정도로 작다. 이것으로는 금속에서 전자가 비열에 기여하지 못하는 것은 설명할 수 없다.

이렇게 하여 비열 문제에 얽혀서 생긴 많은 의문은 미시적인 운동에 양자역학을 적용함으로써 해결하였다. 그러나 금속전자의 문제만은 에너지의 불연속이라는 것으로는 설명되지 않는다. 그 해결만은 다음 장으로 넘기겠다.

4장
보스입자와 페르미입자

4-1 구별할 수 없는 입자

금속 속의 전자의 운동과 고체원자의 진동을 비교해 보면 입자의 운동방식에 차이가 있는 것을 알 수 있다. 고체원자의 경우에는 각 원자는 저마다 정해진 위치 부근의 제한된 영역에서 따로따로 운동하고 있다. 그에 비해 금속전자는 금속 속의 같은 공간을 서로 날아다니면서 운동한다. 양자역학의 입장에서 본다면, 고체원자에 대해서는 각 진동자마다 따로따로 그 양자상태를 생각하면 된다. 금속전자의 경우, 가령 전자 간에 힘이 작용하지 않고, 이상기체의 분자처럼 각 전자는 독립적으로 운동한다고 생각해도 좋다고 하자. 그렇게 하면, 우선 금속이라는 상자에 들어 있는 전자의 양자상태를 (3-6절)처럼 하여 구하고, 다음에 각 전자가 그 한 짝의 양자상태의 어디에 있는가를 보는 절차가 된다.

우선 전자가 두 개 있는 경우를 생각해 보자. 두 개의 전자에 각각 a, b라고 이름을 붙이고, 정상상태에서는 1, 2, 3…이라고 번호를 매겨 둔다. 이 두 전자의 양자상태를 나타내려면, 가령 전자 a가 상태 1에, 전자 b가 상태 2에 있다고 하면 순서를 정하여 (1, 2)로 쓰면 된다. 이 경우, 두 전자가 서로 교체하여 들어가 전자 a는 상태 2에, 전자 b는 상태

1에 있다(2, 1)고 하는 상태도 생각할 수 있다. 그러나 전자에는 아무런 표시도 되어 있지 않으므로 우리는 (1, 2)와 (2, 1)이라는 두 가지 상태를 가려낼 수가 없다.

당구대 위에 흰 공 두 개가 놓여 있다고 하자. 처음 A, B 두 점에 정지해 있던 공이 충돌을 반복한 후에 다시금 A, B에 이르렀다고 하자. 이 경우에는 공 두 개가 아무리 구별하기 어렵게 정교히 만들어져 있다고 할지라도, 운동 경과를 눈으로 추적해 가면 공 두 개가 교체되었는지 아닌지를 판단할 수 있다. 즉, 당구공을 구별할 수 있는 것이다.

전자의 경우는 어떠할까. 전자는 양자역학에 따라 운동하고, 그 상태는 파동함수로 나타낸다. 그 두 전자가 같은 영역 속을 운동하고 있는 경우에는, 전자의 파동이 일단 중합되면 그 후에 나뉘어 가는 두 파동을 식별하는 것은 거의 불가능하다. 두 전자를 구별할 수 없다는 것은 단순한 기술적 문제가 아니라 미시적인 입자의 본질적인 성질이라고 하지 않으면 안 된다.

이렇게 생각하면 전자가 교체된 (1, 2)와 (2, 1)을 '두 가지 상태'로 보는 것 자체에 문제가 있는 것은 아닐까. 사실 이것은 두 전자의 양자상태로서, 하나의 같은 상태라고 간주되는 것이다. 따라서 전자 a는 상태 1에, 전자 b는 상태 2에, 하는 식으로 두 전자의 상태를 표시하는 것이 좋은 방법이 아닌 것이 된다. 그렇지 않고 상태 1, 2, 3··· 중의 어디와 어디에 전자가 있는가, 하는 표시 방법을 구사해야 할 것이다. 이것은 전자가 다수 있을 때도 마찬가지로서, 각 상태에 전자가 몇 개씩 있느냐 하는 전자의 분포로써 표시해야 한다. 상태 1, 2, 3···에 있는 전자의 수를 각각 n_1, n_2, n_3···이라고 하면, 전자 전체의 양자역학적인 상태는 다음 식과 같은 정수의 짝으로 표시된다.

$$(n_1,\ n_2,\ n_3\cdots) \quad \text{(식 4-1)}$$

전자의 총수를 N개라고 하면 다음 식과 같다.

$$n_1 + n_2 + n_3 + \cdots = N \cdots\cdots\cdots\cdots \text{(식 4-2)}$$

미시적인 입자를 구별할 수 없다는 성질은 전자에 국한된 것은 아니다. 같은 종류의 분자로 이루어진 액체나 기체에서도, 분자는 같은 그릇 속을 돌아다니고 있으므로 역시 구별할 수 없다. 그러한 기체나 액체의 양자상태도 (식 4-1)과 같은 형태로 표시된다. 실제 물질에서 그와 같이 양자역학적으로 다루어야 할 필요가 있는 경우는 5장에서 설명할 액체헬륨이 있다.

4-2 두 종류의 입자

많은 입자의 집단인 양자상태를 (식 4-1)과 같이 표시할 때, 입자의 종류에 따라 분포에 어떤 종류의 제한이 생기는 경우가 있다.

물질은 모두 다수의 원자로 구성되어 있다. 원자는 중심에 있는 원자핵과 그것을 둘러싼 전자로 구성되어 있다. 원자핵을 더욱 분해하면 그것은 양성자와 중성자로 구성되어 있다. 양성자와 중성자는 원자핵의 구성 요소라는 의미에서 이를 합쳐 **핵자(nucleon)**라고 한다. 이처럼 물질을 계속 작게 분해해 나가면 더 이상은 분해할 수 없는 입자, 즉 **소립자(elementary particle)**로 귀착된다. 소립자에는 전자·양성자·중성자 이외에도 원자핵 속에서 핵자를 결합시키는 작용을 하는 파이중간자(π-meson) 등 많은 종류가 존재한다. 전자기장의 양자화에 의해 나타나는 포톤도 일종의 소립자이다. 최근 소립자에는 내부구조가 있으며, 핵자나 파이중간자 등은 **쿼크(quark)**라는 입자로 구성되어 있음을 알게 되었다. 그러나 우리의 목적을 위해서는 거기까지 파고들어갈 필요는 없다.

물론 같은 종류의 소립자는 구별할 수 없기 때문에 그 집단의 상태는 (식 4-1)과 같이 표시된다. 자연계에 존재하는 소립자는 두 종류로 분포되며, 그 두 종류의 입자를 **페르미입자**(Fermi particle), **보스입자**(Bose particle)라고 한다.

우선 전자·양성자·중성자는 페르미입자로 분류된다. 페르미입자의 특징은 입자의 분포에 다음과 같은 엄격한 제한이 과해진다는 점이다.

"페르미입자는 하나의 상태에 한 개밖에 들어가지 못한다."

즉, (식 4-1)의 n_1, n_2, $n_3 \cdots$은 모두 0 또는 1이어야만 한다. 페르미입자에 있어 각 상태는 한 개가 들어가면 만원이 되는 좁은 방과 같다. 페르미입자의 분포에 대한 이와 같은 제한은 **파울리의 배타원리**라고 한다.

파이중간자·포톤 등은 보스입자이다. 보스입자의 경우에는 분포에 제한은 없다.

"보스입자는 하나의 상태에 몇 개든지 들어갈 수 있다."

즉, (식 4-1) n_1, n_2, $n_3 \cdots$은 0 또는 양수이면 된다.

여기서 포톤의 경우를 생각해 보자. 전자기장의 진동자에 1, 2, 3⋯이라고 번호를 붙이고, 그 진동수를 ν_1, ν_2, $\nu_3 \cdots$이라고 하자. 각 진동자가 각각 n_1, n_2, $n_3 \cdots$번째의 정상상태에 있다고 하면, 진동자 1, 2, 3⋯의 에너지는 각각 $\left(n_1+\frac{1}{2}\right)h\nu_1$, $\left(n_2+\frac{1}{2}\right)h\nu_2$, $\left(n_3+\frac{1}{2}\right)h\nu_3 \cdots$이다. 이때 전자기장 전체의 에너지는 0점진동분을 별도로 하여

$$E = n_1 h\nu_1 + n_2 h\nu_2 + n_3 h\nu_3 + \cdots \quad \text{(식 4-3)}$$

로 쓸 수 있다.

이것은 에너지가 $h\nu_1$, $h\nu_2$, $h\nu_3 \cdots$인 상태에 입자가 각각 n_1, n_2, $n_3 \cdots$

개 존재한다고 해석해도 좋다. 이 '입자'가 포톤이다. 포톤은 구별할 수 없는 입자인 것은 분명하다. 여기서 n_1, n_2, n_3…은 어떤 수라도 좋으므로 포톤은 보스입자라고 간주할 수 있다. 단, 포톤의 총수는 정해져 있지 않으므로 (식 4-2)와 같은 제한은 없다. 이것이 보통 입자와 다른 점이다.

우리가 이 책에서 대상으로 하는 보통 물질에서는, 본래의 모습대로 등장하는 소립자는 전자와 포톤뿐이다. 양성자와 중성자는 결합하여 원자핵이 되고, 또 전자와 결합하여 원자가 된다. 물질 속에서는 이 원자가 하나의 입자로 행동한다. 그래서 우리는 소립자의 성질뿐 아니라 그것이 몇 개가 결합하여 형성된 복합입자의 성질도 알아두어야만 한다.

복합입자의 분포방식에는 다음과 같은 규칙이 성립한다.

"짝수 개의 페르미입자를 포함하는 복합입자는 보스입자, 홀수 개의 페르미입자를 포함하는 복합입자는 페르미입자로 행동한다."

이 규칙이 성립하는 이유를 이해하려면, 다수의 입자집단 전체의 상태를 나타내는 파동함수가 어떤 성질을 갖는가를 살펴봐야 한다. 설명이 너무 어려워지므로 유감스럽지만 여기서는 그 문제를 다루지 않겠다.

이제부터 할 설명에 등장하는 복합입자로는 헬륨원자가 있다. 헬륨은 수소 다음으로 가벼운 원소인데, 비활성기체라고 하는 원소그룹에 속하며, 화학결합을 전혀 하지 않는다. 따라서 헬륨 기체나 액체에서는 원자가 그대로 돌아다니고 있다. 자연계에 존재하는 헬륨원자는 대부분 헬륨 4(^4He)이며, 이밖에 안정된 동위원소로서 헬륨 3(^3He)이 있다. 원소 기호의 왼쪽 어깨에 붙인 숫자는 원자핵이 몇 개의 핵자로 구성되어 있는가를 표시하며, 질량수라고 한다. 각 원자를 구성하는 소립자의 수는

^4He : 양성자 두 개, 중성자 두 개, 전자 두 개, 합계 여섯 개

^3He : 양성자 두 개, 중성자 한 개, 전자 두 개, 합계 다섯 개

이다. 따라서 위의 규칙에 따라 헬륨 4는 보스입자, 헬륨 3은 페르미입자로 행동함을 알 수 있다.

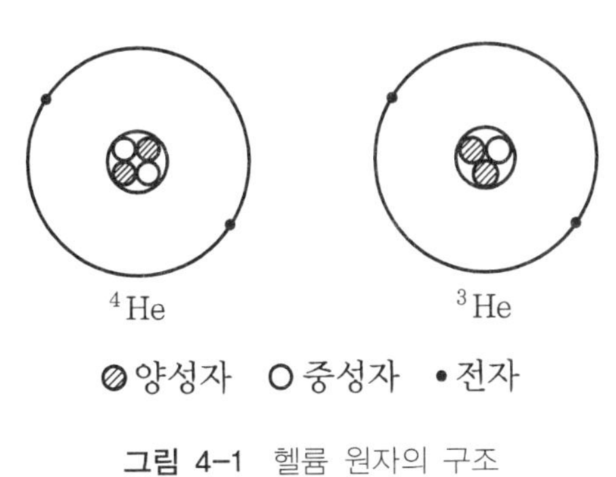

그림 4-1 헬륨 원자의 구조

4-3 입자의 자전 - 스핀

기체분자가 단지 병진운동을 할 뿐만 아니라 회전운동도 한다는 것은 (1-13)절에서 언급한 바와 같다. 소립자도 작기는 하지만 질점은 아니므로 역시 회전운동을 하는 것은 분명하다. 이 회전을, 예를 들어 전자가 원자핵 주위를 회전하는 듯한 운동과 구별하기 위하여 행성운동의 경우와 마찬가지로 소립자의 '자전'이라 부르기로 하자.

소립자의 자전도 양자역학으로 다루어야 한다. 그렇게 하면 (3-7절)에서 본 바와 같이 회전의 각운동량은 $h/2\pi$를 단위로 하여 그 정수배의 값밖에 취하지 못하게 된다. 각운동량은 (회전의 반지름)×(운동량)으로 정의되는 양이다. 따라서 소립자 자전의 각운동량이 0이 아닌 값, 예컨대 $h/2\pi$가 되었다고 하면 소립자는 작은 만큼 이것은 입자가 고속으로 회전하고 있음을 의미한다. 자전의 에너지는 매우 높아지고, 보통 온도 정도에서는 자전은 동결되어 있어 전혀 일어나지 않는다고 생각된다.

하지만 페르미입자의 자전은 (3-7절)에서 본 바와 같은 입자 중심의 회전운동, 공전과는 전혀 다른 성질을 갖는다. 이 경우에도 각운동량이

$h/2\pi$ 걸러 띄엄띄엄한 값밖에 취하지 못하는 것은 변함이 없다. 그러나 그 크기는 $h/2\pi$의 정수배가 아닌 1/2, 3/2 등의 반정수배가 된다.

각운동량이 제로인 상태는 존재하지 않으며, 가장 느린 자전이라도 그 각운동량은 $\pm 1/2(h/2\pi)$라는 값을 취한다. 소립자 자전의 이와 같은 성질은 3장에서 기술한 양자역학만으로는 설명할 수 없다. 거기서는 고속의 운동을 다루므로 상대성 이론에 의거하여 고쳐 쓴 양자역학을 적용해야만 한다. 자전의 각운동량의 이와 같은 성질은 그에 의해 비로소 설명이 가능하다.

이 소립자의 자전을 정식으로 **스핀**이라고 한다. 스핀의 각운동량은 $h/2\pi$를 단위로 하여 ±1/2의 두 값을 취하지만, 이 두 상태는 자전의 방향이 우회전이냐 좌회전이냐 하는 차이가 있을 뿐 에너지는 같다. 따라서 페르미입자의 경우에는, 중심운동의 상태는 같고 스핀상태가 다른 것이, 같은 에너지를 가지고 둘씩 존재하게 된다. 페르미입자가 파울리의 배타원리에 의해 하나의 상태에 입자가 한 개씩밖에 들어가지 못한다고 할 때, 스핀의 방향이 다른 두 상태는 다른 것으로 간주해야만 한다. 앞 절에서 입자의 상태에 붙인 번호 1, 2, 3…은 중심운동의 상태뿐만 아니라 스핀상태도 포함시켜 나타낸 것이라고 생각하면 된다. 중심운동의 상태만으로 보면, 하나의 상태에 입자는 스핀이 다른 것이 두 개까지 들어갈 수 있다.

핵자가 결합하여 원자핵을 만들 때, 만들어진 원자핵의 스핀은 핵자의 스핀의 합이 된다. 오른쪽으로 자전하고 있는 핵자 두 개가 결합하면 원자핵은 두 배의 각운동량으로 오른쪽으로 자전하는 것처럼 보이고, 오른쪽으로 자전하는 핵자와 왼쪽으로 자전하는 핵자가 결합하면 원자핵의 스핀은 제로가 된다.

헬륨4의 원자핵에서는, 핵자 네 개의 스핀은 알맞게 상쇄되어 원자핵의 스핀은 제로가 되어 있다. 헬륨3의 원자핵에서는, 핵자가 세 개밖에 없기 때문에 이와 같은 상쇄는 일어나지 않고, 핵자 한 개분의 스핀

±1/2이 남는다. 양쪽 원자 어디서든 전자스핀 두 개는 알맞게 상쇄되고 있어, 결국 헬륨4의 원자는 스핀이 제로인 보스입자가 되고, 헬륨3의 원자는 원자핵 스핀이 ±1/2인 페르미입자로 행동함을 알 수 있다.

4-4 상자 속의 입자(3차원의 경우)

보스입자 혹은 페르미입자집단의 성질을 알려면, 먼저 그들 입자가 분포하는 입자 하나의 정상상태가 어떤 것인지를 알아야 한다. 3장에서 다룬 정상상태를 구하는 예제는 모두 입자가 1차원적인 운동을 하는 경우였다. 현실의 입자는 3차원 공간을 운동하므로 실제 문제를 다루려면 3차원 입자의 정상상태를 구할 필요가 있다. 이 책 후반에서 우리는 주로 액체헬륨과 금속 속의 전자문제를 다루게 되는데, 이것들은 어떤 의미에서 '상자 속 입자'의 집단으로 간주할 수 있다. 여기서는 우선 이 문제를 살펴보기로 하겠다.

상자 속의 입자에 대해서는 (3-6절)에서 1차원의 경우를 조사했었다. 3차원의 물체로서는 한 변의 길이가 L인 정육면체 상자에 가두어진 입자를 생각하기로 하자. 이 경우에도 입자의 파동함수는 벽에 반사되어 반사파를 만들므로, 그 중합에 의해 정상상태의 파동함수는 세 방향으로 파도치는 정상파가 된다. 이와 같은 양자상태는, 고전역학으로 말하면 입자가 벽과 벽 사이를 왕복운동하고 있는 상태에 해당한다.

상자 속에 입자가 실제로 하나밖에 없는 경우, 입자는 이와 같은 운동을 할 것이다. 그러나 우리가 살펴보려고 하는 현실의 물질에서는 상자 속에는 많은 입자가 있고, 입자는 서로 충돌하고 있다. 입자는 벽 사이를 왕복하기 전에 다른 입자와 충돌하여 운동방향을 바꿀 것이 틀림없다. 그것은 양자역학의 입장에서 보아도 마찬가지로, 정상파의 파동함수로 표시되는 정상상태가 형성된다고는 생각할 수 없다. 현실의 물질을 살펴보기 위한 출발점으로서도 그다지 현실성이 없다고 할 수 있다. 오히려 입자는 운동량이 정해진 진행파의 정상상태에 있다고 치고, 입자 간의 충돌은 그 상태 간의 천이를 야기하는 것으로 생각하는 것이, 우리가 그리는 고전역학적인 그림에도 부합하여 알기 쉽다.

정해진 운동량을 갖는 진행파의 파동함수가 정상상태가 되도록 하려면 1차원의 경우에는, 상자의 양 끝을 연결하여 바퀴로 하면 되었다. 그때에도 입자가 돌아다니는 영역이 유한으로 한정되어 있는 것은 중요하며, 그 결과 입자의 운동량은 (식 3-13)과 같이 h/L을 단위로 하여 그 정수배의 띄엄띄엄한 값밖에 취하지 못하게 되었다.

상자가 3차원의 정육면체인 경우에는 바퀴로 해서는 안 된다. 그러나 입자의 운동을 형식적으로 1차원과 같은 것으로 생각하려면, 운동량의 세 성분 p_x, p_y, p_z에 대해 같은 조건이 부여된다. 즉, n_1, n_2, n_3을 0 또는 양수와 음수로 하여

$$p_x = \frac{n_1 h}{L}, \quad p_y = \frac{n_2 h}{L}, \quad p_z = \frac{n_3 h}{L} \quad \cdots\cdots \text{(식 4-4)}$$

가 된다. 이 정상상태의 에너지는

$$E = \frac{1}{2m}(p_x^2 + p_y^2 + p_z^2)$$

$$= \frac{h^2}{2mL^2}(n_1^2 + n_2^2 + n_3^2) \quad \cdots\cdots \text{(식 4-5)}$$

로 되어 이것도 불연속이 된다.

이 정상상태의 분포를 보기 쉽게 표시하려면, 1차원의 경우 (그림 3-9)로 표시한 바와 같이 상태를 운동공간의 점으로 표시하면 된다. 이

번에는 3차원운동이므로 운동량공간도 p_x, p_y, p_z를 세 축으로 한 3차원 공간이 된다. (식 4-4)로 알 수 있듯이 정상상태를 나타내는 점은 이 공간에 h/L 걸러 세 방향에 등간격으로 늘어서게 된다. 3차원 그림은 그릴 수 없으므로 2차원의 경우로 표시하면 (그림 4-2)처럼 된다.

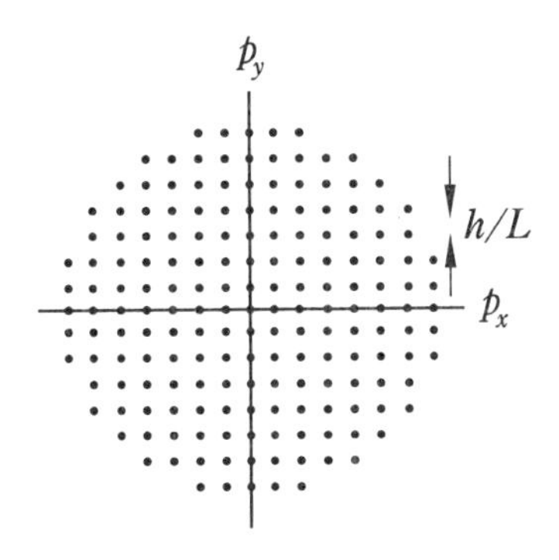

그림 4-2 운동량공간에서의 양자상태의 분포

점은 2차원이라면 한 변이 h/L인 정사각형에 하나의 비율, 3차원이라면 한 변이 h/L인 정육면체에 하나의 비율로 고르게 분포한다. 이 공간의 단위 부피당 점의 수, 즉 점의 분포밀도는 3차원에서

$$\frac{1}{(h/L)^3} = \frac{V}{h^3} \qquad \text{(식 4-6)}$$

이 된다. 단, $V = L^3$은 상자의 부피이다.

운동량공간에 찍은 점 하나하나는 입자의 정상상태를 나타낸다. 따라서 (식 4-6)은 운동량공간에서의 **상태밀도(狀態密度)**라고 불러도 좋다. 상자가 거시적인 크기가 되면 점의 간격은 좁아지고 점은 대부분 연속적으로 분포한다. 1장, 2장에서 살펴본 기체분자의 속도공간과 이 운동량공간은 속도와 운동량의 관계 $p = mv$에 의해 질량의 눈금이 다를 뿐 본질적으로는 같은 것이다.

고전역학에서는 분자가 속도공간에서 여러 가지 상태를 취한다고 해도 속도가 연속적으로 변하기 때문에 상태를 하나, 둘 하고 셀 수는 없었다. 그때문에 엔트로피를 구할 때에도 속도공간을 작은 영역으로 나누는 등 수고를 했었다. 그 점에 있어 양자론에서는 분포가 아무리 조밀하다고는 해도 상태의 수를 셀 수 있으므로 오히려 알기 쉽다.

다음 절부터는 입자가 다수 있는 경우, 이들의 양자상태에 입자가 어떻게 분포하는가를 살펴보기로 하자.

4-5 보스입자의 이상기체

먼저, 같은 상자 속에 보스입자가 다수 들어 있고, 입자 간에는 힘이 작용하지 않는 경우를 생각해 보자. 즉, 보스입자의 이상기체이다.

이때 전체로서 에너지가 가장 낮은 상태, 즉 이상기체의 기저상태가 어떠한 것인지는 바로 알 수 있다. 하나의 상태에 입자는 몇 개든 들어갈 수 있으므로 모든 입자가 에너지가 가장 낮은 $p=0$ 상태에 들어갔을 때에 기저상태가 되는 것은 명백할 것이다. 같은 보스입자일지라도 포톤과 같은 진동자의 들뜬상태를 나타내는 입자의 경우에는, 입자의 총수가 정해져 있지 않으므로 입자가 전혀 존재하지 않을 때가 기저상태이다. 어느 경우나 기저상태는 하나밖에 없으므로 제3법칙이 성립한다.

절대0도에서는 입자의 분포가 이와 같은 기저상태가 되지만 유한온도가 되었을 때 그것은 어떻게 변할까. 포톤에 대해서는 진동자의 문제로서 (3-11절)에서 논의하였으므로 그것을 우선 복습해 두자. 극히 개략적인 이야기로서는 진동수 ν가 $h\nu < k_BT$가 되는 진동자에 대해서는 고전론이 성립한다고 생각해도 좋고, 그 평균 에너지는 에너지등분배법칙에 의해 k_BT가 된다. $h\nu > k_BT$가 되는 진동자는 대부분 들뜬상태가 되지 않고 기저상태에 있다고 해도 좋다. 포톤의 수라는 견지에서 보면, 진동수 ν의 포톤 평균수를 $g(h\nu)$라고 쓰면 $g(h\nu)h\nu$가 기저상태에서 측정한 평균 들뜬 에너지가 된다. 위에서 기술한 사실에 따라 $h\nu < k_BT$이면

$$g(h\nu)h\nu \cong k_BT$$

$h\nu > k_BT$이면

$$g(h\nu)h\nu \cong 0$$

이 된다. 따라서 포톤의 평균수는 대략

$$g(h\nu) \cong \begin{cases} \dfrac{k_BT}{h\nu} & (h\nu < k_BT) \\ 0 & (h\nu > k_BT) \end{cases} \qquad \cdots\cdots \text{(식 4-7)}$$

로 주어지는 것을 알 수 있다.

보통 보스입자의 경우에는, 유한온도가 되면 입자가 $p=0$ 상태에서 $p \neq 0$ 상태로 들떠서 오게 된다. 이것을 운동량공간에서 보면 (그림 4-3)과 같이 $p=0$의 한 점에 집중되어 있던 입자가 주위로 확산된다.

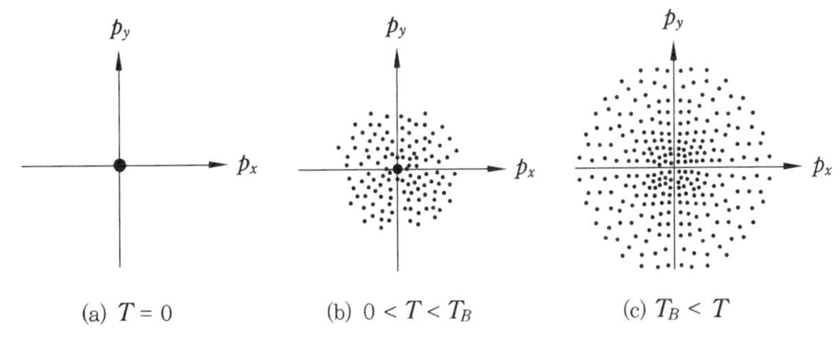

그림 4-3 운동량공간에서의 보스입자의 분포

(a) 절대0도($T=0$), 모든 입자가 $p=0$에 있다.

(b) 저온($0<T<T_B$), $p=0$에는 아직 다수의 입자가 있다.

(c) 고온($T_B<T$), 모든 입자가 넓게 확산되어 있다.

이 모습은, 바로 한가운데 있던 물방울에서 증발이 일어나는 것과 매우 비슷하다. 이 '증발'한 입자는 주위에 어떻게 분포될까.

보통 보스입자와 포톤의 차이는 모든 입자수가 정해져 있느냐 어떠냐에 있었다. 포톤의 경우에는 (식 4-7)로도 알 수 있듯이 그 수는 온도가 상승함과 더불어 증가한다. 그러나 모든 입자수가 정해져 있는 보통 보스입자라도 이 증발한 입자만을 주목하면 그 총수는 정해져 있지 않다. $p=0$ 점에 '물방울'이 남아 있는 한, 온도가 상승하면 거기서 공급되어 증발한 입자수는 증가한다. 이와 같이 생각하면 증발한 보스입자와 포톤은 전적으로 같은 행동을 하는 것을 알 수 있다. 따라서 에너지가 E인 정상상태로 들뜸되어 있는 입자의 평균수는, 포톤의 경우 (식 4-7)에서 $h\nu$를 E로 바꾸어서 대략

$$g(E) \cong \begin{cases} \dfrac{k_B T}{E} & (E < k_B T) \\ 0 & (E > k_B T) \end{cases} \qquad \text{(식 4-8)}$$

로 된다. $g(E)$를 보스입자의 분포함수라고 한다.

증발한 입자의 분포가 포톤의 분포와 같아지는 것은 $p=0$에 '물방울'이 남아 있는 동안으로 국한된다. 증발이 끝나 물방울이 사라지면 (식 4-8)과 같이 입자수가 계속 증가하지는 않는다. 언제 증발이 끝날까. 그것을 알려면 증발한 입자의 총수를 구할 필요가 있다. 그것을 N'라고 하면 N'는 온도가 상승함과 더불어 계속 증가하고, 그것이 입자의 총수 N과 같아진 시점에서 물방울이 소멸되고 증발도 끝난다.

N'를 구하려면 $g(E)$를 모든 상태에 대해 더하여 합하면 된다. (식 4-8)에 의하면, 운동량공간에서 입자가 분포되어 있는 영역은 대략

$$E = \frac{p^2}{2m} < k_B T, \text{ 그러므로 } p < \sqrt{2mk_B T}$$

가 된다. 입자는 대략 반지름이 $\sqrt{2mk_BT}$ 인 구(球) 안에 분포되어 있다. 이 구 안에 포함되는 상태의 수는, 구의 부피에 상태밀도 (식 4-6)을 곱하여

$$\frac{4\pi}{3}(2mk_BT)^{3/2} \times \frac{V}{h^3}$$

가 된다. 다시 한 번 (식 4-8)을 보면, 하나의 상태에 있는 평균 입자수는 에너지가 작은 곳에서는 매우 크다. 하지만 그와 같은 상태는 이 구의 중심 부근에 극히 적게 있을 뿐이다. 대부분의 상태에 대해서는, 입자수는 고작 한 개에서 몇 개 정도이다. 따라서 여기서 얻은 상태의 수가 그대로 증발한 입자수 N'의 표준이 된다고 생각해도 좋다. 이와 같은 개략적인 논의로 얻어지는 결과에 대해서는 수계수(數係數)는 별로 의미가 없으므로 그것을 제외하고 쓰면

$$N' \cong \frac{V}{h^3}(mk_BT)^{3/2} \quad \cdots\cdots \text{(식 4-9)}$$

가 된다. 더 정확한 계산으로 N'를 구할 수도 있지만 그 결과는 (식 4-9)와 수계수가 하나 정도 다를 뿐이다.

물방울이 사라지고 증발이 끝나는 온도는 $N' = N$으로 하여 얻을 수 있다. N'로 위에서 구한 결과를 사용하면

$$T_B \cong \frac{h^2}{mk_B}\left(\frac{N}{V}\right)^{2/3} \quad \cdots\cdots \text{(식 4-10)}$$

이 된다. 이 온도에 대해서도 바른 값은 (식 4-10)과 수계수만 다르다.

온도가 이 T_B보다 낮은 동안에는 $p=0$ 상태에 물방울, 즉 거시적인 수의 입자가 모여 있다. 그 수를

$$N_0 = N - N' \quad \text{(식 4-11)}$$

이라고 하면, N_0는 온도가 상승하고 N'가 증가함과 더불어 감소하여, 온도가 T_B가 된 시점에서 바로 소멸한다. N_0의 온도변화는 (그림 4-4)와 같이 된다.

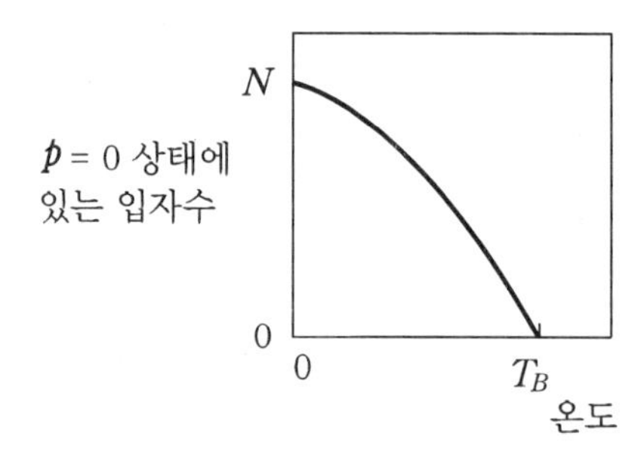

그림 4-4 보스입자의 이상기체로 $p=0$ 상태를 점유하고 있는 입자수의 온도변화

온도가 T_B보다 높아지면 모든 입자가 운동량공간으로 확산되어 입자가 분포하는 영역은 온도가 높아질수록 넓어진다. 그 영역에 포함되는 상태의 수가 입자의 총수보다 훨씬 많아지면 하나의 상태에 있는 평균 입자수는 적어진다. 그와 같은 고온에서는 입자가 열운동을 하고 있어 우연히 하나의 상태에 입자 두 개가 들어갈 가능성은 거의 없다. 따라서 그것이 보스입자인지, 아니면 페르미입자인지 하는 따위의, 입자의 양자역학적인 성격이 결과에 영향을 줄 리가 없다. 이것은 $T \gg T_B$가 되는 고온에서는 보스입자의 이상기체일지라도 양자효과를 무시할 수 있어 고전론이 성립됨을 의미한다.

반대로 고온에서 온도를 낮추어 나갈 때의, 운동량공간에서의 입자의 분포 변화를 생각해 보자. (그림 4-3)을 (c), (b), (a)순으로 보면 된다. 온도가 낮아짐과 더불어 입자는 서서히 원점 가까이에 모이지만 그것이 바로 T_B에 이르면 갑자기 $p=0$인 하나의 상태에 다수의 입자가 모이기 시작한다. $p=0$ 상태에 있는 입자수 N_0는 $T< T_B$가 된 순간에 거시적인 수가 되어 (그림 4-4)와 같이 온도변화한다. T_B보다 저온에서의 이 이상기체의 상태는 하나의 양자상태에 거시적인 수의 입자가 모여 있다는 점에서 고온 쪽 상태와는 질적으로 다르다. N_0의 온도변화는 (2-8절)에서 본 자성체의 경우에 자석의 세기가 (그림 2-9)와 같이 변화하는 것과 매우 비슷하다. 이 보스입자의 이상기체에서 일어나는 현상도 일종의 상전이라고 할 수 있다. 이 상전이는 운동량공간에서 보면 수증기가 응축하여 물방울이 생기는 현상과 비슷하다. 이것을 **보스응축(Bose condensation)**이라고 한다.

T_B보다 저온 영역에서 이 이상기체의 비열을 구해 보자. 하나의 양자상태에 있는 입자의 평균 에너지는 진동자와 같아서, $E_p < k_BT$이면 k_BT, $E_p > k_BT$이면 대부분 제로가 된다. 따라서 들뜬 입자의 모든 에너지는

$$E \cong N' k_B T \cong \frac{V}{h^3} m^{3/2} (k_B T)^{5/2} \cdots\cdots\cdots\cdots (\text{식 } 4\text{-}12)$$

가 된다. 비열은 이것을 온도로 미분하여 얻을 수 있다. 즉,

$$C= \frac{dE}{dT} \propto T^{3/2} \cdots\cdots\cdots\cdots (\text{식 } 4\text{-}13)$$

이 되며, 절대0도에 가까워짐과 더불어 제로가 된다.

4-6 포톤과 포논

다시 한 번 포톤의 경우를 생각해 보자. 포톤의 에너지와 파장의 관계는

$$E = h\nu = \frac{hc}{\lambda}$$

였다. 여기서 보통 입자의 경우와 마찬가지로 h/λ를 포톤의 운동량이라 생각하고, 그것을 p라고 하면

$$E = cp \quad \cdots\cdots\cdots\cdots\cdots\cdots\cdots\cdots \text{식 (4-14)}$$

이 된다. 포톤은 운동량과 에너지와의 관계가 이 식으로 주어지는 입자라고 생각하면 된다.

공동 속의 포톤의 경우도 운동량 $\boldsymbol{p}$가 취할 수 있는 값은 보통 입자와 마찬가지로 (식 4-4)로 주어진다. 원래 운동량이 이처럼 띄엄띄엄한 값만으로 제한되는 것은 입자의 파동으로서의 성질에서 오는 것으로, 전자기파에서 생긴 입자인 포톤도 같은 제한을 받는다. 따라서 포톤의 운동량공간을 생각하면 포톤이 취할 수 있는 상태는 (식 4-6)의 밀도로 고르게 분포한다.

보스입자의 이상기체에너지와 비열을 구했을 때와 마찬가지로 하여 공동 속 포톤의 에너지와 비열을 구해 보자. 앞 절에서 (식 4-12)를 구했을 때와 마찬가지로 생각하여, 운동량공간에서

$$cp < k_B T, \text{ 즉 } p' < \frac{k_B T}{c}$$

가 되는 영역에 있는 포톤은 평균 에너지가 $k_B T$, 그 바깥쪽에 있는 경우는 거의 제로라고 해도 좋다. 이 영역에 있는 상태의 수는

$$\frac{4\pi}{3}\left(\frac{k_B T}{c}\right)^3 \times \frac{V}{h^3}$$

이다. 따라서 수계수는 생략하고 쓰면, 포톤 전체의 에너지와 비열은

$$E \cong \frac{V}{h^3c^3}(k_BT)^4 \quad \cdots\cdots (식\ 4\text{-}15)$$

$$C = \frac{dE}{dT} \propto T^3 \quad \cdots\cdots (식\ 4\text{-}16)$$

이 된다. 이 경우도 비열은 절대0도에 접근함과 함께 제로가 되지만, 제로가 되는 방식이 보통 보스입자의 경우(식 4-13)와는 다르다는 점에 주의하기 바란다. 계산을 살펴보면 알겠지만 이 차이는 둘의 입자 에너지와 운동량의 관계가 다른 데서 연유한다. 보통 입자에서는 $E \propto p^2$, 포톤에서는 $E \propto p$이다.

고체원자의 진동도 여러 가지 파장·진동수의 진동자로 나누어 생각할 수 있었다(1-12절). 이 경우도 각 진동자의 들뜸을 보스입자로 간주할 수 있다. 전자기장의 포톤을 본떠, 이 고체의 진동의 보스입자를 **포논(phonon)**이라고 한다. 폰(phon)은 소리를 뜻하므로 포논이라는 이름은 고체를 전파하는 소리의 양자(量子)를 나타낸다. 포논에서도 h/λ를 운동량으로 간주할 수 있다. 포논의 경우에는 에너지와 운동량의 관계는 포톤의 (식 4-14)처럼 단순하지 않다. 특히 파장이 고체 속의 원자 간 거리 정도로 짧으면 원자의 배열 방식에도 관련하게 되어 복잡해진다. 그러나 파장이 원자 간 거리보다 훨씬 길 때는 고체 구조에 그다지 영향을 주지 않게 되어 관계는 훨씬 간단해진다. 대개는 포톤과 마찬가지로

$$E = c_s p \quad \cdots\cdots (식\ 4\text{-}17)$$

이 된다고 해도 좋다. c_s는 고체 속의 음속(音速)이다.

저온에서는 에너지가 낮은 포논만 들떠진다. 그들 포논에 대해서는 (식 4-17)의 관계가 성립된다고 생각해도 좋다. 따라서 저온에서는 고

체의 에너지나 비열은 공동의 포톤과 전적으로 같아진다. (식 4-15), (식 4-16)에서 광속 c를 음속 c_s로 바꿔 쓰면 된다. 고체의 비열은 고온에서는 뒬롱·프티의 법칙이 성립되어 $3Nk_B$가 되고, 저온에서는 T^3에 비례한다. 이 결과는 실험과도 잘 일치한다.

4-7 페르미입자의 이상기체(절대0도)

다음은 입자 간에 힘이 작용하지 않는 페르미입자의 집단, 즉 페르미입자의 이상기체의 성질을 생각해 보자.

페르미입자의 경우에는 (4-3절)에서 살펴본 바와 같이, 입자 하나가 정상상태일 때 중심운동상태 외에 스핀상태도 생각하지 않으면 안 된다. 따라서 운동량공간의 점 하나하나에는 스핀이 $\pm 1/2$인 두 상태가 속하게 된다. 파울리의 배타원리에 의해 페르미입자는 이 상태 하나에 한 개밖에 들어가지 못한다.

절대0도에서 실현되는 상태, 즉 이 이상기체 전체의 에너지가 최소가 되는 기저상태가 어떠할 것인가는 바로 알 수 있다. 입자를 하나의 상태에 한 개씩 에너지가 낮은 쪽에서부터 차례로 채워 나가면 된다. 운동량공간에서 보면 원점에 가까운 상태일수록 에너지가 낮다. 따라서 기저상태에서의 입자의 분포는 원점을 중심으로 하는 어떤 구(球)의 내부상태 전체에 입자가 한 개씩 채워진 것이 된다. 구의 크기는 구 안의 상태의 수가 정확히 입자수가 되도록 한다. 구의 반지름을 p_F라고 하면, 구 안의 상태의 수는 구의 부피에 (식 4-6)의 상태밀도를 곱하고, 다시 스핀상태를 고려해 두 배로 하여

$$\frac{4\pi}{3}{p_F}^3 \times \frac{V}{h^3} \times 2 = \frac{8\pi V {p_F}^3}{3h^3}$$

이 된다. 따라서

$$\frac{8\pi V {p_F}^3}{3h^3} = N$$

으로 놓고, 구의 반지름으로서 다음과 같은 식을 얻을 수 있다.

$$p_F = h\left(\frac{3N}{8\pi V}\right)^{1/3} \quad \cdots\cdots \text{(식 4-18)}$$

이처럼 절대0도에서는 운동량공간에 입자가 가득 찬 구가 형성된다 (그림 4-5).

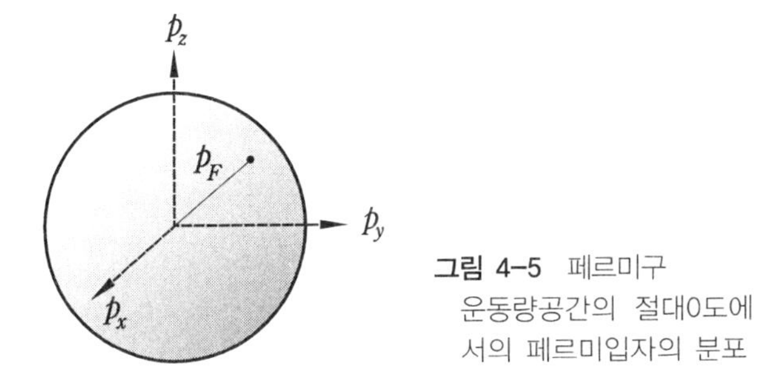

그림 4-5 페르미구
운동량공간의 절대0도에서의 페르미입자의 분포

이 구를 **페르미구**, 그 표면을 **페르미면**이라고 한다. 이처럼 페르미입자의 분포에 관련한 양은 페르미(Fermi, Enrico : 1901~1954)의 이름을 붙여서 부른다. 이 분포에서 입자에너지는 페르미면 위에 있는 것이 가장 높다. 그 값은

$$E_F = \frac{{p_F}^2}{2m} \quad \cdots\cdots \text{(식 4-19)}$$

으로, 이것을 **페르미에너지(Fermi energy)**라고 한다.

이 분포에서 입자는 절대0도임에도 정지해 있지 않다. 고전역학에서는 에너지가 가장 낮은 상태는 모든 입자가 정지한 경우였다. 양자역학에 따르면 진동자는 불확정성원리에 따라 기저상태에서도 0점진동을 하고 있었다. 페르미입자의 경우에는 입자의 양자역학적인 성격 때문에, 말하자면 움직임이 강요당하고 있다. 그러나 이상기체 전체의 기저상태는 하나로 정해져 있으므로 열역학 제3법칙은 성립되었다. 여기서는 입자가 움직이고 있어도 그것은 난잡한 열운동이 아니고, 입자 집단 전체의 질서는 완전히 유지되고 있다고 해도 좋다.

4-8 페르미입자의 이상기체(유한온도)

유한온도가 되면 페르미입자의 분포는 어떻게 변할까.

페르미입자의 이상기체를 넣은 그릇의 온도를 T로 하였다고 하자. 그릇 벽의 원자는 열운동을 시작하는데, 그 에너지는 거의 k_BT 정도이다. 페르미입자는 그릇 벽에서 이 원자로부터 힘을 받아 높은 에너지상태로 들뜨게 된다. 이때 입자가 벽의 원자로부터 받는 에너지의 크기도 k_BT 정도이다.

(그림 3-8)에서 시도한 바와 같이 입자의 상태를 가로 막대로 표시하고, 거기에 입자가 존재하는 것을 검은 동그라미로 나타내면 기저상태의 분포는 (그림 4-6)과 같이 된다.

여기서 하나의 가로 막대는, 에너지는 같고 스핀이 다른 두 상태를 나타내는 것으로 하였다.

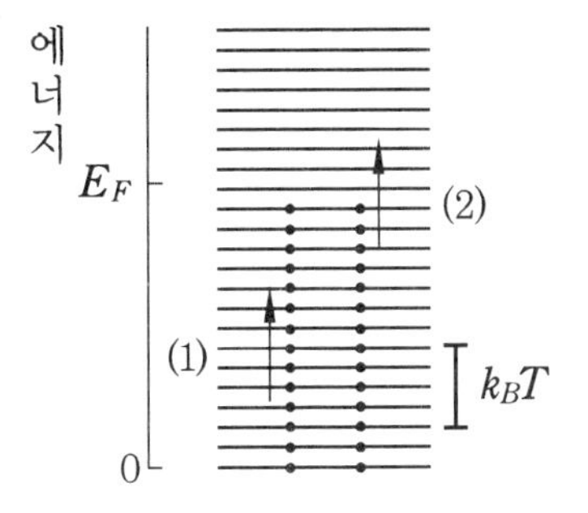

그림 4-6 페르미입자의 분포와 온도에 의한 들뜬상태
(2)에서는 들뜬상태가 일어나지만 (1)에서는 들뜬상태는 일어나지 않는다.

지금, 온도가

$$k_BT \ll E_F \quad \text{(식 4-20)}$$

인 경우에 입자가 벽의 원자에 의해 들뜬상태를 받았다고 하자. 이때 그림의 (1)과 같이 바닥 쪽에 있는 입자는 k_BT의 에너지를 받아도 이미 다른 입자가 나아갈 곳을 점유하고 있어 거기로는 들어갈 수가 없다. 따라서 이와 같은 들뜬상태는 일어나지 않는다. 들뜬상태가 일어나기 위해서는 나아갈 곳이 비어 있지 않으면 안 되며, 그러기 위해서는 그림의 (2)와 같이 원래 상태가 페르미 에너지에 가까워야만 한다. 즉, 들뜬상태가 일어나는 것은 원래 상태의 에너지가 대략

$$(E_F - k_BT,\ E_F)$$

의 영역에 있을 경우로 국한된다. 이 영역에 있는 입자는 벽 원자의 열운동에 의해

$$(E_F,\ E_F + k_BT)$$

영역의 상태로 들뜬상태가 된다. 이렇게 하여 입자의 분포는 페르미 에너지 가까이에서 교란되기 시작한다.

이와 같은 입자의 분포 변화를 표시하려면 보스입자의 경우와 마찬

가지로 분포함수를 생각하는 것이 좋다. 유한온도에서 입자는 여러 가지 정상상태 사이를 불규칙적으로 옮겨 다니므로, 하나의 상태에 주목하면 거기에는 입자가 있을 수도 있고 없을 수도 있다. 그래서 분포함수를 에너지 E인 상태에 있는 평균 입자수로 정의하고 그것을 $f(E)$라고 쓴다. 절대0도에서는 페르미 에너지보다 아래 상태에는 언제나 입자가 있고, 위 상태는 언제나 비어 있으므로, 분포함수는 다음 식과 같다.

$$f(E)=\begin{cases}1 & (E<E_F)\\ 0 & (E>E_F)\end{cases} \quad \cdots\cdots (\text{식 } 4\text{-}21)$$

그래프로 하면 (그림 4-7)과 같은 계단 모양이 된다.

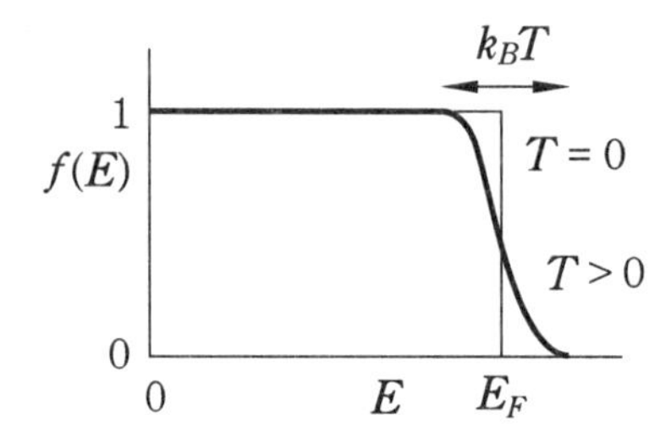

그림 4-7 페르미입자의 분포함수 $f(E)$

유한온도에서도 (식 4-20)의 조건이 충족되어 있으면 $E \lesssim E_F - k_BT$ 영역의 상태에서는 입자가 대부분 들뜬상태가 되지 않기 때문에 거기서 분포함수는 1인 그대로이다. 또 $E \gtrsim E_F + k_BT$ 영역의 상태에는 입자가 대부분 들뜬상태가 되어 오지 않기 때문에 거기서는 0 그대로라고 생각해도 좋다. 그러나 그 중간인 페르미에너지 부근에서는 분포의 변화가 일어난다. $(E_F - k_BT, E_F)$ 영역에서는 입자가 들뜬상태가 되므로 그곳 상태에는 언제나 입자가 있다고 할 수 없고, 또 $(E_F, E_F + k_BT)$ 영역에서는 입자가 들뜬상태가 되어 오므로 그곳 상태는 언제나 비어 있다고는 할 수 없다. 결국, 분포함수는 페르미에너지 부근에서 거의 k_BT 너비에 걸쳐 변화하여, (그림 4-7)과 같이 계단의 모서리가 매끄러운 함수가 된다. 그러나 전체적인 형태는 절대0도의 분포에서 별로 변한 것이 없다.

온도가 높아져서 k_BT가 페르미에너지와 같은 정도가 되면, 바닥 쪽 상태에 있는 입자까지 들뜬상태가 되기 시작하여 분포의 형태는 크게 무너진다. 온도가 더욱 높아져 k_BT가 페르미에너지보다 훨씬 커지면 어떻게 될까. 이와 같은 고온에서 입자는 운동량공간의 넓은 영역에 분포하며, 보스입자의 경우와 마찬가지로 고전론이 성립된다. 양자역학의 효과가 중요해지는 온도의 표준은

$$T_F = \frac{E_F}{k_B} \quad \cdots\cdots (식\ 4\text{-}22)$$

로 주어지며, 이것을 **페르미온도**라고 한다.

E_F에 (식 4-19), 거기에 나오는 p_F에 (식 4-18)을 사용하여, 수계수는 전부 떨어뜨리고 쓰면

$$T_F \cong \frac{h^2}{mk_B}\left(\frac{N}{V}\right)^{2/3} \quad \cdots\cdots (식\ 4\text{-}23)$$

이 된다. 이것이 보스입자의 경우인 T_B(식 4-10)와 같은 식으로 되어 있는 것에 주목하기 바란다.

$T \gg T_F$가 되는 고온에서는 고전론이 성립하기 때문에 에너지등분배법칙이 성립되고, 비열은 $C = \frac{3}{2}Nk_B$가 된다. $T \ll T_F$의 저온에서 비열은 어떻게 될까. 저온에서는 열적으로 들뜬상태가 되는 입자는 페르미 에너지 가까이에 있는, 너비가 거의 k_BT 영역에 있는 입자뿐이었다. 그 수를 N'라고 하면 모든 입자가 에너지로서 E_F 영역에 걸쳐 분포되어 있을 때의, 너비가 k_BT인 영역에 있는 분이 N'이므로 대략

$$N' \cong N\frac{k_BT}{E_F}$$

가 된다고 생각해도 좋다. 이들 입자는 평균 k_BT 정도 높은 에너지를 갖게 되기 때문에, 열적인 들뜬상태에 의한 입자 전체의 에너지 증가는

$$\Delta E \cong N'k_BT \cong N\frac{(k_BT)^2}{E_F} \quad \cdots\cdots\cdots \text{(식 4-24)}$$

정도가 된다. 따라서 비열은

$$C=\frac{d\Delta E}{dT} \cong Nk_B\left(\frac{T}{T_F}\right) \quad \cdots\cdots\cdots \text{(식 4-25)}$$

이 된다. 이 경우, 비열은 온도에 비례하여 제로가 되는 것을 알 수 있다. 고전론에 의해 얻을 수 있는 비열은 Nk_B 정도지만, 여기서는 거기에 (T/T_F)라는 비(比)가 가해진 만큼 작은 값으로 되어 있다. 이것은 대부분의 입자가 파울리의 배타원리에 의해 꼼짝할 수 없는 상태이며, 온도가 높아졌을 때에 행동할 수 있는 입자는 페르미에너지 가까이에 있는 소수의 것으로 국한되기 때문이다.

페르미입자집단의 예로는 금속 속의 전자가 있다. 그러나 전자는 전하를 가지고 있으므로 전자 사이에는 쿨롱력이 작용하고 있다. 그것을 무시하고 금속 속의 전자를 이상기체로 간주하는 것은 매우 난폭한 이야기인 듯하다. 그러나 가령 그것이 이상기체라고 하면 어떻게 될까. 고체에서 원자는 대체로 10^{-10}m마다 한 개의 비율로 배열되어 있다. 금속에서 각 원자로부터 전자가 한 개씩 떨어져 나가 금속 속을 돌아다니고 있다고 하면, 그 밀도는 $N/V \cong (10^{-10})^{-3} = 10^{30}\ \text{m}^3$ 정도이다. 따라서 페르미온도는 (식 4-23)에 의해 $h \sim 10^{-34}$ J · sec, $m \sim 10^{-30}$ kg, $k_B \sim 10^{-23}$ J/K으로 하여

$$T_F \cong \frac{(10^{-34})^2 \times (10^{30})^{2/3}}{10^{-30} \times 10^{-23}} = 10^5 \text{ K}$$

으로 된다. 금속전자의 페르미온도는 상온보다 월등히 높음을 알 수 있다. 상온에서 이미 $T \ll T_F$라는 온도조건이 잘 성립되어 있다.

만약 금속원자를 이상기체로 간주하는 것이 허용된다면, 이것으로 금속의 비열에 전자가 기여하지 않는다는 것이 설명된다. $T \ll T_F$라면 전자의 비열은 (식 4-25)처럼 되어, 원자의 열진동에 의한 비열 $3Nk_B$에 비해 훨씬 작다. 그때문에 전자는 비열에 기여하지 않는 것처럼 보인다. 그뿐만이 아니다. 금속을 저온으로 하면, 원자의 진동에 의한 비열은 (식 4-16)과 같이 온도의 3제곱에 비례하여 작아지므로 전자의 비열을 측정할 수 있게 된다. 그와 같이 저온을 측정함으로써 금속의 전자가 온도에 비례하는 비열을 갖는다는 사실이 확인되었다. 게다가 그 크기까지도 전자를 이상기체로 간주하여 계산한 것과 매우 잘 일치한다.

이처럼 실제 사실을 설명하는 입장에서 보면, 금속전자는 이상기체와 같은 것이라고 해도 좋은 것처럼 보인다. 그러나 전자 간에 쿨롱력이 작용하고 있는 것도 명확하다. 그뿐 아니라 전자는 원자로부터도 힘을 받을 것이다. 아무래도 상자 속을 자유롭게 돌아다니는 입자, 등이라 할 수 있는 상황에 있다고는 생각되지 않는다. 그런데도 그것을 이상기체로 간주함으로써 실험사실을 효과적으로 설명할 수 있는 것은 대체 무슨 이유에서일까. 우리는 금속전자에 대해 하나의 수수께끼를 해결했다고 생각한 순간, 다시 새로운 수수께끼에 맞닥뜨리게 되었다. 이 새로운 수수께끼는 이 책 후반 6장에서 해결하겠다.

정리 - '저온'이 의미하는 것

우리는 이제까지 온도란 무엇인가, 온도를 낮게 한다는 것은 어떤 것인가를 학습해 왔다. 여기서 이 책 전반이 끝난다. 이제부터 드디어 실제 물질에서 일어나는 극저온현상을 설명할 것인데, 그 전에 이제까지 학습한 것을 전체적으로 한번 복습하고자 한다.

온도는 미시적인 입장에서 보면 물질 속에서 원자나 분자가 행하고 있는 무질서한 열운동의 격렬함을 나타내는 것이었다. 따라서 물질을 저온으로 한다는 것은 이 열운동을 진정시키는 것을 의미한다.

물질의 미시적인 상태의 무질서함을 나타내는 지표로서는 온도보다 엔트로피를 생각하는 편이 좋다. 엔트로피는 물질이 주어진 조건 아래서 취할 수 있는 미시적인 상태의 수를 W라고 하였을 때 $S = k_B \ln W$라고 정의되는 양이다. 엔트로피는 저온이 됨과 동시에 감소한다.

이러한 물질 속의 미시적인 입자의 운동을 생각할 때, 그것이 고전역학이 아닌 양자역학을 따르는 것임을 잊어서는 안 된다. 양자역학에 의하면 미시적인 입자에는 파동으로서의 성질이 있고, 그 결과 입자의 운동량과 에너지는 띄엄띄엄한 값밖에 취하지 못하게 된다. 그러나 온도가 높을 때에는 입자의 열운동이 격렬하기 때문에 입자의 양자역학적인 성질은 눈의 띄지 않는다. 그와 동시에 물질 개개의 개성도 평균화되어 은닉되고 말아, 거기서는 에너지등분배법칙 같은 일반 법칙이 성립된다. 그 결과, 기체나 고체의 비열은 그 종류에 별로 관계없는 값이 된다.

그러나 온도가 낮아짐과 더불어 양상은 일변한다. 진동자라면 그 진동수, 이상기체라면 구성 입자인 보스입자·페르미입자의 차이, 자성체라면 원자자석 간에 작용하는 힘의 성질…에 따라 그 물질의 성질은 달라진다. 요컨대 저온이 되면 숨어 있던 물질 개개의 개성이 표면에 나타나는 것이다.

애초에 온도가 높으냐 낮으냐는 하는 것은 상대적인 것에 불과하다. 기온이 같은 0℃일지라도 따뜻한 나라에 사는 사람들에게는 저온일 것이고, 시베리아의 겨울에 있어서는 이상 고온일지도 모른다. 그것은 물질의 경우도 마찬가지다. 우리가 이제까지 학습한 바에 의하면 물질에 있어 저온이란 미시적인 상태의 무질서함이 줄고 양자역학의 효과가 중요해지는 온도영역이라고 생각해도 좋을 것이다. 진동자의 경우를 말하면 고온인가 저온인가는 k_BT와 $h\nu$의 대소 관계 의해 결정되며, 물론 $h\nu$의 크기는 물질에 따라 다르다. 고체원자의 진동에 있어 상온은 고온이어서 고전론이 성립한다. 기체분자의 진동에서 상온은 저온에 속하고, 분자 진동은 기체의 비열에 전혀 기여하지 않는다. 이상기체에서는 페르미온도 T_F, 내지 보스응축이 얼어나는 온도 T_B가 고온·저온을 나누는 표준이 된다. 금속전자에 있어 상온은 아득한 저온이었다. 그러나 가령 질량이 전자의 1만 배나 되는 페르미입자가 금속전자와 같은 밀도로 이상기체가 되었다고 하면, 페르미온도는 입자의 질량에 반비례하므로 약 10 K이 되어 상온은 고온에 속한다.

이렇게 하여 저온이 되면 물질 속에 질서가 성장하고, 최종적으로는 물질 전체가 단 하나의 에너지가 가장 낮은 상태, 기저상태로 귀착된다. 거기서 미시적인 상태의 난잡함이 소멸하고 질서가 완성된다고 해도 좋다. 물질이 취할 수 있는 상태의 수 W가 1이 되기 때문에 엔트로피는 제로가 된다. 이것이 저온의 극한, 절대0도이다. 이 절대0도에서 어떤 질서가 완성되는가는 물질에 따라 다종다양, 천차만별이다.

아무런 변화도 없는 것처럼 보이는 이상기체마저 보스입자와 페르미 입자에서 전혀 다른 기저상태가 되는 것을 우리는 보았다. 우리는 물질의 온도를 절대0도로 하는 것이 불가능하지만 가급적 그에 접근시켜, 거기서 나타나는 개성적인 질서의 모습을 볼 수 있다.

이와 같은 입장에서 보면, 저온에서 물질의 성질을 연구한다고는 해도 어느 것이나 −270℃ 혹은 그 이하의 온도만이 문제가 아니라, 여러 가지 물질에 대하여 그 물질 나름의 '저온'에서 그 성질을 조사하는 것에 의미가 있다고 할 수 있다. 대상으로 하는 물질도 다양하고, 생각하는 온도의 범위도 넓다. 그러나 그렇게까지 넓혀 놓으면 이야기는 물질과학의 거의 모든 영역을 다루는 것이 되어, 이 책 후반 100여 쪽을 가지고는 모두 언급하기가 도저히 불가능하다. 저자가 이제부터 다루려고 하는 것은 다종다양한 물질의 천차만별한 현상이 아니다. 그 중 어떤 의미에서 특수한 몇 가지 현상이다. 그것은 절대온도로 수 K, 혹은 그 이하의 온도영역에서 처음 볼 수 있는 현상으로, 물리에서 극저온현상이라 부를 때는 이와 같은 현상을 지칭하는 것이 일반적이다.

이들 현상의 특징은 무엇보다도 우리의 일상 경험에서는 상상도 할 수 없는 불가사의한 현상이라는 점이다. 우리는 컵에 담긴 물을 뒤섞어 방치해 두면 얼마 지나지 않아서 물이 정지하는 것을 익히 알고 있다. 그것이 언제까지나 계속 움직이는 액체가 있다고 하면 어떨까. 또 철사에 전지를 연결하면 전류가 흐르지만 전지를 분리하면 전류는 바로 소멸해 버린다. 이것이 전지 없이도 언제까지나 전류가 계속 흐르는 철사가 있다고 하면 어떨까. 전자는 **초유동**, 후자는 **초전도**라고 하는 현상으로, 두 현상 모두 보통 수 K라는 극저온에서 비로소 나타난다.

이 책에서 저온일 때 물질이 나타내는 여러 가지 현상 중, 특히 이들 현상을 선택하여 거론하는 이유는 우선 그 불가사의함에 있다. 거시적인 고전론이 성립하는 세계에 사는 우리에게 불가사의하게 보인다는 것은 그것이 고전론으로는 설명할 수 없는 양자역학의 효과라는 것을 의미한다. 그러나 단지 양자역학의 효과라고 한다면 고체의 비열이 저온에서 작아지는 것도 그러했다. 확실히 그것도 잘 생각해 보면 불가사의한 현상이기는 하지만 그래도 양자역학을 이해하게 되면 이후는 진동자 개개의 성질로서 이해할 수 있을 것이다.

초유동은 이제까지 설명하는 와중에 여러 번 등장한 헬륨 액체가 나타내는 성질이다. 헬륨원자는 화학결합은 전혀 하지 않는 매우 단순한 원자로, 동그란 구슬 같은 것이라고 생각하면 된다. 그 헬륨원자 한 개를 아무리 들여다보아도 우리는 그 집단이 초유동이라는 기묘한 성질을 갖는다는 것을 도저히 상상할 수 없다. 초전도도 마찬가지다. 언제까지나 계속 흐르는 전류를 감당하는 것은 금속의 전자인데, 전자는 음전하를 갖는 소립자로서 페르미입자라는 것 이외에 특별한 성질이 있는 것도 아니다. 전자 한 개의 성질로부터 금속 속에서 그 집단이 초전도가 된다는 것을 예측하기는 도저히 불가능한 일이다.

즉, 이들 현상은 입자가 집단으로 나타내는 양자역학적인 성질에 기인하는 것이다. 입자 N개의 집단 성질은 입자 단 한 개의 성질을 N배 한 것이 아니다. 입자 N개가 모임으로써 거기에 전혀 새로운 '질(質)'이 생겨나는 것이다. 혼자 있을 때는 점잖은 사람도 여러 사람이 모이면 무슨 짓을 저지를지 모르는 것과 비슷하기도 하다. 초유동 · 초전도라는 현상은 입자 다수의 집단인 물질이 우리의 일상 경험 세계를 아득히 초월한 풍요로운 가능성을 갖는 것임을 우리에게 제시한 것이다. 이러한 극저온현상이 많은 물리학자들의 눈길을 끈 이유도, 또 우리가 이 책 후반에서 그것을 다루려고 하는 이유도 바로 거기에 있다.

초유동이나 초전도 현상을 발견하기 위해서는 우선 수 K라고 하는 극저온이 실현되어야 하고, 그를 위해서는 헬륨을 액화하지 않으면 안 된다. 따라서 후반의 설명은 헬륨을 액화하는 것에서부터 시작하겠다.

5장
액체 헬륨4의 초유동

5-1 헬륨의 액화

산소와 질소 그리고 수소는 19세기 말까지 액화에 성공하였지만 헬륨은 마지막까지 남아 20세기의 숙제로 넘겨졌다. 20세기 초반, 이 '마지막 영구기체'를 액화하기 위해 저온 연구자들 사이에서 격렬한 경쟁이 벌어졌다.

네덜란드 레이던 대학의 물리학 연구실에서는 카메를링 오너스 교수의 주도로 우선 대형 산소·질소의 액화장치가 건설되었고, 이어서 1906년에는 수소의 액화기도 완성되었다. 헬륨이라는 원소는 (3-9절)에서 잠시 언급한 바와 같이 태양빛의 스펙트럼에 의해 발견된 것으로, 지상에서는 1895년에 그 존재가 막 확인된 참이었다. 이 귀중한 헬륨기체를 오너스는 다량으로 손에 넣을 수 있었다. 액체 수소로 미리 냉각한 헬륨 기체를 장치 속에서 팽창시키면 헬륨의 온도가 내려가 마침내 헬륨이 액체가 되어 유리관 속에 고이는 것을 볼 수 있었던 것이다. 이 발견은 1908년 7월 10일의 일이었다.

이 헬륨 액화에 사용된 기체의 팽창에 의한 냉각법은 (2-3절)에서 기술한 단열팽창과는 다르다. 기체는 피스톤을 밀어내면서 팽창하는 것이 아니라 (그림 2-2)의 경우처럼 급격히 진공 속에 확산된다. 이상기체일 것 같으면 이때 기체분자의 속도는 변하지 않으므로 기체의 온도도 변하지 않지만, 현실의 기체에서는 분자 간에 인력이 작용하고 있으므로 분자는 확산될 때에 뒤에서 그 인력에 끌리면서 앞으로 나아가는 형태가 되어 속도가 감소한다. 이와 같은 과정에서 기체의 온도가 변하는 효과를 **줄·톰슨효과**(Joule-Thomson effect)라고 하며, 저온 생성법의 하나로 사용되고 있다.

아무리 그래도 헬륨을 액화하기 위해 어째서 이처럼 노고를 아끼지 않아야 했던 것일까. 물질은 그 온도·압력을 여러 가지로 변화시키면 기체·액체·고체로 상태가 변한다. 그 모습을 한눈에 알아볼 수 있도록 하기 위해서는 (그림 5-1)과 같이 세로축·가로축에 압력과 온도를 취하고, 압력과 온도가 그 내면의 점으로 나타내는 값을 취할 때에 물질의 상태가 어떻게 되는가를 표시하면 된다. 이와 같은 그림을 **상평형도**라고 한다.

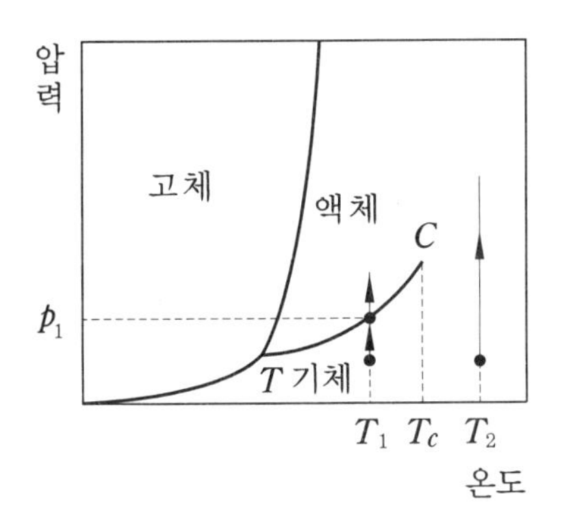

그림 5-1 보통 물질의 상평형도. 기체를 온도 T_1에서 압축하면 압력 p_1에서 액화가 일어나지만 T_2에서는 아무리 압축하여도 액화하지 않는다.

보통 물질의 상평형도는 이 그림처럼 된다. 예를 들어 기체를 실린더에 넣고 기체의 온도를 그림의 T_1으로 유지하면서 피스톤을 눌러 압축하면 압력이 p_1이 된 곳에서 액화가 일어나고 실린더 바닥에 액체가 고이기 시작한다. 다시 피스톤을 누르면 압력은 p_1으로 유지된 그대로 액화가 진행되어 기체의 양이 줄고 액체가 증가한다. 그리고 전부 액체가 되었을 때 다시 피스톤을 누르면 압력이 증가하여 그림에 '액체'라고 표시한 영역으로 들어오게 된다. 이 기체와 액체의 경계점의 곡선은 기체와 액체가 공존하고 있을 때의 온도와 압력의 관계를 부여하고 있다.

문제는 이 공존 곡선이 고온 쪽으로 어디까지나 이어져 있는 것이 아니라 그림과 같이 도중에서 끊어져 있다는 사실이다. 따라서 실린더의 기체를 온도 T_2에서 압축할 때에는 기체의 밀도는 점점 짙어져 가지만 어디까지 압축하여도 액화는 일어나지 않는다. 밀도가 희박한 상태에서 짙은 상태까지 전체가 균일하게 변화한다. 이 공존 곡선이 끊어지는 점을 임계점(critical point)이라고 한다. 기체를 압축하여 액화시키기 위해서는 우선 온도를 임계점 온도인 T_c보다 낮추어야 한다.

물의 임계점은 647 K(374℃), 이산화탄소는 304 K(31℃)이므로 이들 기체는 상온에서 압축하여도 액화한다. 그러나 산소는 154 K, 질소는 126 K, 수소는 33 K으로 낮으므로 이들 기체를 액화하려면 먼저 이 임계점 이하의 저온까지 냉각해야만 한다. 기체를 액화하는 데 임계점이 존재하는 줄 몰랐던 무렵에는 압축하는 것만으로는 액화되지 않는 이들 기체를 영구기체라고 생각했었다. 헬륨(^{4}He)의 임계점은 5.2 K으로 특히 낮다. 그때문에 헬륨을 액화하기 위해서는 저온 생성을 위한 특별한 노력이 필요했다.

그러나 일단 액체가 만들어지면 펌프로 액체의 기체를 끌어내 그 압력을 낮춤으로써 온도를 더욱 낮게 할 수 있다. 압력이 낮아지면 액체에서 증발이 일어나고, 그때 기화열(氣化熱)이 주위에서 흡수되어 온도는 기체·액체의 공존 곡선을 따라 내려가게 된다. 오너스는 이와 같은 방법으로 1 K에 가까운 저온을 만드는 데 성공했다. 헬륨의 상평형도가 (그림 5-1)과 같은 모양을 하고 있다면, 온도를 낮춰 나가면 헬륨은 어딘가에서 고체가 될 것이다. 그러나 헬륨은 1 K이 되어도 여전히 액체 그대로였다. 헬륨의 상평형도는 도대체 어떻게 되어 있는 것일까.

5-2 헬륨의 상평형도

그 후의 연구로 알게 된 헬륨(^4He)의 상평형도는 (그림 5-2)와 같은 모양을 하고 있다.

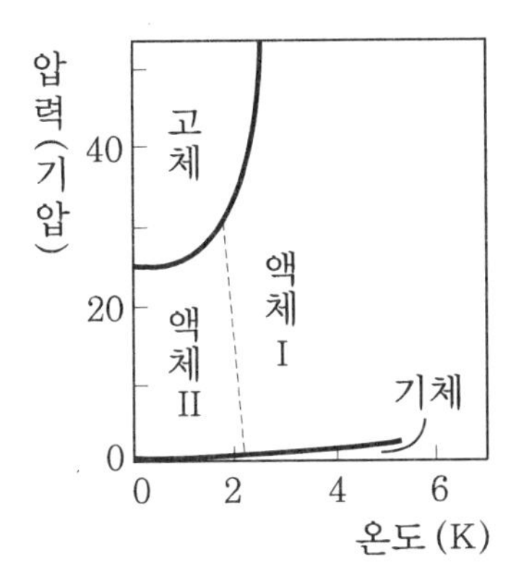

그림 5-2 헬륨(^4He)의 상평형도

헬륨은 다른 물질에 비해 임계점이 특히 낮을 뿐만 아니라 상평형도의 모습이 보통 물질(그림 5-1)과는 전적으로 달랐다[13]. 그림에서 알 수 있듯이 헬륨은 압력이 그다지 높지 않을 때에는 온도를 낮추어도 절대0도까지 고체가 되지 않는다. 고체로 만들려면 약 25기압 이상의 압력을 가해야 한다. 이와 같은 기묘한 성질을 갖는 물질은 헬륨뿐이다.

헬륨원자는 원자핵 주위를 전자 두 개가 둥글게 에워싸고 있다. 비활성기체의 원소이므로 화학결합하지 않고, 기체나 액체에서는 원자 그대로 돌아다닌다. (2-6절)에서도 언급한 바와 같이 원자 간에는 힘이 작용하고 있다. 원자에는 정해진 크기가 있으므로 두 원자의 중심 간 거리가

13) 점선과 그 양쪽 액체 Ⅰ, Ⅱ의 구별에 대해서는 다음 절에서 기술하기로 하고, 여기서는 실선과 기체·액체·고체의 구별에 주목한다.

원자의 지름 정도까지 접근하면 원자 간에는 강한 척력(斥力)이 작용하여 원자끼리는 그 이상 접근하지 못한다. 약간 떨어진 곳에서는 인력이 작용한다. 원자에서는 원자핵의 양전하와 전자의 음전하가 상쇄되어, 전체로서는 전기적으로 중성이기 때문에 원자 간에는 전자 간에 작용하는 것과 같은 전기적인 힘은 작용하지 않는다. 그러나 원자 속 전자의 분포가 둥근 모양에서 조금이라도 어긋나면 원자 주위에는 약한 전기장이 발생한다. 원자 간에 작용하는 약한 인력은 이 원자 속 전자 분포의 변동(흔들림 : fluctuation)이 원인이 되어 발생한다고 생각된다.

이와 같은 원자 간의 힘을 퍼텐셜로 나타내면 (그림 5-3)과 같이 된다.

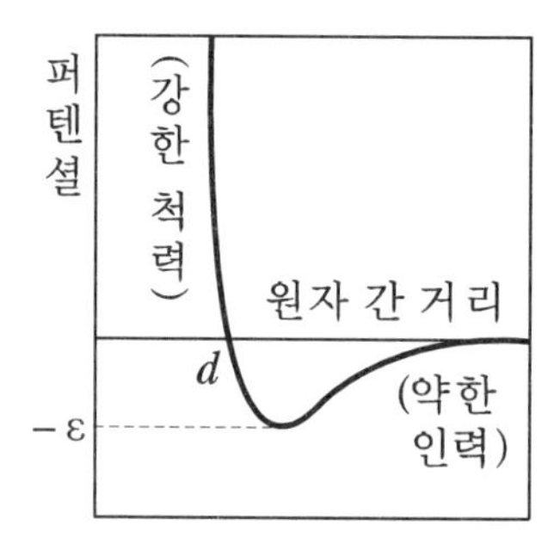

그림 5-3 비활성기체의 원자 간 힘의 퍼텐셜

퍼텐셜은 두 원자를 무한원(無限遠)에서 그 위치까지 접근시키기 위해 필요한 일에 해당한다. 인력이 작용할 때는 원자는 접근하면서 밖에 대하여 일을 하기 때문에 퍼텐셜은 접근할수록 감소하여 음이 된다. 척력이 작용할 때에는 원자를 접근시키려면 밖에서 일을 해야 하기 때문에 거리가 접근할수록 퍼텐셜은 증가한다. 즉, 그림에서 퍼텐셜이 거리의 감소함수로 되어 있는 영역에서는 원자 간에 척력이 작용하고, 증가함수로 되어 있는 영역에서는 인력이 작용한다. 이것은 퍼텐셜에서 힘을 구할 때의 (식 1-29)의 관계를 보아도 명백하다. 특히 거리가 d 부근에서 퍼텐셜에너지가 급격해지는 곳은 원자 상호가 접촉했을 때에 작용하는 강한 척력을 나타내며, d는 원자의 지름에 해당한다고 생각해도 좋다.

헬륨과 같은 비활성기체에 속하는 원소로는 네온·아르곤 등이 있으나 이들 원소는 쌍둥이 형제 같은 것으로 성질이 매우 비슷하다. 예를 들어, 원자 간에 작용하는 힘의 퍼텐셜도 (그림 5-3)과 같은 형태를 하고 있다. 어디가 다른가 하면, 얼굴이 똑같을 정도로 닮은 형제라도 형은 형 나름으로 키가 크고 체중이 더 무거울 수 있듯이 원자의 질량이나 원자 간의 힘의 세기도 다르다. 그 차이를 비교한 것이 (표 5-1)이다. (4-2절)에서 기술한 바와 같이, 헬륨원자에는 보통 헬륨(^{4}He) 이외에 이것과 질량이 다른 헬륨(^{3}He)이 있으므로 표에는 그 둘을 모두 게재했다.

표 5-1 비활성기체 원자의 성질.

원소	M(질량)*	d(A)	ε(K)	q
헬륨(^{3}He)	3	2.556	10.22	9.5
헬륨(^{4}He)	4	2.556	10.22	7.1
네온(Ne)	20	2.74	35.6	0.34
아르곤(Ar)	40	3.41	120.0	0.035

* 질량은 수소원자를 1로 하는 단위. kg으로 고치려면 수소원자의 질량 1.7×10^{-27} (kg)을 곱하면 된다.

첫 번째 항목에는 원자의 질량을 수소원자의 질량을 1로 하는 단위로 표시했다. 실제 질량은 이것과 약간 다르지만 표에서는 세세한 부분은 무시하고 정수로 하였다. 따라서 이 값은 각 원자의 원자핵 속에 있는 핵자의 수를 나타내고 있다. 물론 원자번호가 큰 원자일수록 무겁고, 헬륨이 가장 가벼운 비활성기체 원소이다.

두 번째 항목은 원자의 지름, 즉 (그림 5-3)의 d로 단위는 A(1A

$= 10^{-10}$ m)이다. 잠깐 생각해 보면 전자수가 많은 원자일수록 지름이 클 것이라고 예상할 수 있다. 그러나 전자수가 많으면 그만큼 원자핵의 전하도 크고, 전자는 원자핵 주위에 강하게 끌려 붙어 있으므로 원자의 지름은 어느 원자나 대체로 같은 정도이다.

세 번째 항목은 원자 간 힘의 퍼텐셜이 가장 낮아진 곳에서의 값, 즉 (그림 5-3)의 ε을 부여하고 있다. 표에서는 이것을 볼츠만상수 k_B로 나누어 온도의 단위로 표시했다. ε은 원자 간에 작용하는 인력의 세기를 표시한다고 보면 된다. 이것이 원자번호가 위인 원자일수록 커지는 것은 인력이 원자 속 전자의 분포 흔들림에 의해 발생하기 때문이며, 전자수가 많을수록 인력도 강하다.

이와 같은 원자의 성질 차이가 물질의 성질에 어떤 식으로 반영될까. 우선 액화현상을 생각하면, 기체가 어느 정도 저온이 되면 액화하는 것은 그릇 가득 퍼져 엔트로피로 이득을 얻기보다도, 한 곳에 모여 엔트로피는 손해를 보더라도 에너지로 이득을 얻는 것이 좋아지기 때문이다. (2-6절)에서 기술한 바를 상기해 보기 바란다. 따라서 원자 간에 작용하는 인력이 강할수록 액화가 일어나기 쉽고 임계점은 높아진다고 생각된다. 네온과 아르곤의 임계점은 각각 44.5 K과 150.7 K, 이것과 헬륨의 임계점 5.3 K을 비교하면 그것이 ε의 대소에 알맞게 대응하고 있음을 잘 알 수 있다.

더욱 저온으로 하였을 때, 어떤 일이 일어날까. 고전역학에 따라 생각한다면 원자의 에너지가 가장 낮은 상태는 원자가 알맞게 (그림 5-3)의 퍼텐셜에너지를 최소로 하는 간격을 두고 규칙 바르게 배열한 경우이다. 실제로 네온이나 아르곤에서는 저온에서 그와 같은 고체가 되고, 그 상평형도는 (그림 5-1)과 같은 모양이 된다. 하지만 헬륨만은 그렇게 되지 않는다. 이것은 고전역학으로는 설명할 수 없는, 양자역학의 효과라고 봐야 한다.

양자역학에 의하면 미시적인 입자상태에는 불확정성원리가 작용하고, 입자는 정해진 위치에 정지하지 못한다. 그 결과, 진동자는 기저상태에서도 0점진동을 하고 있으며, 그 에너지는 $(1/2)h\nu$가 되었다. 고체의 원자도 퍼텐셜에너지가 최소가 되는 위치에 정확하게 정지할 리가 없다. 원자를 각각이 느끼는 퍼텐셜이 최소가 되는 위치 주위에서 진동하는 진동자처럼 간주하면 고체에서는 한 원자당 ε 정도의 퍼텐셜에너지의 이득이 생기는 대신에 $(1/2)h\nu$의 0점진동의 에너지가 그것에 부가된다. 액체에서 원자는 돌아다니고 있어 진동하지 않기 때문에 퍼텐셜에너지의 이득이 고체보다 적은 대신 0점진동도 없다. 개략적인 이야기로서는

$$-\varepsilon + \frac{1}{2}h\nu < 0$$

일 때, 고체가 액체보다 에너지가 낮아 고체가 생성되게 된다.

이것은 다음과 같이 바꿔 말할 수 있다. 고체로 되면 원자는 대략 d 정도의 간격으로 배열하지만 원자가 정확하게 나란히 배열되어 있다는 것은 원자 개개의 위치가 거의 정해져 있음을 의미한다. 위치의 양자역학적인 의미에서의 부정확함은 크게 보아도 d 정도를 초과해서는 안 된다. 따라서 고체가 됨으로써 각 원자에는 불확정성원리(식 3-8)에 의한 h/d 정도의 운동량의 부정확함, 그에 따른 운동에너지의 증가 $(h/d)^2/M$(M은 원자의 질량)이 발생한다. 액체에서는 원자의 위치가 정해져 있지 않으므로 퍼텐셜에너지의 이득이 적은 대신에 이와 같은 운동량의 증가도 없다. 결국, 고체가 만들어지기 위해서는 퍼텐셜에너지의 이득이 운동에너지의 손해를 상회하여

$$-\varepsilon + \frac{1}{M}\left(\frac{h}{d}\right)^2 < 0$$

의 조건이 성립해야만 하는 것이다. 이것을 고쳐 써서

$$q \equiv \frac{h^2}{Md^2\varepsilon} < 1 \quad \text{(식 5-1)}$$

로 할 수도 있다. 파라미터 q는 그 물질의 '양자성의 세기'를 나타낸다. 양자성이 강하면 고체로 되는 것은 에너지적으로 오히려 손해이다.

(표 5-1)의 마지막 항목에 파라미터 q값을 표시했다. q를 구하려면 M은 kg, d는 m, ε은 J로 단위를 고쳐서 계산해야 한다. 예를 들어, 헬륨4의 경우라면 수소원자의 질량은 약 1.7×10^{-27} kg이므로 볼츠만 상수 $k_B \cong 1.4 \times 10^{-23}$ J/K, 플랑크상수 $h = 6.6 \times 10^{-34}$ J·sec를 써서

$$q = \frac{(6.6 \times 10^{-34})^2}{4 \times 1.7 \times 10^{-27} \times (2.6 \times 10^{-10})^2 \times (10 \times 1.4 \times 10^{-22})} \cong 7.1$$

이 된다. q의 값을 보면, 확실히 네온과 아르곤에서는 (식 5-1)이 성립되고 헬륨에서는 성립되지 않는다. 헬륨에서 q가 커지는 이유는 질량이 작은 것과 인력이 약한 것에서 기인한다. 헬륨이 절대0도까지 액체인 상태로 존재하는 이유는 이와 같은 양자효과에 의한 것이라고 생각해도 좋다[14].

5-3 질서가 있는 액체

헬륨의 상평형도를 다시 주의 깊게 살펴보자.

고체 영역과 액체 영역의 경계선은 고온 쪽에서는 갑자기 위쪽으로

14) 수소분자 H_2는 헬륨보다 질량은 작지만 분자 간에 작용하는 힘은 헬륨보다 강하다. 이때문에 파라미터 q가 작아 수소는 헬륨과 달리 압력을 가하지 않아도 저온에서 고체로 된다.

뻗어 있지만 저온 쪽에서는 거의 평탄하다. 이 경계선의 형태와 그 양 쪽 상태의 성질 사이에 일반적인 관계가 있는 것으로 알려져 있다. 보통 액체가 고체로 될 때에는 부피가 줄고 밀도는 늘어난다. 물의 경우는 반대로 부피가 늘어나서 얼음이 물에 뜨지만 이것은 오히려 예외로, 헬륨도 고체가 되면 부피가 감소한다. 이와 같은 경우에는 압축하면 액체보다 고체 쪽이 안정되고 경계선의 고압 쪽 영역이 고체, 저압 쪽 영역이 액체가 된다.

다음으로 엔트로피의 변화에 대해서는, 고체에서는 원자가 규칙적으로 배열되어 있고 액체에서는 난잡하게 운동하고 있으므로 고체가 액체로 되면 엔트로피가 증가한다고 생각된다. 온도를 일정하게 유지한 채 고체를 녹이려면 엔트로피의 증가분 밖에서 열을 가해야 한다. 이것이 고체가 융해할 때에 흡수하는 잠열(潛熱), 즉 융해열(融解熱)이다.

얼음 1 g이 녹을 때 약 80 cal의 열을 흡수하는 사실은 잘 알려져 있다. 이것은 얼음의 경우에 국한되지 않고, 보통 고체가 융해할 때 일어나는 현상이다. 상태가 변화할 때 흡수하는 열 Q와 엔트로피의 변화 ΔS 사이에는 (식 2-21)의 관계

$$\Delta S = \frac{Q}{T} \quad \cdots\cdots (식\ 5\text{-}2)$$

이 성립한다. 일반적으로 온도가 높을수록 엔트로피가 큰 상태가 안정된다. 따라서 경계선의 고온 쪽에서 액체, 저온 쪽에서 고체가 안정되는 것을 알 수 있다.

여기서 알게 된 두 가지 사실을 종합하면, 고체와 액체의 경계선에서는 저온고압 쪽이 고체 영역, 고온저압 쪽이 액체 영역이 된다. 이렇게 되려면 경계선은 상평형도에서 오른쪽 위로 솟은 구배(gradient)를 가지고 있어야 한다. (그림 5-1)과 같은 보통 물질의 상평형도나 (그

림 5-2)의 헬륨의 경우에도 고온 영역에서는 분명히 그렇게 되어 있다. 하지만 헬륨의 저온 영역에서는 경계선이 거의 평탄하고 약간 오른쪽으로 하강한다. 오른쪽 하강이라 하면, 경계선의 저온 쪽이 액체 영역으로 되어 있으므로 위에서 한 논의에 따라 액체 쪽이 고체보다 엔트로피가 작은 것을 의미한다. 원자 배치가 난잡한 액체 쪽이 고체보다도 엔트로피가 작다는 것은 도대체 무슨 의미일까. 저온의 액체헬륨은 엔트로피가 작은, 말하자면 '질서 있는 액체'인 것이다.

이 저온의 액체헬륨의 상태가 특별한 성질의 것임을 나타내는 또 하나의 실험사실이, 헬륨을 액화하는 데 성공하고 얼마 지나지 않아 명백해졌다. 그것은 액화 헬륨을 냉각해 나가면 온도가 2.2 K보다 약간 아래 부근에서 비열이 이상하게 커지는 점이다. 그 비열의 온도변화를 나타낸 것이 (그림 5-4)이다.

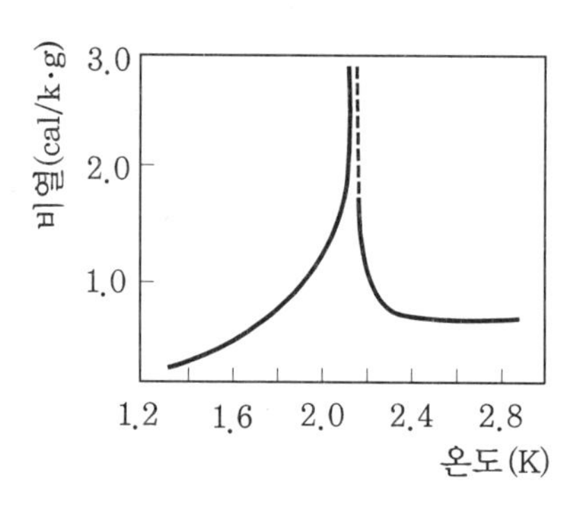

그림 5-4 액체헬륨의 비열

이 곡선 모양이 그리스 문자 λ와 비슷한 데서 유래하여, 이상하게 일어나는 이 온도를 **람다점**이라고 한다. 람다점은 액체에 압력을 가하면 약간 변화한다. 그것을 나타낸 것이 (그림 5-2)의 상평형도에 표시한 점선이다.

비열의 이상(異常)은 무엇을 의미하는 것일까. 비열이 크면 온도를 높일 때 거기서 열의 대량 흡수가 일어난다. 열의 흡수와 엔트로피의 증가 사이에는 (식 5-2)의 열역학적인 관계가 일반적으로 성립되므로, 액체헬륨의 엔트로피는 온도가 람다점을 넘는 곳에서 갑자기 증가한다. 반대로 온도를 낮추어 가면 엔트로피는 람다점에서 갑자기 감소하고, 액체헬륨은 람다점 이하의 저온 영역에서 엔트로피가 낮은 상태가 된다. 이 결론은 액체·고체의 경계선 형태에서 얻은 추론과도 일치한다. 이 람다점 위와 아래의 액체헬륨의 상태를 각각 액체헬륨 Ⅰ, 액체헬륨 Ⅱ라 불러 구별한다.

오너스는 헬륨을 액화하는 데 성공하고 얼마 지나지 않아 액체헬륨의 밀도가 2.2K 부근에서 약간이기는 하지만 이상을 나타내는 사실을 알아차렸다. 그러나 그 후 그의 흥미는 금속의 전기저항 문제로 향했기 때문에 그 이상 저온 액체헬륨의 성질을 해명하는 일은 진척되지 못했다. 액체헬륨 Ⅱ가 오너스가 발견한 초전도와 같은 정도로 불가사의한 성질을 갖는다는 사실을 그는 살아생전 알지 못했다.

5-4 점성이 없는 액체

카메를링 오너스는 극저온 연구에 빛나는 업적을 남기고 1926년 73세로 생애를 마감했다. 액체헬륨의 초유동 발견은 그 후에 이루어졌다.

당시 액체헬륨을 실험하던 연구자들은 저온이 되면 헬륨이 그릇에서 쉽게 새는 것에 고민하고 당혹스러워했다. 그래서 저온에서는 헬륨의 점성(粘性)이 작아진다고 생각하여 점성을 측정했다. 그 결과는 액체헬륨의 점성이 람다점 이하의 저온에서 0이 된다는 놀라운 것이었다.

보통 액체에는 점성, 즉 끈끈한 성질이 있다. 줄의 실험(1-3절)에서 움직이던 물이 차차 멈추게 되는 것은 처음 한 방향으로 일치해 있던 분자의 운동이 충돌로 인해 난잡한 것으로 변해 나가기 때문이었다. 이것은 거시적으로 보면 물의 점성 때문에 흐름 속에 일종의 마찰력(摩擦力)이 작용하여, 흐름의 운동에너지가 열적인 에너지로 변한 것이다. 이와 같이 점성이 있는 액체를 가느다란 관을 통해 흘리려면 점성력(粘性力)에 대항하여 액체에 압력을 가해 밀어야만 한다. 액체는 관 벽에 딱 달라붙어 버리기 때문에 관이 가느다랄수록 흐르기 어렵다. 관이 어느 정도 가늘어지면 액체는 사실상 흐르지 못하게 된다.

액체헬륨의 점성은 람다점 위에서도 작아, 상온인 물의 1000분의 1 정도밖에 안 된다. 그러나 그래도 유한한 크기가 있으므로 액체헬륨 I은 모세관(毛細管)이나 평탄한 판을 합친 좁은 틈 사이를 빠져나가지 못한다. 하지만 온도가 람다점 이하로 되면 그러한 곳을 자유자재로 빠져나간다. 실험은 액체헬륨의 점성이 람다점 이하에서는 고온 쪽 값의 100만분의 1 이하, 사실상 제로가 되는 것을 나타냈다.

액체헬륨 II는 좁은 격간을 빠져나갈 뿐 아니라 그릇의 벽을 타고도 밖으로 흘러나간다. (그림 5-5)와 같이 액체헬륨 II를 넣은 비커를 들어올리면 헬륨은 비커의 벽을 타고 아래로 흘러 떨어진다.

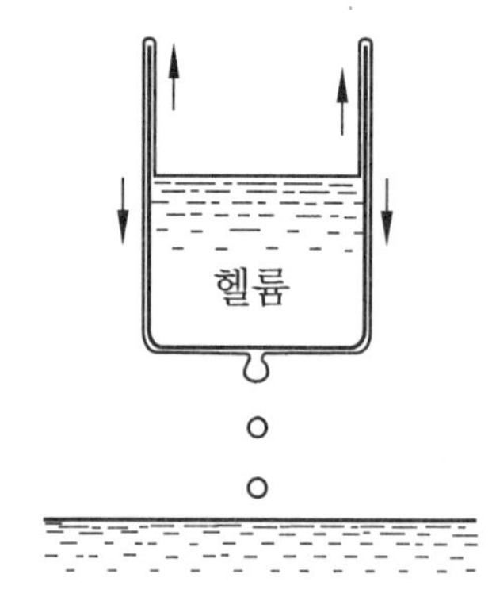

그림 5-5 비커 속의 액체헬륨은 그릇의 벽을 타고 아래로 흘러 떨어진다.

원래 액체헬륨에는 그릇의 벽에 엷은 막을 만드는 성질이 있다. 이와 같은 성질은 다른 액체에도 어느 정도 있지만 헬륨에서는 표면장력(表面張力)이 작기 때문에 특히 현저하다. 이 막은 두께가 헬륨원자 100개 분 정도의 매우 엷은 것이다. 따라서 람다점 위에서 헬륨에 점성이 있는 동안에는 액체는 이 막 속을 흐르지 못한다. 하지만 람다점 이하가 되면 액체헬륨은 이처럼 엷은 막 속도 자유로이 흘러 사이펀(siphon) 원리로 (그림 5-5)와 같은 결과가 된다.

액체헬륨이 람다점 이하에서 나타내는 이 불가사의한 성질은 '**초유동**'이라고 이름 붙여졌다.

액체헬륨의 점성을 측정하기 위해 이것과 별도의 실험을 해 보자. 먼저 (그림 5-6)과 같이 원판을 여러 장 평행으로 나란히 놓고 중심에 막대를 꽂는다.

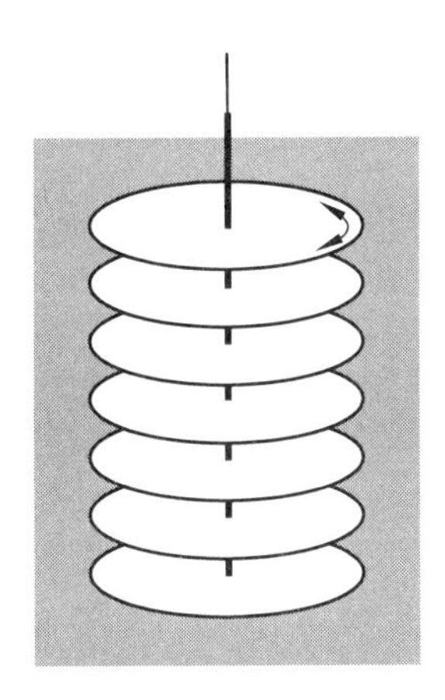

그림 5-6 회전원판의 방법에 의한 액체헬륨의 점성 측정

그것을 액체헬륨 속에 매달아 좌우로 회전시킨다. 이 회전진동의 진동수는 매단 실의 꼬인 탄성율과 원판의 관성모멘트[15]에 의해 결정된다.

15) 관성모멘트는 회전운동에서 질량의 역할을 하는 것으로, 원판의 경우는 대략 (원판의 질량)×(원판의 반지름)^{2}으로 주어진다.

액체에 점성이 있으면 액체는 원판에 달라붙고, 원판이 회전할 때 그것과 함께 운동한다. 점성이 클수록 원판과 함께 움직이는 액체의 양이 증가하여 원판은 겉보기에 무거워져 관성모멘트가 커진 것처럼 보인다. 이때 원판의 회전진동의 진동수를 측정함으로써 액체헬륨의 점성을 측정할 수 있다.

이렇게 측정해 보면 다시 한 번 놀랍게도 헬륨의 점성은 람다점 이하가 되어도 갑자기 제로는 되지 않는다. 점성의 온도변화는 (그림 5-7)과 같으며, 분명히 작아지기는 하지만 변화는 연속적이고 극적인 일은 아무것도 일어나지 않았다. 같은 점성이 측정법에 따라 달라지는 것은 대체 무엇을 의미할까.

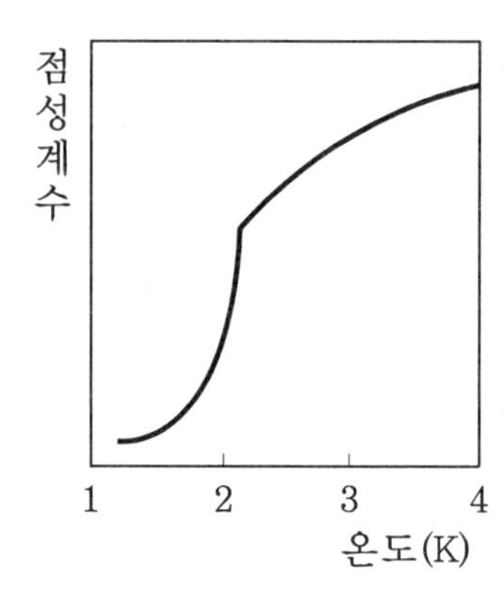

그림 5-7 회전원판 방법으로 측정한 액체헬륨의 점성

5-5 보스응축과 2유체모형

여기서 보스입자의 이상기체에서 일어나는 보스응축(4-5절)을 다시 상기해 보자. 초유동을 나타내는 헬륨은 헬륨4 원자(^{4}He)의 집합이다.

헬륨 4 원자는 보스입자이고, 저온에서 일종의 상전이가 일어난다는 점에서 이상기체의 보스응축은 헬륨의 초유동상태로의 전이와 관계가 있는 것으로 생각된다. 그러나 액체헬륨에서는 원자 간에 힘이 작용하고 있다. 힘이 작용하는 거리는 (표 5-1)에서 본 바와 같이 3Å 정도이다. 이것은 액체에서의 평균 원자 간격과 별로 다르지 않으며, 원자는 끊임없이 힘을 서로 미치면서 운동하고 있다고 봐야 한다. 액체헬륨은 이상기체와는 먼 상황에 있다. 그렇지만 여하튼 액체헬륨과 같은 밀도의 이상기체로 간주하여 보스응축이 일어나는 온도 T_B를 구해 보면

$$T_B \cong 3.1\,\mathrm{K}$$

이라는 값을 얻을 수 있다. 이것은 현실의 액체헬륨의 람다점 2.2K과 그다지 다르지 않다.

초유동이, 헬륨원자가 보스입자인 것과 관계가 없는 현상이라면, 같은 헬륨의 동위원소로 페르미입자인 헬륨 3 원자(^{3}He)의 액체에서도 비슷한 온도영역에서 같은 현상을 볼 수 있을 터이다. 헬륨 3 원자 간에 작용하는 힘은 헬륨 4의 경우와 전적으로 같고, 질량은 25% 작을 뿐이다. 헬륨 3은 천연 헬륨 중에는 0.01% 정도밖에 포함되어 있지 않지만 제2차 세계대전 후에 원자핵 반응을 이용하여 인공적으로 만들 수 있게 되어, 순수한 헬륨 3만인 액체에 대한 실험도 가능해졌다. 그 실험에 의하면 액체헬륨 3에서는 1K 이하의 저온까지 초유동은 보이지 않았다. 이 사실은 초유동이 보스입자의 이상기체가 나타내는 보스응축과 깊은 연관이 있는 현상인 것을 간접적이기는 하지만 강하게 지지하고 있다. 훨씬 나중에 와서 액체헬륨 3도 0.002K의 초저온에서 초유동이 되는 것이 발견되지만 그것은 다른 과제에 속한다(8장)[16].

16) 이 장에서 우리가 살펴보고 있는 것은 헬륨 4 액체이다. 따라서 이제부터 특별히 언급하지 않는 한 액체헬륨이라고 할 때는 모두 헬륨 4 액체를 지칭한다.

액체헬륨에서 보스응축이 일어났다고 하면, 거시적인 수의 원자가 운동량 $p=0$인 하나의 양자상태에 모인다. 이들 원자는 단 하나의 양자상태에 거시적인 수로 모여 있다는 점에서 특별한 상황에 놓여 있으므로 어떤 이유로 점성이 없는 액체가 되는 것이라 치자. 유한온도에서는 $p=0$ 이외의 상태에도 다수의 원자가 분포되어 있으나, 이들 원자는 보스응축이 일어나지 않는 보통 액체의 분자와 같은 상태에 있으므로 특별히 특이한 성질을 가졌다고는 생각되지 않는다. 즉, $p \neq 0$ 상태로 분포한 원자는 점성이 있는 보통 액체가 된다. 전자를 초유동하는 액체, 즉 **초유체(超流體)**, 후자를 정상 액체, 즉 **상유체(常流體)**라로 부르기로 한다. 보스응축이 일어났을 때의 액체헬륨은 이 두 종류의 액체의 혼합물이라고 생각할 수 있으므로 이것을 액체헬륨의 **2유체모형**이라고 한다.

2유체모형에 의하면 두 종류의 점성의 수수께끼도 해결된다. 모세관이나 엷은 막을 통해 흐를 때, 상유체는 흐르지 못하고 뒤에 남고, 초유체만이 빠져나간다. 우리는 이 둘을 눈으로 구별할 수 없으므로 여기서 헬륨은 점성이 제로인 액체로 행동하게 된다. 원판을 회전시키는 실험에서는 상유체가 원판을 따라 운동하므로 상유체 분량만의 점성이 측정에 관련된다. 이 경우는 상유체가 남아 있는 한 액체의 점성은 제로가 되지 않는다.

2유체모형에 의하면 액체헬륨의 더 다양한 성질을 설명할 수 있다. (그림 5-8)과 같이 두 그릇 A, B를 모세관으로 연결하고 양쪽 그릇에 초유동상태인 헬륨을 가득 채운다. A의 액면(液面)을 B보다 높게 하여 압력차를 부여하면, 모세관을 통해 A에서 B로 헬륨이 흐르지만 이때 초유체만이 흐르고 상유체는 모세관을 빠져나가지 못하고 뒤에 남는다. 그 결과, 초유체가 흘러나간 그릇 A에서는 상유체의 농도가 높아지고, 반대로 초유체가 흘러들어온 그릇 B에서는 농도가 낮아진다.

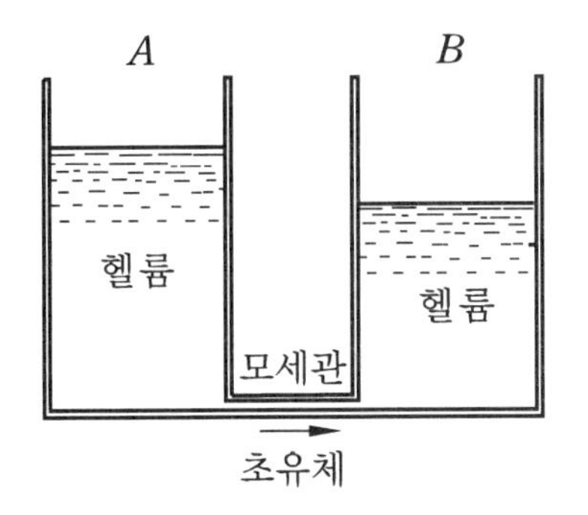

그림 5-8 액체헬륨을 넣은 그릇 A, B를 모세관으로 연결하고 압력차를 부여하면, A에서 B로 초유체만이 흘러 A의 온도는 높아지고 B의 온도는 낮아진다.

상유체가 짙다는 것은 온도가 높은 것에 해당하고, 엷다는 것은 온도가 낮은 것을 의미한다. 따라서 이 현상에서는 헬륨이 A에서 B로 흐름으로써 A의 온도가 높아지고 B의 온도가 낮아지게 된다.

반대로 A, B 간에 온도차가 있는 경우를 생각해 보자. 이것은 상유체의 농도에 차이가 있는 것을 의미하며, 농도가 다른 수용성 물질이 반투막으로 접하고 있는 경우와 비슷하다. 반투막은 물분자만을 통과시키고 용질(溶質)의 분자는 통과하지 못한다. 이때는 물이 엷은 수용액에서 짙은 수용액으로 스며들어, 양자 사이에 압력차가 생긴다. 이것이 삼투압이라고 하는 것이다. 액체헬륨의 경우는 초유체가 물, 상유체가 용질에 해당하며, 초유체만을 통과시키는 모세관이 반투막에 해당한다. 그리고 삼투압 현상과 마찬가지로 그릇 A, B 간에 온도차가 있으면 저온 쪽에서 고온 쪽으로 초유체가 흘러 압력차가 발생하게 된다. 이처럼 흐름과 온도차가 관련되는 현상도 실험적으로 알려져 있으며, 그것은 2유체모형으로 설명할 수 있다.

온도차가 두 그릇 사이에서가 아니라 하나로 연속되는 액체 속에서 발생하면 어떻게 될까. 보통 액체에서 밀도의 공간적 불균일이 생기는 경우에는 거기에 생기는 압력차로 액체가 흐른다. 밀도가 균일해져도 액체는 관성으로 계속 흐르기 때문에 거기서 액체가 진동을 시작하게 된다. 이 진동이 파동으로 전달되는 것이 밀도파(密度波), 즉 음파(音波)이다.

액체헬륨 속에 온도차, 즉 상유체의 농도차가 생기는 경우에도 같은 현상이 일어난다. 이 경우에는 모세관으로 막혀 있는 경우와 달리 상유체도 움직일 수 있으므로 온도차에 의해 초유체는 저온 쪽에서 고온 쪽으로, 상유체는 그와 반대로 고압 쪽에서 저압 쪽으로 흘러나간다. 이렇게 하여 보통 액체에서의 밀도의 진동과 마찬가지로 초유동상태에서 밀도는 일정한 상태로 초유체와 상유체의 비율이 진동하게 된다. 온도의 진동이라고 해도 좋다. 그것이 파동으로 전달되므로 초유동상태의 액체헬륨에서는 온도의 파동이 존재한다고 생각된다.

보통 물질에서는 온도차가 있으면 고온 영역에서 저온 영역으로 열의 흐름이 생기고, 온도가 균일해지면 그것을 끝으로 온도차가 진동하거나 파동이 되거나 하지 않는다. 초유동 헬륨에서는 온도의 매개체가 질량을 갖는 액체의 일부분이기 때문에 온도의 파동이 생기는 것이다. 보통 밀도의 파동을 **제1음파**라 하고, 이에 대하여 온도의 파동을 **제2음파**라고 한다. 제2음파의 존재는 처음에 이론적으로 예측되었지만 나중에 실험적으로도 확인되어 2유체모형이 맞는다는 것이 입증되었다.

5-6 원자 간 힘의 역할

2유체모형은 초유동상태의 액체헬륨에서 볼 수 있는 다양한 현상을 효과적으로 설명할 수 있었다. 그러나 이것으로 액체헬륨 문제가 말끔하게 해결된 것은 아니다. 가장 기본적인 의문에 대해서는 아직 대답하지 못했다. 즉,

(1) 액체헬륨에서는 원자 간에 힘이 작용하고 있는데, 그럼에도 이상기체와 마찬가지로 보스응축이 일어난다고 생각해도 될까.

(2) 가령 보스응축이 일어났다고 치고, 그때 어째서 액체헬륨은 초유동을 나타내는가?

이에 대한 의문은 해결되지 않았다.

이와 같은 기본적인 문제에 들어가지 전에 현실의 액체헬륨의 성질은 그것을 이상기체로 간주해서는 설명할 수 없다는 사실에 주의하기 바란다. 상자에 들어 있는 보스입자의 이상기체를 생각해 보자. 상자에 들어 있다는 조건을 엄밀히 고려하면 입자 한 개의 기저상태에서의 파동함수는 양 끝을 고정한 현의 진동과 같은 모양을 하고 있다. 파동함수의 2제곱이 상자 속의 온갖 점에서의 입자의 존재 확률을 부여하는데, 그것은 상자 중앙에서 크고 가장자리 쪽으로 갈수록 작다. 이상기체 전체의 기저상태는 모든 입자가 이 기저상태에 있는 경우이므로 기체의 밀도 또한 상자 중앙부에서 커진다. 물론, 현실의 액체헬륨의 밀도는 이렇게는 되지 않는다. 벽과 극히 가까운 곳을 제외하면 대부분 균일하다. 이것은 원자 간에 (그림 5-3)과 같은 강한 척력이 작용하고 있기 때문인데, 그 퍼텐셜에너지를 작게 하듯이 원자는 서로 회피하면서 균일하게 분포한다.

또한 보스응축을 일으킨 이상기체가 초유동을 나타내지 않는 것도 쉽게 알 수 있다. 절대0도에서 균일한 속도 v로 흐르고 있는 이상기체를 생각해 보자. 이 상태는 운동량공간에서의 입자의 분포를 보면, 모든 입자가 $p = Mv$인 하나의 상태로 모인 것이다. 관 속을 흐르고 있다고 하면, 입자 사이에서는 힘이 작용하지 않는다고 하여도 관 벽의 원자로부터는 힘을 받으므로, 입자는 그 영향으로 운동량이 다른 상태로 이동할 수 있다. 관의 벽도 절대0도라고 하면, 벽의 원자는 에너지가 가장 낮은 상태에 있으므로 기체의 입자는 벽의 원자로부터 에너지를 받을 수 없다. 그러나 벽의 원자에 에너지를 부여할 수는 있으므로 입자가 이동하여 가는 곳이라 해서, 운동량이 Mv보다 작은 상태가 모두 허용되게 된다. 이상기체에서 입자는 독립적으로 운동하고 있기 때문에 개개의 입자가 운동량 Mv 상태에서 탈락해 나가는 것을 방해하는 것은 아무것도 없다.

벽에 의한 입자의 산란이 속속 일어나면 입자의 분포는 산산이 흩어져 다수의 상태로 분산되어 흐름은 멎고 만다. 이와 같은 이유로 이상기체에서는 초유동이 일어날 수 없다. 초유동이 일어나기 위해서도 원자 간에 작용하는 힘이 본질적인 역할을 수행하고 있다고 생각해야 한다.

5-7 액체헬륨의 보스응축

그럼 원자 간에 작용하는 힘을 고려했을 때, 액체헬륨 전체의 기저 상태는 어떤 것이 될까. 원자의 운동은 서로 얽혀 있으므로 이번에는 원자 개개의 운동을 분리하여 생각하는 것이 허용되지 않는다. N개인 원자의 위치벡터를 각각 $\boldsymbol{r}_1$, $\boldsymbol{r}_2$, …, $\boldsymbol{r}_N$이라고 하면, 액체 전체의 기저 상태를 나타내는 파동함수는

$$\Psi(\boldsymbol{r}_1, \boldsymbol{r}_2, \cdots, \boldsymbol{r}_N) \quad \cdots\cdots (식\ 5\text{-}3)$$

으로 N개의 벡터함수로 기록된다. 이것은 $3N$개 변수의 함수로서, 엄밀하게 구하기는 매우 어렵다. 그래서 그 대체적인 모습이 어떤 것이 되는지를 생각해 보자.

N개의 원자 중 한 개에 주목한다. 다른 $N-1$개의 원자가 $\boldsymbol{r}_2$, $\boldsymbol{r}_3$, …, $\boldsymbol{r}_N$의 위치에 있을 때, 주목하는 원자의 좌표 $\boldsymbol{r}_1$의 함수로서 파동함수는 어떻게 행동할까. 원자 간에는 (그림 5-3)과 같은 힘이 작용하고 있으므로 원자의 중심 간 거리는 d보다 더 접근할 수 없다. 파동함수

로 표현하면, 원자 간 거리가 d 부근에서 그 값이 제로가 된다. 주목하는 원자의 입장에서 본다면 온갖 곳에 구형(球形)의 벽이 있는 것이다. 그 모습을 모식(模式)적으로 그리면 (그림 5-9)와 같이 된다.

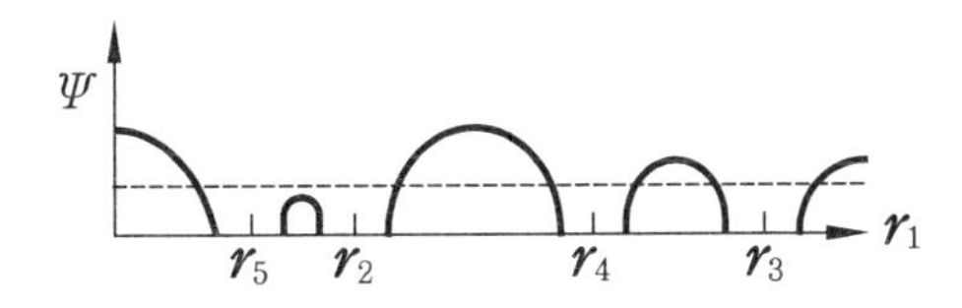

그림 5-9 액체헬륨의 파동함수 $\Psi(r_1, r_2, r_3, \cdots)$. r_2, r_3,…을 고정하여 r_1의 함수로 보면…

물론, 실제 파동함수는 이처럼 중단되는 일 없이 다른 원자 주위를 우회하여 이어져 있다.

함수는 원자 간격의 규모로 공간적으로 변동하고 있다. 그러나 그러한 세세한 변동에는 눈을 감고 평균화했다고 하면, 벽과 극히 가까운 곳을 제외하면 파동함수는 그림의 점선처럼 일정한 값이 된다. 이것은 파동으로서 보면 파장이 무한으로 긴 파, 즉 운동량이 제로인 상태에 해당한다. 따라서 이 입자는 평균적인 의미에서 운동량이 제로인 상태에 있다고 할 수 있다. 그러나 공간적으로 변동하는 원래의 파동함수는 여러 가지 파장인 파동의 중합이다. 그래서 (그림 3-6)에서 범종형 함수에 대해 행한 것과 마찬가지로, 이 함수를 여러 가지 파장의 파동으로 분해하여 그들 파장에 포함되는 무게를 파장마다 조사하면 어떻게 될까. 이 함수가 범종형 함수와 다른 점은, 함수가 한 곳에 국재하지 않고 변동하면서도 상자 속 전체에 퍼져 있다는 점이다. 평균이 그림의 점선처럼 유한한 값이 되는 것도 그때문이있다. 이와 같은 사정을 반영하여, 다양한 파동에 포함되는 무게를 운동량의 함수로 나타내면 (그림 5-10)과 같이 된다.

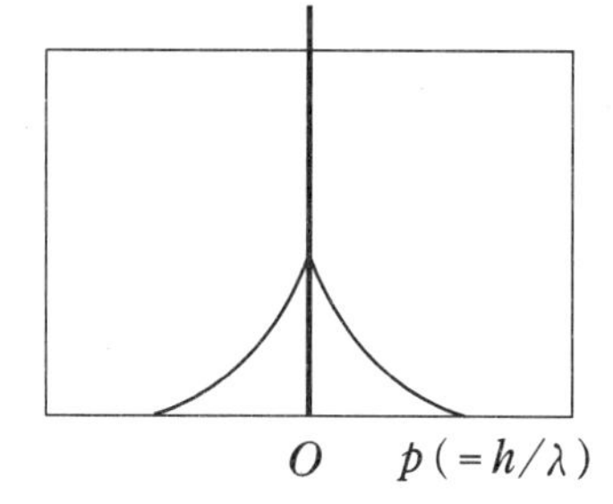

그림 5-10 액체헬륨의 파동함수의 운동량 분포

$p=0$에 있는 높은 피크(peak)는 파장이 무한대, 즉 운동량이 제로인 한 파동이 점유하는 비율이 상당한 것임을 제시하고 있다. 여기서 '상당한 비율'이라는 것은 $p=0$ 이외의 파동이 포함되는 쪽은 모두 도토리 키 재기로, 그들 파동의 무게를 전부 합한 것에 $p=0$인 파동 하나의 무게가 대항할 수 있음을 의미한다. 함수를 평균화한 것이 그림의 점선처럼 $p=0$ 인 파동처럼 보이는 것도 이와 같은 사정이 있기 때문이다.

$p=0$인 파동이 점유하는 비율은 함수의 변동방식에 따라 수 10% 혹은 수%가 된다. 액체의 밀도가 높고 원자 간격이 가까운 때에는 함수의 변동방식이 격렬해지기 때문에 파장이 짧은 파동에 포함되는 편이 많아지고, 그만큼 $p=0$인 파동이 점유하는 비율은 적어진다고 생각된다.

이상에서는 (식 5-3)의 파동함수에서 첫 번째 원자에 주목하였는데, N개인 원자 모두에 대해 사정은 완전히 동일하다. 따라서 (그림 5-10)은 원자 한 개가 어떤 운동량 상태에 있는가를 나타내는 확률 분포이지만 그것을 N배하면 액체 전체의 원자가 여러 가지 운동량 상태에 평균으로서 어떻게 분포하고 있는지를 나타내는 것이 된다고 생각해도 좋다. 특히 운동량이 제로인 상태에 있는 평균 원자수를 N_0로 하면, 그림은 N_0가 원자의 총수 중의 상당한 비율을 점유하고 있음을 나타내고 있다.

N_0가 어떤 비율이 되느냐는 위에서 본 바와 같이 액체의 밀도에 따른다. 실제 액체헬륨에 대한 이론적인 계산에 의하면 그것은 수 % 정도가 된다. 수 %라는 비율은 매우 적은 것으로 보일지도 모른다. 그러나 가령 그것이 1 %였다고 하더라도 다른 99 %의 원자는 $p \neq 0$ 인 상당히 다수의 상태로 분포해 있음을 잊어서는 안 된다.

분포되어 있는 상태의 수는 원자의 총수만큼 있으므로 그 중 한 상태에 있는 평균 원자수는 고작 수개 정도이다. 그에 비하면 원자의 총수를 10^{24}개라고 하면 N_0는 $0.01N = 10^{22}$개가 된다. 압도적인 수라고 할 수 있다. 주식회사의 경영을 지배하려면 소유한 주가 반드시 50 %를 초과할 필요는 없다. 다른 주주가 모두 불과 몇 주 정도를 가진 군소 주주라면, 내가 가진 주가 1 %만 되어도 주식회사 전체를 지배할 수 있는 어엿한 대주주이다.

(그림 5-10)의 액체 원자의 운동량 분포는 보스입자인 유한기체의 유한온도에서의 분포와 많이 유사하다. 그러나 이 둘이 완전히 별개라는 사실을 잊어서는 안 된다. 유한온도의 이상기체에서는 $p \neq 0$ 상태로 분포하는 원자는 열적으로 들뜬상태가 되어 서로 관계없이 난잡한 운동을 하고 있다. 원자 간에 힘이 작용하고 있는 액체의 기저상태에서 $p \neq 0$ 인 상태에 있는 원자의 분포는 원자가 서로 회피하면서 운동하는 결과로 발생한 것이다. 거기서는 운동량이 제로인 상태에 있는 원자와 함께 전체로서 복잡하기는 하지만 통일된 운동을 하고 있다. 엔트로피는 전자에서는 유한한 값이 되지만 후자에서는 전체로서 하나의 기저상태이므로 물론 제로이다.

다시 주식회사에 비유해 이야기하자면, 주식 1 %를 가지고 있는 한 명의 대주주에 의해 회사의 경영방침이 결정된다. 99 %인 군소 주주들의 출자금도 모두 그 방침에 따라 운용된다. 그에 비한다면 이상기체는 조직을 갖지 않는 개인기업집단이라고 해도 될 것이다.

보스입자인 이상기체의 기저상태의 특징은, 단 하나의 양자상태에 모든 입자가 보스응축되는 것이었다. 액체헬륨에서는 운동량이 제로 상태에 모든 원자가 응축되어 있는 것은 아니다. 그러나 그것이 가령 1 %라고 할지라도 N_0가 거시적인 수라는 사실에는 변함이 없다. 그런 의미에서 이상기체에서의 보스응축의 특징은 여기에 살아남아 있다고 할 수 있다.

이와 같은 기저상태, 즉 절대0도에서의 성질이 온도가 약간 상승한 것만으로 갑자기 소멸된다고는 생각되지 않는다. 그러나 온도가 상승함과 더불어 원자의 난잡한 운동이 격렬해지고, 그로 인해 N_0는 감소할 것이다. 그리고 이상기체의 경우와 마찬가지로 어떤 온도 T_c가 되면 N_0는 제로가 될 것이 틀림없다.

하나의 양자상태에 거시적인 수의 원자가 있는 경우와, 모든 입자가 엷게 다수의 상태로 분포된 상태와는 두드러진 차이가 있으며, 그 차이는 액체의 거시적인 성질에 어떠한 영향을 미칠 것이다. 액체헬륨에도 이 T_c에서 원자의 보스응축에 의한 일종의 상전이가 일어나고, 거기서 액체의 성질이 갑자기 변한다고 생각된다.

이것이 (5-6절)에서 제시한 두 가지 의문의 첫 번째에 대한 해답이다. 답은 예스, 보스입자의 보스응축현상은 입자 간에 힘이 작용해도 본질적으로 영향을 받지 않는다고 할 수 있다.

5-8 포논과 로톤

그러나 액체헬륨의 성질도 다른 면에서는 원자 간에 작용하는 힘의 영향을 강하게 받게 된다.

이상기체일 것 같으면, 들뜬상태는 $p=0$ 으로 응축한 입자 한 개가

$p \neq 0$ 상태로 들뜬 것이다. 그 에너지는 물론

$$E_p = \frac{p^2}{2M} \quad \cdots\cdots (식\ 5\text{-}4)$$

로 된다[17].

들뜬상태가 된 입자는 다른 입자와 관계없이 운동량 p를 가진 채로 그릇 속을 자유롭게 운동한다. 그러나 액체헬륨에서는 그렇게는 되지 않는다. 움직이기 시작한 원자는 곧장 다른 원자에 충돌한다. 충돌한 원자는 또 다른 원자에 충돌하고, 다수의 원자가 계속하여 운동에 휩싸인다. 운동은 개개 원자의 운동이 아니고 다수 원자의 집단적인 운동으로 일어나는 것이다.

이것과 어느 정도 유사한 상황은 고체원자의 진동의 경우에도 있었다. 고체에서도 원자는 서로 힘을 미치면서 운동하고 있으며, 그 결과 원자의 운동은 탄성파로서 고체 속을 전파하는 것이 된다. 액체 속에도 밀도의 대소가 파동이 되어 전파된다. 그것이 밀도파, 즉 음파이다. 이와 같이 액체헬륨 속 원자의 집단적인 운동도 음파가 된다고 생각된다. 이 음파를 양자론적으로 다룸으로써 얻을 수 있는 보스입자를, 고체의 경우와 마찬가지로 '**포논(phonon)**'이라고 한다. 포논의 운동량 p와 에너지의 관계는 액체헬륨 속의 음파를 v_s로 하여, 고체 포논의 경우인 (식 4-17)과 마찬가지로

$$E_p = v_s p \quad \cdots\cdots (식\ 5\text{-}5)$$

로 된다.

고체의 경우, 그것을 연속적인 탄성체로 간주하기 위해서는 파동의

---

17) (식 5-4)에서 p는 벡터 $\mathbf{p}$의 크기(길이)를 나타낸다. 운동량에 국한하지 않고, 굵은 활자로 나타낸 벡터의 크기를 같은 문자의 가느다란 활자로 표시하기로 한다.

파장이 원자 간 거리보다 훨씬 긴 때로 국한되었다. 진동수와 파장과의 반비례 관계도 파장이 긴 경우에만 성립되고, 파장이 원자 간 거리와 같은 정도가 되면 그로부터의 이격(離隔)이 크다.

액체의 경우에도 같은 사정이 있다. 여기서도 헬륨원자의 집단을 연속적인 액체로 간주하고, 그 안에 있는 원자의 운동을 음파로 간주하는 것이 허용되려면 음파의 파장이 원자 간 거리보다 길어야 한다. 즉, 평균 원자 간 거리를 a라고 하면 (식 5-5)의 관계는 운동량의 크기 p가 h/a에 비해 훨씬 작은 경우에만 성립된다.

운동량이 커지면 운동은 개개 원자의 운동이라는 성격이 강해진다. 원자가 음속보다 빨리 움직이면 그것이 이웃 원자를 밀어서 움직임이 잇따라 전해지기 전에, 움직이기 시작한 원자가 다른 원자를 좌우로 밀어젖히고 앞으로 나아가게 된다. 그러나 이 경우에도 개개의 원자는 다른 원자에 관계없이 움직일 수 없다. 원자 한 개가 앞으로 나아가려면 주위의 원자가 그것에 길을 열어 주지 않으면 안 되기 때문이다. 원자는 그러한 주위의 원자운동을 수반하면서 전진하게 된다. 많은 원자가 함께 움직이기 때문에 운동하는 원자의 질량이 무거워진 것처럼 보이고, 에너지는 자유입자인 (식 5-4)보다 작아진다.

이러한 것들을 함께 고려하여, 액체헬륨의 들뜬상태 운동량과 에너지의 관계는 (그림 5-11)의 곡선처럼 될 것이라고 이론적으로 예측되었다.

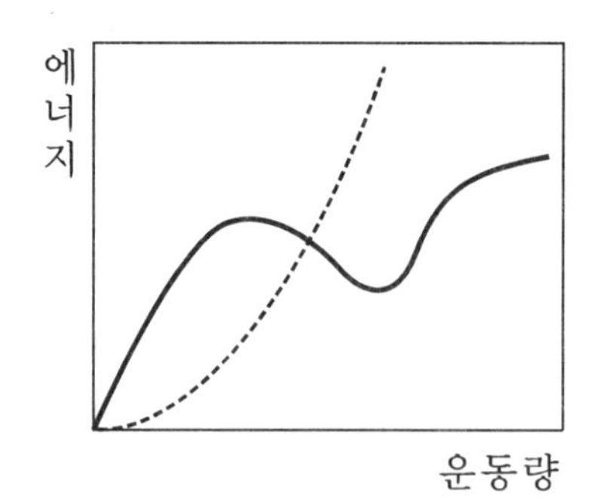

그림 5-11 액체헬륨의 포논 · 로톤에너지와 운동량의 관계. 점선은 헬륨원자의 자유운동에너지

에너지가 극솟값을 취하는 부근의 들뜬상태에서는 전진하는 원자 주위에서 그 원자에 길을 열어 주듯이 일종의 회전운동이 일어난다. 그 들뜬상태를 회전(rotation) 입자라는 의미에서 **로톤(roton)**이라고 한다.

포논이나 로톤의 존재를 확인하는 실험은 액체헬륨에 중성자선을 쪼이는 방법으로 실시되었다. 원자로에서 나오는 저속 중성자빔을 물질에 쪼여 물질의 미시적인 구조를 조사하는 방법은 중성자 산란방법으로서 여러 가지 목적에 사용되고 있다.

중성자가 액체헬륨 속에서 원자와 충돌하여 들뜬상태를 만들고 난 후 밖으로 나왔다고 하자. 포논·로톤은 중성자로부터 운동량과 에너지를 얻는다. 따라서 중성자를 잃은 운동량과 에너지를 측정함으로써 포논이나 로톤의 운동량과 에너지를 동시에 알 수 있다. 이렇게 하여 측정된 액체헬륨 속의 들뜬상태 운동량과 에너지의 관계는 이론적인 예측과 완벽하게 일치했다.

이렇게 하여 액체헬륨의 들뜬상태가 이상기체의 경우와 같은 단순한 것이 아니라 원자의 집단적인 운동인 것이 실험적으로도 확인된 셈이다. 따라서 액체 원자를 $p=0$ 상태로 응축한 초유체와, $p \neq 0$ 상태로 들뜬 상유체로 단순하게 분류하는 것은 허용되지 않는다. 2유체모형은 그 기초를 상실한 것처럼도 보인다.

그러나 우리는 초유체·상유체의 미시적인 실체를 재고함으로써 다시 한 번 다른 입장에서 2유체모형의 기초를 다질 수 있다. 액체헬륨 속에서 상유체로 행동하는 것은 $p \neq 0$인 상태로 들뜬 원자가 아니라 포논이나 로톤이라고 호칭되는 들뜬상태이다. 이들은 운동량과 에너지를 가지며, 충돌하기도 하고 흐르는 경우도 있다. 액체헬륨 속에서의 행동은 보통 입자와 다름이 없다. 다른 점은 운동량과 에너지의 관계가 (식 5-4)가 아니라 (그림 5-11)처럼 되어 있는 것뿐이다. 이처럼 다수의 입자가 모인 집단 안에서 한 개의 입자처럼 행동하지만 그 실체는 단순한 입자 한 개가 아니라 다수의 입자가 서로 관련된 운동인 것을 **준입자(準粒子)**라고 한다. 준입자라는 견해는 다수의 입자가 모인 집단 안에서 일어나는 운동을 이해하는 데 있어 중요한 역할을 하게 된다.

포논이나 로톤의 들뜬상태가 증가하면 그만큼 상유체가 증가하고 나머지는 초유체가 된다. 절대0도에서는 상유체가 없고 액체 전부가 초유체이다. 예를 들어, 물에 알코올이 녹은 경우처럼 두 종류 액체의 혼합 용액과 달리, 어느 원자가 초유체이고 어느 원자가 상유체인지 구별할 수 없다. 그러나 액체헬륨 전체가 2유체의 혼합물로 행동함에는 변함이 없다.

들뜸의 운동량과 에너지의 관계가 이상기체와는 다르므로 저온에서의 비열의 온도변화도 달라진다. 보스입자의 이상기체에서는 (식 4-13)과 같이 비열은 온도가 절대0도에 접근하면 $T^{3/2}$에 비례하여 제로가 된다. 액체헬륨의 들뜬상태는 (식 5-5)와 같이 에너지가 낮은 곳에서는 고체 포논과 같으므로 비열도 고체와 마찬가지로 T^3에 비례한다. 이상기체보다도 제로가 되는 것이 빠르다. 이것은 원자 간에 작용하는 힘의 효과로 들뜬상태의 에너지가 높아져서 열적인 들뜬상태가 일어나기 어렵게 되었기 때문이다. 원자 간 힘이 기저상태를 변하기 어려운, 안정된 것으로 하고 있다고 할 수 있다.

5-9 액체헬륨은 왜 초유동이 되는가

드디어 "액체헬륨은 왜 초유동이 되는가." 하는 가장 기본적인 두 번째 의문에 대답해야만 하겠다.

보스입자의 이상기체가 초유동이 되지 않는 것은 (5-6절)에서 본 바와 같다. 지금, 절대0도에서 속도 v로 흐르고 있는 이상기체를 생각하자. 그 기체와 함께 움직이고 있는 사람이 보면 기체는 정지해 있고, 모든 입자가 운동량이 제로인 상태로 응축되어 있는 것처럼 보인다. 여기서 이 사람 편에서 보아, 원자 한 개가 흐르면 반대로 향한 운동량이 $-p$ 상태로 들뜨게 되었다고 하자. 들뜬 에너지는 이 사람 쪽에서 보면 (식 5-4)로 주어진다. 같은 현상이 정지한 사람에게는 어떻게 보일까. 처음 액체는 전체적으로 크기 $P=NMv$의 운동량으로 움직이고 있다. 액체 전체의 질량은 NM이므로 흐르고 있는 이 액체의 운동에너지는 $P^2/2NM$이다. 여기에 들뜬상태가 발생하면 액체 전체의 운동량의 크기는 $P-p$로 변하고, 액체의 운동에너지는 $(P-p)^2/2NM$이 된다. 따라서 이 들뜸에 의해 액체의 운동에너지는

$$\frac{1}{2NM}(P-p)^2-\frac{1}{2NM}P^2=\frac{1}{2NM}(-2Pp+p^2)$$

$$=-pv$$

의 변화가 생긴다. p^2항은 $1/N$의 오더가 되므로 무시했다.

이 운동에너지의 변화는 정지한 사람에게만 보이므로 액체와 함께 움직이고 있는 사람에게는 보이지 않는다. 따라서 정지한 사람 쪽에서 본 들뜬 에너지에는, 움직이고 있는 사람이 보는 E_p에 이 변화분이 부가되어

$$E_p{}'=E_p-pv \quad \cdots\cdots (식\ 5\text{-}6)$$

이 된다. 약간 둘러서 논의하였지만, 요컨대 처음 운동량 Mv 상태에 있던 입자가 한 개, 운동량 $Mv-p$ 상태로 이동한 것이 되므로 그 에너지 변화는

$$E_p{}'=\frac{1}{2M}(Mv-p)^2-\frac{1}{2M}(Mv)^2=\frac{p^2}{2M}-pv$$

가 된다. 이것은 (식 5-6)과 일치한다.

E_p는 (식 5-4)로 주어지므로 $E_p{}'$를 p의 함수로 나타내면 (그림 5-12(a))와 같이 되고, p가 너무 크지 않은 영역에서 $E_p{}'$는 마이너스가 된다.

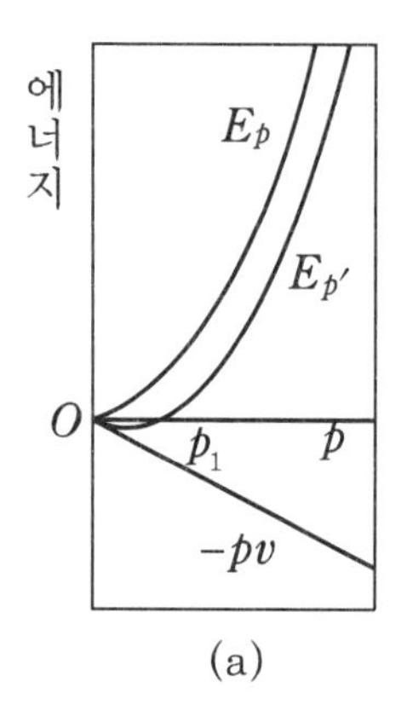

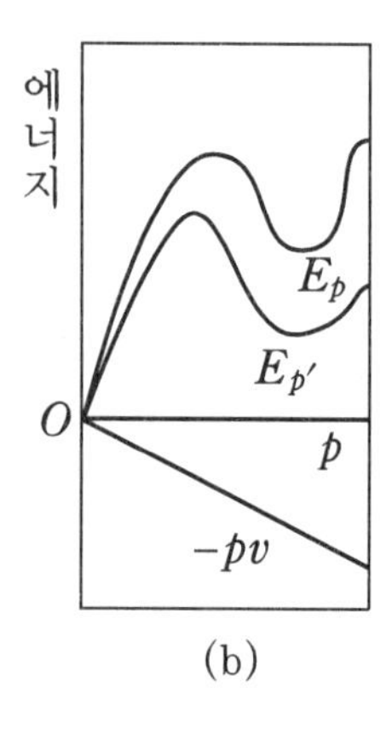

그림 5-12 흐름에 타서 보았을 때의 들뜬 에너지 E_p와, 정지하여 본 들뜬 에너지 $E_p{}' = E_p - Pv$
(a) 자유입자. $0 < P < P_1$ 영역에서 $E_p{}' < 0$이 된다.
(b) 액체헬륨. 모든 영역에서 $E_p{}' > 0$이 된다.

즉, 기체와 함께 움직이는 사람에게는 입자가 에너지가 높은 상태로 들뜬 것처럼 보이지만 실제로는 기체에너지는 감소하는 셈이다. 따라서 흐르고 있는 이상기체에서는 이와 같은 들뜸이 여분의 에너지를 벽에 부여하면서 일어나게 된다. 계속해서 들뜨게 되면 흐름은 교란되어 멎어 버린다. 이 논의는 (5-6절)에서 기술한 것을, 견해를 약간 바꾸어 되풀이한 것에 지나지 않는다.

액체헬륨이 이 이상기체와 다른 점은 들뜸이 원자의 집단적인 운동인 포논이나 로톤이고, 그 에너지가 (식 5-4)가 아닌 (그림 5-11)처럼 되어 있는 것이었다. 액체헬륨이 흐르고 있는 경우도, 헬륨과 함께 움직이고 있는 사람 쪽에서 보면 들뜸(excitation)은 정지한 헬륨과 같은 것으로 보일 것이다. 같은 들뜬상태가 정지한 사람에게는 어떻게 보일까. 실은 이 경우에도, 헬륨과 함께 움직이는 사람이 보는 들뜬 에너지

E_p와 정지해 있는 사람이 보는 에너지 $E_p{}'$ 사이에는 (식 5-6)의 관계가 성립한다.

위에서 이 식을 유도할 때에 우리가 구한 것은 기체 전체의 거시적인 운동에너지의 변화분이며, 그 대상이 이상기체인 것과는 관련이 없다. E_p가 (그림 5-11)과 같을 때, 이 $E_p{}'$를 p의 함수로 표시하면 (그림 5-12(b))와 같이 된다. 그림을 보면 알 수 있듯이 유속 v가 작은 동안에 $E_p{}'$는 마이너스가 되지 않는다. 헬륨원자가 벽에 충돌하여 흐름과 반대 방향으로 들뜨게 되면, 그 원자는 액체 전체의 흐름과 반대로 움직이게 되기 때문에 운동에너지는 감소하여도 원자 간 힘의 퍼텐셜에너지는 높아져서 이상기체의 경우처럼 에너지가 감소하지 않는다. 이 경우, 흐르고 있는 액체헬륨은 벽으로부터 힘을 받아도 에너지를 잃으면서 포논이나 로톤을 들뜨게 할 수 없다. 따라서 액체의 운동량은 감소하지 않고, 흐름은 교란되지 않고 언제까지나 멎지 않는다. 액체헬륨은 초유동하고 있는 것이 된다.

흐름이 빨라져 유속이 어느 값을 초과하면 마이너스에너지를 갖는 들뜬상태가 나타난다. 그렇게 되면 들뜬상태가 발생하게 되어 흐름은 멎는다. 초유동이 무너지는 것이다. 그 경계의 유속 v_c를 초유동의 **임계속도(臨界速度)**라고 한다.

액체헬륨이 초유동이 되려면 들뜸이 (식 5-4)에서 (그림 5-11)의 포논・로톤으로 변한 것이 중요했다. 들뜬상태를 변화시킨 것은 원자 간에 작용하는 힘이며, 그런 의미에서 원자 간의 힘은 초유동에 본질적인 역할을 하고 있다. (그림 5-11)을 봐도 알 수 있듯이 액체헬륨에서는 낮은 들뜬 에너지가 이상기체보다 높아져 있다. 이것은 기저상태가 그만큼 에너지적으로 고립되어 외부로부터의 힘에 영향을 받기 어려운, 안정된 것이 되었다는 것을 의미한다. 비열이 이상기체인 $T^{3/2}$에서 T^3이 된 것도 그 결과였다. 원자 간에 작용하는 힘이 보스응축을 일으킨 액체헬륨의 기저상태를 안정화하고, 초유동을 실현시키는 데 있어 중요한 역할을 하고 있다.

5-10 초유동의 성질

보스응축을 일으킨 액체헬륨의 점성이 없는 흐름, 초유동의 성질을 좀 더 자세하게 살펴보자. 설명을 간단히 하기 위해 절대0도에서의 흐름을 생각한다. 이 경우에는 액체헬륨이라는 주식회사 조직 전체의 경영방침을 결정하는 것은 '1%의 대주주', 즉 하나의 양자상태로 응축한 거시적인 수의 원자이다. 따라서 액체 전체의 행동을 보려면 이들 응축 원자에 관해서만 알면 된다. 그 이외의 상태로 분산한 원자, 군소 주주들의 출자금은 모두 자동적으로 이 전체방침을 따라 움직이게 된다.

응축한 원자의 행동을 나타내는 것은 (그림 5-9)에 점선으로 표시한 평균화된 파동함수라고 생각하면 된다. 평균화하면 다른 원자의 위치와 관계가 없어지므로 이상기체인 입자의 파동함수와 같은 것처럼 보인다. 그러나 이상기체라면 산모양이 되어야 할 것이 이와 같은 평탄한 함수가 된 것은 원자 간에 작용하는 힘 탓이라는 것을 잊으면 안 된다.

이상기체가 속도 v로 흐르고 있는 상태는 모든 입자가 운동량 Mv 상태로 모인 것이었다. 액체헬륨에서도 그것은 보스응축이 이 상태로 일어난 것이라고 생각된다. 그 파동함수는 파장 λ가 $Mv=h/\lambda$의 관계로 주어지는 진행파이다.

진행파를 그림으로 나타내려면 연못에 작은 돌을 던졌을 때 생기는 파문(波紋)을 머릿속에 생각하고, 그것과 마찬가지로 파면(波面)을 그리도록 하면 된다. 파면은, 예를 들어 파동의 마루의 위치를 이어서 얻을 수 있는 면으로, 파장 λ가 일정한 평면이라면 λ의 간격으로 평행하게 늘어선 평면이 된다. 그것을 평면상에 그리면 (그림 5-13(a))와 같은 평행한 직선이 된다. 파동은 이 파면에 수직인 방향으로 움직이고 있다.

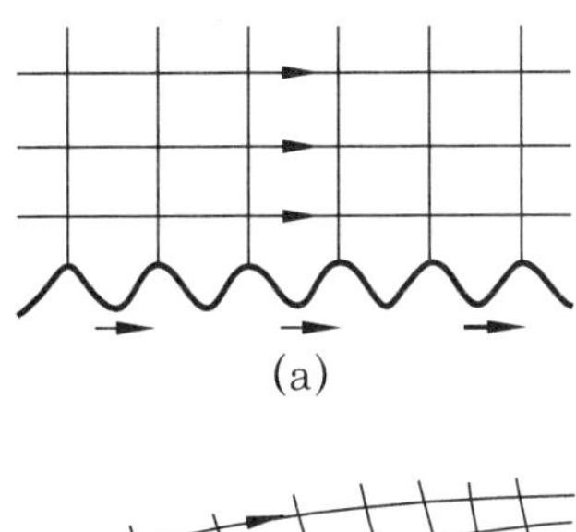

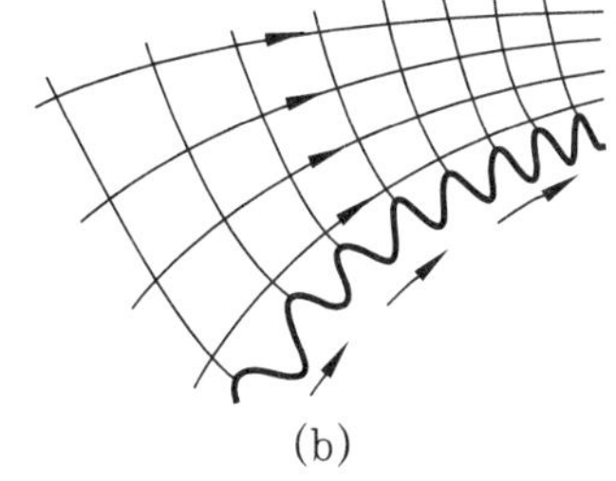

그림 5-13 초유동의 흐름을 파면으로 표시

흐름이 고르지 않고 흐름의 속도와 방향이 장소에 따라 다른 경우, 그 파동함수는 파장과 파동의 진행방향이 장소에 따라 일그러진 파동이 된다. 예를 들어, (그림 5-13(b))와 같은 흐름이라면 그 파동함수의 파면은 그림에 표시한 것처럼 된다. 어디서나 흐름의 방향은 파면에 수직이고, 유속은

$$v = \frac{h}{M\lambda} \quad \cdots\cdots (식\ 5\text{-}7)$$

의 관계로 파장에 반비례하므로 파면의 간격이 좁은 곳일수록 흐름은 빠르다.

여기서 중요한 점은, 원자 간 힘의 효과에 의해 원자 밀도는 어디서나 일정해야 한다는 사실이다. 이것은 파동함수로 표현한다면 진폭(振幅)

이 어디서나 일정한 것을 의미한다. 따라서 파면이 액체 속 어딘가에서 끊어져서는 안 되는 것으로, 그것은 헬륨 그릇 벽에서 벽까지 이어져 있다.

(그림 5-13)에서 그린 파면은 지도의 등고선과 많이 비슷하다. 실제 파면은 공간에 펼쳐진 면이므로 2차원인 지도와 바로는 대응되지 않지만, 설명을 간단하게 하기 위해 일단 흐름이 2차원적인 것이라고 치자. 파면이 등고선이라고 하면, 흐름의 방향은 등고선에 수직이므로 지형에서 말하면 바로 각 점에서 언덕이 가장 급한 방향에 해당한다. 언덕의 경사는 등고선의 간격이 좁은 곳일수록 급하며, 그것은 바로 유속에 해당한다.

흐름의 등고선이 지도와 다른 점은 산이나 웅덩이가 없는 점일 것이다. 산이 있으면 그 정상에서는 어느 방향으로든 내리막길이 되므로, 흐름으로 말하면 거기서 사방으로 헬륨이 흘러나가는 것이 된다. 이것은 산 정상에 헬륨이 솟아나는 입구가 있는 것을 의미하는데 실제 액체헬륨 속에는 그런 것이 없다. 반대로 웅덩이는 헬륨을 빨아들이는 입구에 해당하는데 이것 역시 존재하지 않는다. 3차원의 흐름도 마찬가지로 하여 '3차원 지도'에 대응시킬 수 있다.

초유동의 흐름이 등고선으로 표시되는 것은 그 흐름 방식에 큰 제약을 초래하게 된다. 독자들 중에 이런 동판화를 아는 사람이 있을지 모르겠다[18]. 그것은 고풍스러운 건물 그림으로, 건물 옥상에는 계단이 있다. 갑옷으로 무장한 중세 병사들이 일렬로 늘어서서 계단을 오르고 있다. 그들은 언제까지나 계속 올라가야 한다. 왜냐하면 계단은 올라가는 채 그대로 옥상을 한 바퀴 돌아 원래 위치로 돌아오기 때문이다. 그것은 마법의 계단일까. 그럴듯하게 그려져 있지만 물론 이 세상에 그런 계단은 존재하지 않는다. 그것은 지상의 길도 마찬가지여서 길이

18) 에스허르(Escher, Maurits Cornelis : 1898~1972)의 화집에서, '올라가기 내려가기'

한 바퀴 돌아 원래 위치로 돌아올 때는 도중의 언덕은 반드시 올라간 만큼 내려오게 된다. 계속 올라 한 바퀴 도는 언덕길은 바퀴가 되어 닫힌 흐름에 해당한다. 보통 액체일 것 같으면, 소용돌이가 생기면 이와 같은 흐름이 되기 때문에 '마법의 계단'에 해당하는 흐름이 생길 수 있다. 초유동의 흐름이 등고선으로 표시되는 것은, 초유동에는 소용돌이가 발생할 수 없음을 의미한다.

소용돌이라고 하면 매우 특수한 흐름처럼 보일지 모른다. 그러나 예를 들어 벽 옆을 벽면에 평행하게 흐르는 보통 액체를 생각해 보자. 이때 벽 바로 옆에서 액체는 벽에 딱 붙어서 움직이지 않으므로 그곳은 유속이 제로이고, 흐름은 벽에서 떨어질수록 점점 더 빨라진다(그림 5-14).

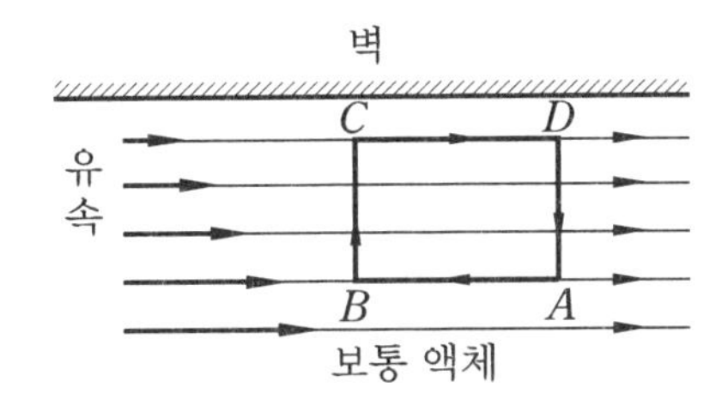

그림 5-14 벽 근처에서 일어나는 보통 액체의 흐름. 유속은 벽에서 떨어질수록 크다.

그림에서 $ABCDA$의 닫힌 길을 생각하고, 이것을 언덕길에 비유하면 AB는 오르막길, CD는 내리막길, BC와 DA는 평탄한 길이 된다. 그런데 여기서 오르막길 AB가 내리막길 CD보다 언덕이 급하여 내려올 때 편한 것보다 올라갈 때 고생이 크다. 이것도 일종의 '마법의 계단'이다. 보통 액체에서 이와 같은 흐름이 생기는 것은 점성이 있기 때문이다. 초유동에서 이와 같은 흐름이 생기지 않는 것은, 바로 그것이 점성이 없는 흐름인 것을 나타낸다. 이와 같이 생각하면, 점성이 없다는 점과 흐름이 파동함수로 표시된다는 점이 깊이 관련되어 있음을 알 수 있다.

사실을 말하자면, 초유동의 경우에도 '마법의 계단'이 없는 것은 아니다. 그것은 (그림 5-15)와 같이 바퀴로 된 관 속의 흐름을 생각하면 된다.

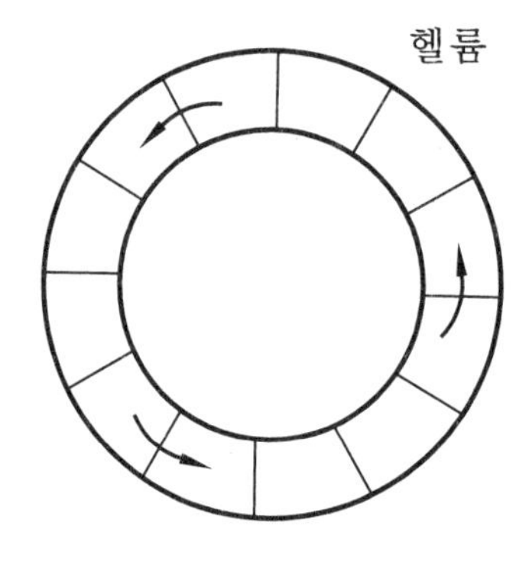

그림 5-15 바퀴가 된 관 속의 초유동의 흐름을 파면이 만드는 등고선으로 표시

이때 파면은 그림과 같이 등고선으로 늘어서고, 흐름은 일정한 속도로 바퀴를 돌고 있다. 그야말로 '마법의 계단'이다. 한 바퀴 도는 길이 한가운데 있는, 액체헬륨이 없는 영역을 둘러싸고 있을 때에는 이와 같은 흐림이 가능해진다. 이 흐름에서 파동의 파장은 바퀴 길이의 정수분의 1로 되어 있다. 따라서 (식 5-7)의 관계에 의하면, 흐름의 속도 v는 n을 정수, L을 고리의 길이로 하여

$$v = \frac{nh}{ML} \quad \cdots\cdots (식\ 5\text{-}8)$$

로 주어지게 된다. 유속이 띄엄띄엄한 값밖에 취하지 못한다. 즉, 유속의 양자화가 일어나는 것이다. 이것은 초유동이 양자역학적인 흐름임을 명료하게 나타낸다.

여기서 초유동의 흐름이 왜 언제까지나 멎지 않느냐 하는 문제를 다시 한 번 다른 각도에서 생각해 보자. 이 액체헬륨의 에너지가 가장 낮은 상태는 정지된 경우인 것은 명확하다. 그것이 처음 어떤 정수 n의 양자화된 유속으로 흐르고 있어도, 흐름이 어떤 방법으로든 에너지를 잃을 수 있다면 n이 점점 줄어들어 마침내는 정지하는 것이 아닐까. 앞

절에서는 포논이나 로톤을 한 개씩 들뜨게 하면서 흐름이 감쇠(減衰)하지 않는 것을 제시했다. 또 하나의 가능성으로, 파동함수가 점점 형태를 바꾸어 파동의 마루가 하나씩 감소해 가는 것은 아닐까 하는 것이다.

사실 이와 같은 일도 일어날 수 없다. 파동의 마루를 하나 감소시키려고 하면, 도중에 관 일부분에 파동의 진폭이 소멸되는 영역을 만들어 내야 한다. 이것은 그 부분에서 초유동상태가 일단 무너지는 것을 의미한다. 따라서 확실히 파동의 마루가 하나 감소한 후의 상태가 처음 상태보다 에너지가 낮은 것은 사실이지만 그 도중에서는 에너지가 높은 상태를 통과하지 않으면 안 된다. 액체에너지를 유속 v의 함수로 표시하면 (그림 5-16)과 같이 된다. 유속이 바로 (식 5-8)의 양자화 조건을 충족시켰을 때 에너지는

$$E=\frac{1}{2}NMv^2 \quad \cdots\cdots (식\ 5\text{-}9)$$

로 되지만, 그 도중에는 초유동상태가 흐트러져 있기 때문에 에너지가 높다.

헬륨의 흐름이, 예를 들어 $n=100$ 상태에서 $n=99$ 상태로 옮겨 가려면 도중에서 이 에너지가 높은 상태를 통과해야만 한다. 절대0도이면 액체는 그를 위한 에너지를 어디서도 얻을 수 없기 때문에 언제까지나 $n=100$인 흐름상태로 정지할 수밖에 없다. 유한온도라도 이 에너지의 마루는 매우 높으므로 액체상태가 이 마루를 넘는 것은 역시 불가능하다.

이 액체헬륨이 양자화된 유속으로 바퀴 속을 흐르고 있는 상태는 에너지가 가장 낮은 상태는 아니다. 그러나 그 상태를 약간 바꾸려고 하면 어떻게 바꿔 봐도 액체에너지는 증가하고 만다. 따라서 액체는 언제까지나 그 상태로 정지해 있게 된다. 이와 같은 상태를 **준안정상태(準安定狀態)**라고 한다. 액체헬륨의 초유동이란 그와 같은 상태를 이른다.

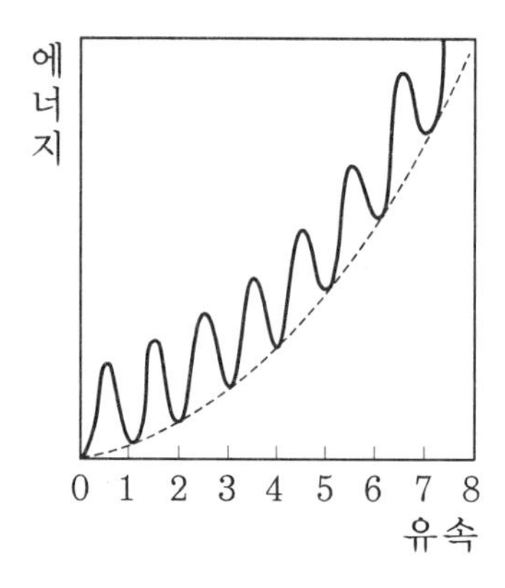

그림 5-16 바퀴 속을 흐르는 액체헬륨의 유속과 에너지의 관계. 유속의 숫자는 h/ML를 단위로 하여 측정한 값을 표시

5-11 회전하는 헬륨

액체헬륨의 양자역학적인 성질은 그것을 회전시켰을 때 분명하게 나타난다.

점성이 있는 보통 액체를 원통형 그릇에 넣고 그릇을 회전시켰다고 하자. 처음 돌릴 때 액체의 흐름에 약간의 교란이 발생할지 모르지만 계속 회전시키면 액체도 전체로서 그릇과 함께 회전하게 된다. 이때 액체의 움직임은 고체인 원통을 회전시킬 때와 마찬가지로 (그림 5-17(a))와 같이 유속은 중심에서 멀어질수록 크다.

초유동상태의 액체헬륨에서는 이와 같은 흐름은 발생하지 않는다. 그림에서 $ABCDA$인 길을 따라 한 바퀴 돌면 CD에 비해 AB쪽이 유속도 크고 길기 때문에, 이 한 바퀴 길은 (그림 5-14)처럼 '마법의 계단'이 되어 있다.

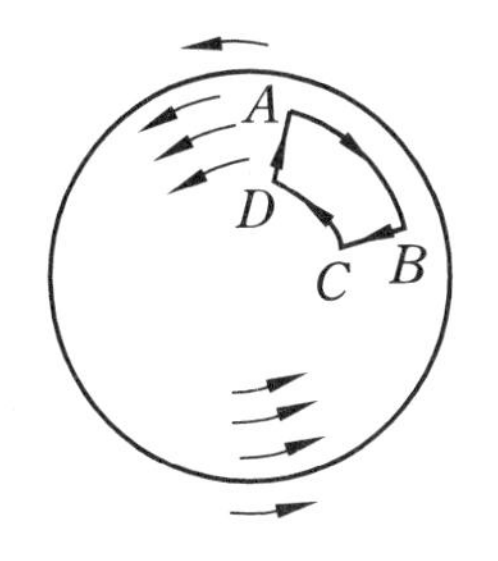

(a) 점성이 있는 보통 액체

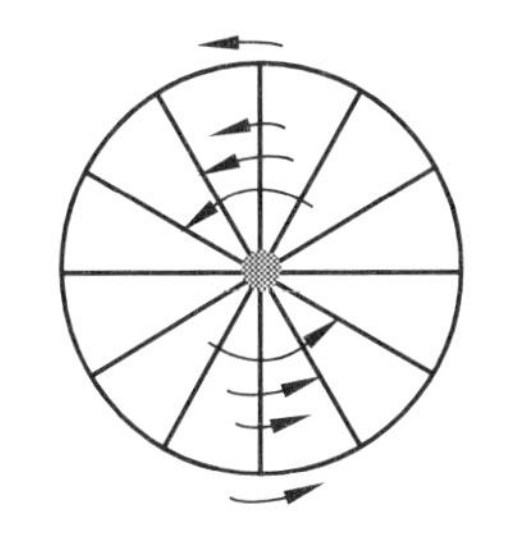

(b) 액체헬륨, 중심에 초유동 상태가 무너진 심이 발생한 경우, 방사상 직선은 파면의 등고선을 표시

그림 5-17 회전하는 그릇 속 액체의 흐름

그렇다면 이 그릇에 헬륨을 넣어 회전시키면 어떻게 될까. 초유동상태인 헬륨이라도 벽으로부터 힘을 받고 있으므로 벽이 회전하면 헬륨도 그에 이끌려 회전하지 않을까. 그러나 만약 헬륨이 회전을 시작했다고 하면, 그 흐름 방법이 어떻든 벽을 따라 한 바퀴 도는 길은 명백하게 '마법의 계단'이 된다. 그것이 허용되지 않는 것이라고 하면 액체헬륨은 절대 회전하지 않는다는 결론에 이를 것 같다.

그러나 실제로는 그렇지 않다. 액체 일부분에서 초유동상태가 무너져 버리면 그만인 것이다. 예를 들어 원통의 중심축상에 그와 같은 영역이 생겼다고 치자. 정상상태로 돌아온 영역은 초유동의 흐름에 대해서는 완전히 제외해도 되고, 따라서 이때의 흐름은 (그림 5-15)와 같은 바퀴 속의 흐름과 같아진다고 생각된다. 흐름의 등고선은 (그림 5-17(b))처럼 된다. 이 흐름은 (그림 5-17(a))의 고체적인 움직임과는 전혀 달라, 중심에 가까울수록 등고선의 간격이 좁고 유속이 커져 있다. 원통 중심에 소용돌이 한 줄기가 생긴 것이다.

소용돌이의 심을 중심으로 한 반지름이 R인 원을 생각하자. 이 원주 $2\pi R$ 위를 n개의 등고선이 지나가고 있다고 하면 등고선의 간격,

즉 파장은 $2\pi R/n$이 된다. 따라서 이 원주상에서의 유속은

$$v = \frac{1}{2\pi R}\frac{nh}{M} \quad \cdots\cdots (식\ 5\text{-}10)$$

이 된다. 유속에 이 원주의 길이를 곱한 것을 만들면 그것은

$$2\pi R \cdot v = \frac{nh}{M} \quad \cdots\cdots (식\ 5\text{-}11)$$

이 되어, 생각한 원의 반지름에 관계없는 양이 된다. 이것은 소용돌이 회전의 세기를 나타낸 것이라고 생각해도 좋다. (식 5-11)은 그것이 h/M를 단위로 하여 그 정수배의 값밖에 취할 수 없는 것, 즉 양자화되어 있음을 나타낸다.

실제로는 이처럼 강한 소용돌이가 하나만 발생하지는 않는다. 그것은 소용돌이가 분열하여 약한 소용돌이가 많이 생기는 편이 흐름의 에너지가 낮아지기 때문이다. 실제 흐름에서는 분열이 진행되어 에너지가 가장 낮은 회전상태로서 h/M라는 최소 단위의 강한 소용돌이로 나누어진 상태가 실현된다. 이들 소용돌이는 회전축에 평행으로 그릇 전체에 고르게 분포한다. 에너지에 관해서만 말한다면 소용돌이는 더욱 세밀하게 나눠지고, 무한하게 약한 소용돌이가 무한으로 많이 생겨, 그것이 고르게 분포된 상태가 가장 좋다. 사실 이것은 (그림 5-17(a))의 고체와 같은 회전에 해당한다. 액체헬륨에서는 소용돌이의 세기가 양자화되어 있기 때문에 회전상태에 일종의 불연속한 구조가 생기는 것이다.

이것으로 일단 액체헬륨의 초유동 이야기는 끝맺고자 한다. 이 불가사의한 극저온현상의 본질은, 헬륨원자의 보스입자로서의 양자역학적인 성질과 원자간에 작용하는 힘의 효과로서, 미시적인 입장에서 명백해졌다고 해도 좋을 것 같다.

초유동상태에 있는 액체헬륨의 특색은 뭐라 해도 단 하나의 양자상태에 거시적인 수의 원자가 응축해 있다는 사실에 있다. 액체 전체의 거시적인 운동이 그 한 상태의 파동함수에 의해 결정되고, 초유동의 흐름이 등고선으로 표시되는 것은 그 귀결이었다. 그 결과, 소용돌이 세기의 양자화처럼 거시적인 액체운동에 양자효과가 확연하게 모습을 보이는 것이다.

액체에 보스응축이 일어나면 그 성질은 액체 전체에 퍼진 하나의 파동함수에 의해 나타나게 된다. 그것은 어떤 의미에서 자성체의 원자 자석이 저온에서 자성체의 끝에서 끝까지 일치하는 것과 매우 비슷한 현상이다. 단, 액체헬륨의 경우 일치하는 것은 양자역학적인 파동함수이지 원자자석처럼 고전적인 그림으로 포착할 수 있는 것이 아니다. 초유동은 양자론적인 상전이, 거시적인 양자현상이라고 불러야만 하는 것이다.

현실의 보스입자집단이 어떤 성질을 갖는가를 알았으므로 다음은 페르미입자집단의 행동에 대해 생각할 차례이다. 현실의 페르미입자집단이라고 하면 그 대표는 금속의 전도전자(傳導電子)일 것이다.

6장
금속의 전도전자

6-1 돌아다니는 전자

양자역학의 효과가 중요한 역할을 하는 또 하나는 입자집단으로는 금속 속의 전도전자가 있다. 전자는 페르미입자 이므로 헬륨 액체와는 대조적인 여러 가지 성질을 틀림없이 보여 줄 것이다. (4-8절)에서 우리는 금속전자를 페르미입자의 이상기체로 간주하면 금속의 비열을 잘 설명할 수 있음을 알았다.

금속의 가장 두드러진 특징은 전기가 잘 통하는 점이다. 이 성질은 금속 속에 금속 전체를 자유롭게 돌아다니는 전자가 존재하는 것에 기인한다고 생각된다. 손으로 금속을 만졌을 때 차갑게 느껴지는 것도 전자가 열을 잘 전달하기 때문이며, 금속에 독특한 광택이 나는 것도 활발하게 움직이는 전자 때문이다. 이들 전자를, 전기전도를 담당한다는 의미에서 **전도전자**(conduction electron)라고 부른다.

구리나 알루미늄 등의 금속원자에는 수 개의 전자가 원자의 가장 바깥쪽에 느슨하게 결합되어 있다. 원자가 모여 고체가 되면 이들 전자가 개개의 원자로부터 떨어져 고체 전체를 돌아다니게 된다. 이후에는 양전하를 가진 이온이 남는다. 따라서 금속의 미시적인 구조는 등간격으로 규칙 바르게 배열된 양이온과, 그 간격을 자유롭게 운동하는 전자(그림 6-1)로 생각하면 된다.

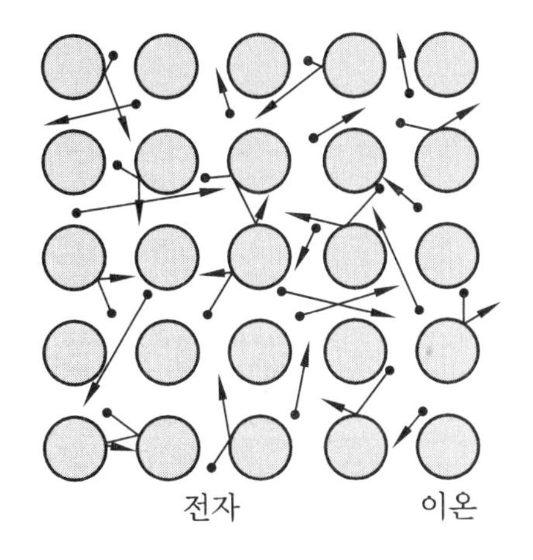

그림 6-1 금속의 미시적인 구조(고전론). 규칙 바르게 배열된 양이온의 틈 사이를 전자가 돌아다닌다.

금속의 성질을 이와 같은 전도전자의 존재로 설명하려는 생각은 19세기 말에 전자가 발견되자 곧바로 드루데(Drude, Paul Karl Ludwig : 1863~1906)와 로런츠 등에 의해 제창되었다. 고전론에 바탕한 전자론은 금속의 전기전도나 열전도를 설명하는 데 일단 성공을 거두었지만 한편으로는 (1-13절)에서 기술한 비열 문제 등 고전론의 틀 안에서는 해결할 수 없는 어려움에 직면하였다.

고전전자론이 직면한 또 하나의 커다란 어려움은 전자와 이온의 충돌 문제이다. 금속에 전압을 가하면 전도전자가 그에 이끌려 움직이기 시작하기 때문에 전류가 흐른다. 전자의 운동에 장애가 되는 것이 전혀 없다면 전자는 계속 가속하여 전류가 점점 커진다. 실제로는 움직이기 시작한 전자는 이온에 충돌하기 때문에 그 움직임이 방해를 받아 전류가 증가하는 것이 억제된다. 이렇게 하여 금속에는 전압에 인한 가속과 이온에 의한 가속을 억제하는 경향이 서로 균형을 이루는 곳에서 전압에 비례한 전류가 흐르게 된다. 이것이 고전론에 기초한 전기저항이론이었다.

여기서 전기저항의 크기를 결정하는 것은 전자가 이온과 충돌하는 빈도이다. 전자가 이온에 충돌하지 않고 자유롭게 운동할 수 있는 거리가 길수록 전기저항은 작다. (그림 6-1)에서 나타낸 바와 같이, 이온의 크기가 이온의 간격과 같은 정도이면 금속 속에서 전자는 이온 간격 정도의 거리를 진행할 때마다 이온에 충돌한다고 봐야 한다. 하지만 실제로 측정되는 금속의 전기저항 크기로 보면 전자는 그보다 훨씬 긴 거리를, 때로는 이온 간격의 몇 천 배나 되는 거리를 그 무엇과도 충돌하지 않고 자유롭게 운동하고 있다고 봐야 한다.

금속의 전자 비열의 수수께끼는 전자를 페르미입자의 이상기체로 간주함으로써 그 양자역학적인 성질에서 일단 설명할 수 있었다. 그렇다면 전자와 이온의 충돌문제는 어떨까. 양자역학의 입장에서 보아도 금속 속의 전자에는 이온으로부터의 힘이 작용하고 있을 터이고, 그것을 완전히 무시하고 전자를 상자에 들어간 기체분자와 마찬가지로 간주해도 좋을 거라고는 생각하지 않는다.

전자 간에도 힘이 작용하고 있다. 실제 금속에는 이런 복잡한 상황이 있을 텐데, 그것이 금속전자의 성질에 별로 영향을 주지 않는 것처럼 보이는 것은 어떤 이유에서일까. 이 장에서는 초유동 같은 불가사의한 현상을 화제로 삼으려는 것이 아니다. 오히려 언뜻 보기에 단순한 금속전자의 성질을 야야기의 중심에 놓고, 그것이 왜 그렇게 단순한가를 생각해 보고자 한다.

6-2 전도전자의 파동

전자와 이온의 충돌문제도 양자역학에 의해 처음으로 해결되었다.

양자역학에 의하면 전자는 일종의 파동으로 행동한다. 전자가 무엇인가에 충돌하여 운동방향을 바꾸는 것은 양자역학의 관점에서 보면 어떤 방향으로 진행하던 전자의 파동이 무엇인가에 반사되어 그 진행

방향을 바꾸는 것에 상당하다. 그런데 고체원자처럼 규칙 바르게 배열된 것에 의한 파동의 반사에서는 (3-3절)에서 기술한 바와 같이 파동의 간섭효과가 중요한 역할을 한다. 그것을 효과적으로 이용한 것이 X선이나 전자선에 의한 결정구조의 해석이었다. 금속 속의 전자의 파동은 결정구조의 해석에 사용하는 X선처럼 밖에서 입사(入射)한 것은 아니다. 그러나 규칙적으로 배열한 원자 위를 파동이 전달된다는 점에서 사정은 둘 모두에게 전적으로 마찬가지이다.

금속전자의 파동이 이온에 의해 반사될 때에도 파동의 간섭효과는 중요하고, 반사는 전자기파의 파장이나 진행방향이 특별한 조건을 충족시킬 때에만 일어나게 된다. 예를 들면 (그림 3-3)에서 설명한 1차원의 경우에는, 파동의 파장 λ와 이온 간격 a 사이에 n을 정수로 하여

$$n\lambda = 2a$$

의 관계가 성립될 때에만 반사가 일어난다. 이것은 전자의 경우로 말하면 그 운동량의 크기가

$$p = \frac{h}{\lambda} = \frac{nh}{2a} \quad \cdots\cdots (식\ 6\text{-}1)$$

여야 한다는 것을 의미한다. 3차원의 경우에도 전자기파의 반사가 일어나는 것은 그 전자의 운동량 벡터가 (식 6-1)과 비슷한 특별한 조건을 만족시킬 때에 국한된다. 그 이외의 때는 반사되지 않는다. 이것은 전자가 이온에 방해받지 않고 직진하는 것을 의미한다. 운동량이 이와 같은 특별한 값이 되는 전자는 있다고 하여도 아주 소수에 불과할 것이다. 규칙 바르게 배열된 이온은 아무리 많이 존재하더라도 전기저항의 어떠한 원인도 되지 않는다고 생각해도 좋을 것이다. 그렇다면 무엇 때문에 전기저항이 발생하는 것일까. 그것은 (6-6절)에서 알아보기로 하겠다.

이처럼 이온은 전자운동에 별로 영향을 미치지 않는다는 것을 알았

다. 따라서 금속원자의 성질에 대해 개략적인 이야기를 할 때에는 이온이 배열되어 있는 것을 무시해도 좋을 것이다. 단, 전자는 음전하를 가지고 있기 때문에 금속이 전체로서 전기적으로 중성인 것을 보증하려면 이온이 갖는 양전하까지 완전히 잊어버릴 수는 없다. 그래서 우리는 이제부터 이온배열의 불연속한 구조를 무시하고, 양전하가 공간에 균일하게 분포되어 있다고 생각하기로 하자. 금속원자는 그 위를 서로 쿨롱력으로 반발하면서 돌아다니고 있지만 이온의 양전하에 의해서 강하게 끌어당겨지고 있으므로 금속 밖으로는 나올 수 없다.

이와 같이 생각하면 금속전자는 상자에 들어 있는 헬륨 액체와 많이 비슷한 상황에 있다는 것을 알 수 있다. 물론 다른 점도 많다. 첫째, 입자 간에 작용하는 힘이 헬륨원자의 경우인 (그림 5-3)과 전자의 쿨롱력은 그 성질이 다르다. 그리고 무엇보다도 헬륨원자는 보스입자지만 전자는 페르미입자다. 이제 우리는 서로 힘을 미치면서 운동하고 있는 다수의 페르미입자집단의 성질을 조사해야 하겠다.

6-3 쿨롱력과 플라스마 진동

우선 입자 간에 작용하는 힘의 차이에 주목하자. 쿨롱력은 전하 간 거리의 2제곱에 반비례하는 힘이며, 같은 부호의 전하 사이에서는 척력이 된다. 퍼텐셜로 나타내면 두 전자 간의 거리를 R, 유전율(誘電率)을 ϵ로 하여

$$V(R) = \frac{e^2}{4\pi\epsilon R} \quad \cdots\cdots\cdots\cdots\cdots\cdots \text{(식 6-2)}$$

이 된다.

헬륨원자의 경우, 원자가 떨어진 곳에서 작용하는 인력의 퍼텐셜은

R^{-6}에 비례한다. 그에 비해 쿨롱력은 전자 간의 거리가 커져도 별로 약해지지 않는다. 쿨롱력은 멀리까지 미치는 힘, 즉 **장거리힘**이다.

쿨롱력이 장거리힘이라는 것을 나타내는 좋은 예로, 정전기장(靜電氣場)의 예제에 나오는 평행판 콘덴서(condenser)를 생각해 보자. 평행하게 놓인 두 장의 금속판에 양전하와 음전하를 균일하게 분포시켰을 때, 평행판 사이에 놓인 점전하(點電荷)에 작용하는 힘을 구한다. 답은 평행판의 간격에도, 점전하의 위치에도 관계없이 평행판 위의 전자의 밀도에 비례한 일정한 값이 된다. 평행판이 충분히 넓으면 점전하에서 평행판 위에 분포한 전하까지의 거리가 아무리 떨어져 있어도 힘의 세기는 변하지 않는다. 헬륨원자 간의 힘처럼 힘이 단거리밖에 작용하지 못하는 것일 때에는 이렇게는 되지 않는다. 이것은 쿨롱력의 경우에는 멀리 있는 전하의 영향도 결코 무시할 수 없다는 것을 나타낸다.

이와 같이 전자 간에는 장거리힘이 작용하고 있으므로 전자가 한 개 움직이면 그 영향은 멀리까지 미친다. 따라서 금속에는 다수의 전자를 끌어들이는 집단적인 운동이 일어난다고 생각된다. 이 운동도 일종의 파동으로서 금속 속을 전파한다. 전자가 고른 밀도로 분포되어 있을 때에는 전자의 음전하와 이온의 양전하가 상쇄하여 금속 속은 어디나 전기적으로 중성이 되어 있다. 따라서 금속 속의 전자 한 개에 주목하였을 때, 그 전자에 작용하는 힘은 다른 전자로부터의 것과 이온으로부터의 것이 평균화되어 상쇄된다. 그 금속 속에 (그림 6-2)와 같은 전자밀도의 파동이 발생하였다고 치자.

이때, 전자밀도가 평균보다 증가한 영역에서는 전자의 여분만큼 음전하가 발생하고, 평균보다 감소한 영역에서는 전자가 부족한 분량만큼 이온의 양전하가 나타난다. 발생한 전하의 분포는 충전한 평행판 콘덴서를 번갈아 늘어놓은 것과 같은 상황이 된다. 전자는 이 콘덴서 위의 전하로부터 힘을 받게 된다.

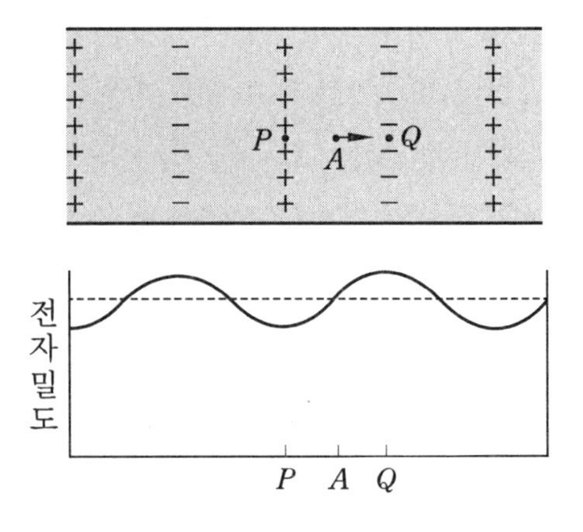

그림 6-2 금속 속의 전자밀도파

(그림 6-2)에서 A점 부근에 있는 전자에 주목하자. 이 근방의 전자가 평균화되어 오른쪽으로 u만큼 움직였다고 하면 양쪽 P, Q점에는 u에 비례한 음과 양의 전하밀도가 발생한다. 그 결과, A점의 전자에는 콘덴서 속과 마찬가지로 이 전하에 비례한 힘이 작용한다. (그림 6-2)를 봐도 알 수 있듯이 힘은 전자를 원래 위치로 되돌리듯이 왼쪽으로 향하고, 그 크기는 다음과 같은 식이 된다.

$$f = \frac{ne^2u}{\varepsilon} \quad \cdots\cdots (식\ 6\text{-}3)$$

n은 전자의 평균 밀도이다. 힘은 콘덴서의 평행판 간격, 즉 이 경우에서 말하면 파동의 파장에 의하지 않는다.

(식 6-3)에서 알 수 있듯이 전자가 움직이면 전자에는 움직인 거리에 비례한 힘이 전자를 원래 위치로 되돌리는 방향으로 작용한다. 이것은 (1-10절)에서 본 용수철 끝에 매단 추에 작용하는 힘과 같다. 따라서 전자는 추와 마찬가지로 진동한다. 이 경우 (식 6-3)의 계수 ne^2/ε이 용수철의 계수 k에 해당하므로, 전자의 질량을 m이라고 하

면 진동수는 (식 1-26)에 의해서

$$\nu_P = \frac{1}{2\pi}\sqrt{\frac{ne^2}{m\varepsilon}} \quad \cdots\cdots\cdots \text{(식 6-4)}$$

이 된다. 전자가 진동하면 전자밀도도 진동하므로 이것은 밀도파의 진동수라고 생각해도 된다. 진동수는 파장에 관계없다. 이 전자밀도의 진동을 **플라스마 진동(plasma oscillation)**이라고 한다.

같은 파동이라도 고체나 액체 속 원자의 운동의 경우, 진동수는 파장에 반비례하고, 파장이 길어지면 제로에 가까워졌다. 파장이 긴 파동에서는 가까이 있는 원자는 대부분 마찬가지로 움직이므로 원자의 간격은 정지해 있을 때에 비해 아주 조금 변할 뿐이다. 원자를 원래 상태로 되돌리는 힘은 가까이 있는 원자까지의 거리의 변화에 의해 발생하므로 파장이 길 때에는 약하고, 따라서 진동수도 작아진다. 하지만 이 플라스마 진동의 경우에는 파장이 길어져 음과 양의 전하가 발생하는 영역 P, Q의 간격이 길어져도 A점에 있는 전자에 작용하는 힘은 변하지 않는다. 그때문에 진동수는 파장이 길어져도 제로로 되지 않고 (식 6-4)와 같은 일정한 값이 된다. 이것은 전자 간에 작용하는 쿨롱력이 장거리힘이라는 사실에 연유하고 있다.

플라스마 진동도 전자기장의 진동이나 고체원자의 진동과 마찬가지로 양자역학으로 다루어야 한다. 그렇게 하면 플라스마 진동의 에너지는 0점진동분을 별도로 하면 $h\nu_P$를 단위로 하여 그 정수배의 값밖에 취하지 못한다. 그리고 플라스마 진동에 있어 양자효과가 중요한지 어떤지의 여부는 $h\nu_P$와 k_BT의 대소에 따라 결정된다. 그래서 $h\nu_P/k_B$라고 하는 양자효과가 중요해지는 기준온도를 어림잡아 보자.

(4-8절)에서와 마찬가지로 전도전자의 밀도를 $n = 10^{30}m^{-3}$이라고 하면 유전율은 진공의 값과 같다고 보고 $\varepsilon = 8.9\times10^{-12}(\mathrm{C}^2/\mathrm{N\cdot m}^2)$, 또

$e = 1.6 \times 10^{-19}$C, $m = 9.1 \times 10^{-31}$ kg이므로

$$\nu_P \cong \frac{1}{6}\left[\frac{10^{30} \times (1.6 \times 10^{-19})^2}{9.1 \times 10^{-31} \times 8.9 \times 10^{-12}}\right]^{1/2} \cong 10^{16}\text{sec}^{-1}$$

$$\frac{h\nu_P}{k_B} \cong \frac{6.6 \times 10^{-34} \times 10^{16}}{1.4 \times 10^{-23}} \cong 4 \times 10^5 \text{ K}$$

이 된다. 이것은 상온보다는 월등하게 높고, 상온에서는 $h\nu_P \gg k_B T$의 조건이 충분히 성립되어 있음을 알 수 있다. 따라서 플라스마 진동은 양자역학의 효과에 의해 0점진동 이외에는 거의 완전히 억제되어 있다고 생각해도 좋다.

전자는 페르미입자이므로 만약 그것이 이상기체라면 기저상태는 (4-7절)에서 본 운동량공간의 페르미구가 된다. 그러나 이 상태에서 전자는 서로 관계없이 돌아다니기 때문에 우연히 전자가 모여 밀도가 높은 영역이 형성될 가능성이 있다. 쿨롱력을 고려하면 이와 같은 상태는 플라스마 진동이 들뜬 높은 에너지상태가 되어 실현되지 못하게 된다. 따라서 전도전자의 기저상태는 단순한 페르미구가 아니다. 그것은 전자밀도의 변화가 억제된 상태이며, 각 전자는 돌아다니고는 있지만 서로 회피하면서 항상 밀도를 일정하게 유지하려 하고 있다.

6-4 전자의 개별운동

금속전자 속에 플라스마 진동, 즉 밀도의 파동은 거의 발생하지 않는다는 것을 알았다. 그렇다면 어떤 운동이라면 열적으로 들뜬상태가 될까. 원래 전자의 운동을 밀도의 파동이라고 간주할 수 있는 것은 액

체헬륨의 경우와 마찬가지로 파동의 파장이 전자의 간격보다 훨씬 긴 경우에 한한다. 전자 간격 정도의 스케일 운동이 되면 그것을 밀도와 같은 연속적인 양으로 나타내는 것은 무리여서 결국 전자의 개별적인 운동을 생각할 필요가 있다.

이상기체의 들뜬상태는 입자 한 개가 페르미에너지의 아래 상태에서 위 상태로 이동한 것이다. 이상기체에서는 들떠진 입자는 다른 입자와 전혀 관계없이 자유롭게 운동한다. 전도전자의 경우에는 개별적인 운동의 들뜸이라고는 하지만 이렇게는 되지 않는다. 다른 전자가 균일한 밀도로 분포되어 있는 곳을 들뜬 전자만이 제멋대로 움직였다고 하면 가는 곳마다 그 전자의 분량만큼 밀도가 높아진다. 이와 같은 운동은 전자밀도의 변동을 수반하므로 높은 에너지를 필요로 하며 일어날 수 없다.

그렇다면 무슨 일이 일어나는가 하면, 전자 한 개가 움직이면 다른 전자는 밀도를 일정하게 유지하도록 그 전자를 위해 장소를 열어 준다. 전자는 자기 주위에 다른 전자가 들어올 수 없는 영역을 만들고, 그 영역을 끌고 다니면서 운동한다고 해도 좋다. 운동의 중심에는 전자 한 개가 있지만 그것은 다른 다수의 전자의 운동을 수반하고 있으므로 단순한 전자 한 개의 운동이 아니다. 이것도 일종의 준입자이다.

온도가 높아지면 들떠지는 준입자의 수가 늘어난다. 두 개의 준입자가 접근하면 그 사이에는 어떤 힘이 작용할까. 진공 속에서 전자 두 개 사이에 작용하는 힘은 물론 쿨롱력이다. 금속 속의 준입자에는 전자 주위에 다른 전자가 끼어들 수 없는 영역이 만들어져 있다. 이 영역에서는 이온의 양전하가 소멸되지 않고 잔존하므로 전자의 음전하가 주위의 양전하에 포위되는 형태가 된다. 이것을 밖에서 보면 양과 음의 전하가 상쇄되어 준입자는 전하를 갖지 않는 것처럼 보인다.

따라서 준입자 간의 거리가 어느 정도 떨어지면(그림 6-3(a)), 준입자 간에는 힘이 거의 작용하지 않는다.

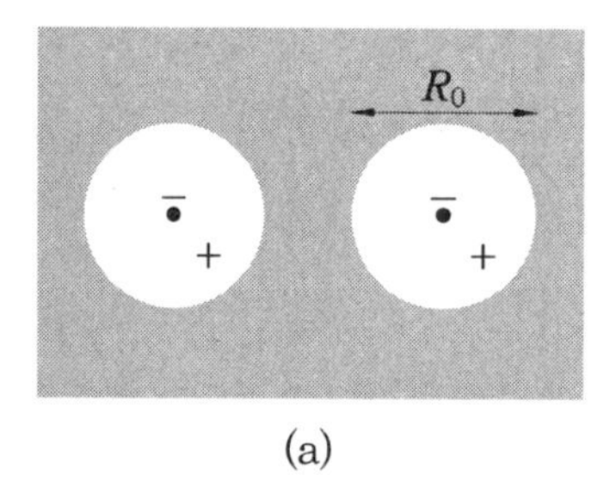

(a)

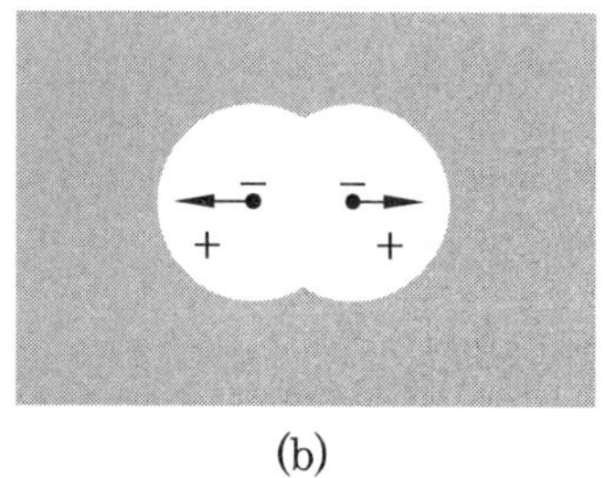

(b)

그림 6-3 준입자 간에 작용하는 힘. 준입자가 떨어져 있어서 양전하의 영역이 겹쳐지지 않을 때(a)는 힘이 작용하지 않는다. 거리가 R_0보다 접근하여 양전하의 영역이 겹쳐지면(b) 척력이 작용한다.

원래 전자 간에 작용하고 있던 쿨롱력이 다른 전자의 동작에 의해 차폐(遮蔽)된 것이다. 금속을 정전기장 속에 두면 표면에 전하가 집합하여 전기장이 안으로 들어오는 것을 막아, 금속 내부에는 전기장이 제로가 된다. 이와 같은 일이 미시적으로 각 전자 주위에서 일어나고 있다고 생각하면 된다.

준입자가 접근하여 양전하의 영역이 겹쳐지면(그림 6-3(b)) 차폐가 불완전해져서 전자 간에 쿨롱력이 작용하기 시작한다. 이처럼 준입자 간에 작용하는 힘은 근거리에서만 작용하는 척력이라고 생각하면 된다.

이 절에서는 전자의 개별적인 운동을 준입자라 불러 왔다. 그러나 계속 이런 생소한 용어를 쓰는 것은 번거로우므로 이제부터는 이를 단순하게 '전자'라고 부르기로 하겠다. 전자는 금속 속에서만 돌아다니므로 항상 준입자로서의 운동하고 있다. 같은 명칭으로 부르기는 하지만 그것이 진공 속의 소립자로서의 전자와는 다른 성질을 갖는다는 것을 잊어서는 안 된다.

6-5 금속전자는 왜 이상기체처럼 보이는가

전자 간에는 차폐되어 약해지기는 했지만 힘이 작용하고 있다. 따라서 전자 두 개가 접근하면 충돌이 일어난다. 또 들뜬 전자 주위에는 들뜨지 않은 전자가 많이 있으며, 그 사이에도 힘이 작용하고 있다. 그런데도 전자의 비열 등 금속전자의 성질은 그것을 이상기체로 간주함으로써 잘 설명할 수 있는 것은 무슨 이유에서일까.

지금 전자 전체가 절대0도에 있다고 치고, 페르미에너지보다 위인 운동량 p, 에너지 $E_p(E_p > E_F)$ 상태로 들떠진 전자 한 개에 주목하자. 이 전자와 페르미에너지보다 아래 상태에 채워져 있는 전자와의 충돌이 어떻게 일어나는가를 생각해 보자. 이 전자와 운동량 p_1의 상태($E_{p1} < E_F$)에 있는 전자가 충돌하여 각각 운동량 p', p_1' 상태로 옮겨 갔다고 하자(그림 6-4).

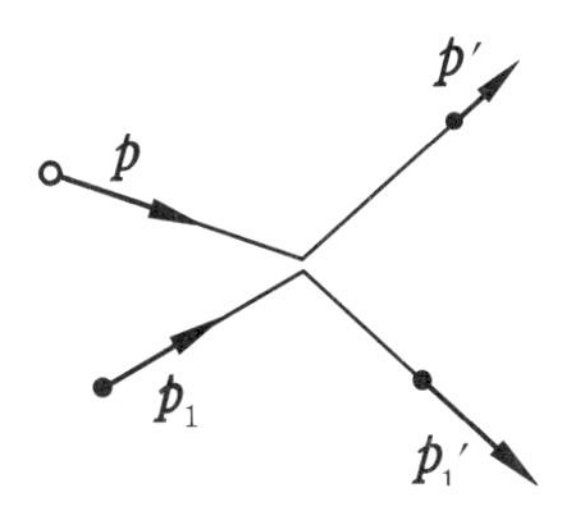

그림 6-4 전자끼리의 충돌

충돌에서는 에너지가 보전되므로

$$E_p + E_{p_1} = E_{p'} + E_{p_1}{}' \quad \text{(식 6-5)}$$

이다. 여기서 전자에 대한 파울리의 배타원리를 잊어서는 안 된다. 나아가야 할 곳의 상태 p', p_1'가 이미 다른 전자에 의해 점유되어 있으면 충돌한 전자는 그곳에 들어갈 수가 없다. 따라서 그와 같은 충돌도 일어날 수 없다. 절대0도에서 비어 있는 상태는 페르미에너지보다 위에만 있으므로 이 충돌이 파울리의 배타원리에 방해받지 않고 일어나기 위해서는, 나아가야 할 곳의 상태 p', p_1'는

$$E_{p'} > E_F, \qquad E_{p_1'} > E_F \cdots\cdots \text{(식 6-6)}$$

이여야 한다. (식 6-5)와 (식 6-6)의 관계에서 처음 상태의 에너지에 대해

$$E_p + E_{p_1} > 2E_F$$

의 부등식 조건이 필요해진다. 주목하는 전자의 에너지가 페르미에너지에 가까우면 충돌 상대인 전자의 상태도 페르미에너지에 가깝지 않으면 충돌한 후 두 전자 모두 비어 있는 상태로 옮겨 갈 수 없다.

$$E_p = E_F + \varepsilon \qquad (\varepsilon > 0)$$

라고 하면

$$E_F > E_{p_1} > E_F - \varepsilon$$

여야 한다.

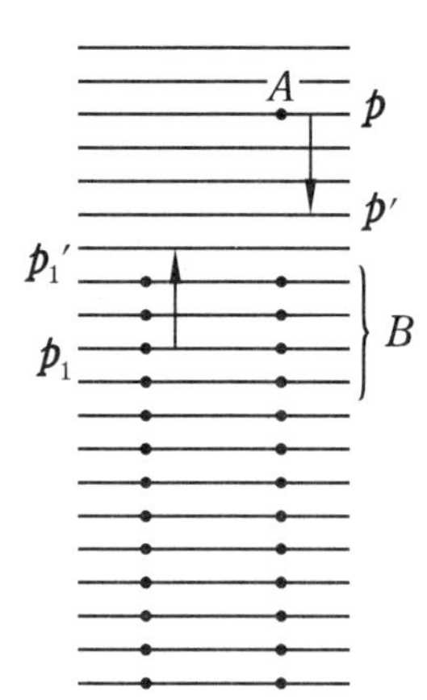

그림 6-5 운동량 p인 전자와 운동량 p_1인 전자가 충돌하여 각각 운동량 p', p_1'인 상태로 천이한다. 전자 A와 충돌할 수 있는 전자는 B 영역에 있는 것에 한한다.

에너지가 이 영역에 있는 전자의 수는 $N\varepsilon/E_F$ 정도이다. ε이 작으면 전자는 많이 있어도 충돌할 수 있는 상대는 페르미에너지 가까이에 있는 극히 소수의 것에 국한된다.

충돌이 일어나는 쪽에서도 제한이 가해진다. 전자가 두 개만 있어 그것이 충돌하는 경우에는 (식 6-5)와 같이 에너지의 합이 보존되어 있으면 그것이 $E_{p'}$와 $E_{p_1}{}'$에 어떻게 분배되어도 좋다. 그러나 지금의 경우에는 파울리의 배타원리에 의해 둘 모두에 (식 6-6)의 제한이 붙는다. $E_{p'}$가 너무 커지면 $E_{p_1}{}'$가 이 조건을 만족시키지 못하게 된다. 이 효과는 충돌이 일어나는 확률을 더욱 작게 한다.

이와 같이 충돌이 일어나는 쪽에서 보면, 에너지가 낮은 상태로 들떠진 전자는 매우 희박하고, 더욱이 입자 간에 작용하는 힘이 약한 기체 속을 운동하고 있는 것이나 마찬가지다. 전자는 이상기체 속의 입자처럼 긴 거리를 다른 전자와 충돌하지 않고 직진한다고 봐도 된다.

유한온도에서도 $k_BT \ll E_F$이면 들뜨게 되는 전자의 에너지는 페르미에너지에서 그다지 떨어져 있지 않다. 위에서 ε라고 쓴 것은 k_BT 정도이다. 이때 서로 충돌하는 전자는 페르미에너지 부근의 에너지 폭으로 하여 k_BT 정도의 영역에 있는 전자뿐이고, 그 수도 전자 전체 중의 일부에 지나지 않는다. 열적으로 들떠진 전자는 희박한 기체처럼 행동한다. 따라서 이들 전자의 성질은 이상기체와 매우 비슷한 것이 된다고 생각된다.

"전자 간에 쿨롱력이 작용하고 있음에도 불구하고 전도전자가 이상기체처럼 보이는 것은 어째서일까." 하는 의문에 대한 답은 이것으로 얻은 셈이다. 확실히 전자 전체를 이상기체로 간주할 수는 없다. 그러나 비열을 구할 때, 문제가 되는 것은 전자 전체의 성질이 아니다. 들뜬상태, 더욱이 저온($k_BT \ll E_F$)이면 에너지가 낮은 들뜬상태가 어떻게 되어 있는가 하는 문제인 것이다. 위에서 한 논의에서 알게 된 것은 금속전자의 경우, 그것이 이상기체와 같은 성질을 갖는다는 것이었다. 따라서 저온에서의 비열도 이상기체와 같은 온도변화를 하게 된다.

우리는 이제까지 다수 입자의 집단을 여러 가지 경우로 다루어 왔다. 다수 입자의 집단을 일반적으로 **다체계(多體系)**라 하고, 다체계를 다루는 문제를 **다체문제(多體問題)**라고 한다. 다체계에서의 입자의 운동은 매우 복잡하며, 그것을 엄밀하게 다루는 것은 특수하게 간단화된 경우를 제외하면 불가능하다. 그러나 개개의 문제로 본 바와 같이 에너지가 낮은 들뜬상태는 비교적 단순한 성질을 가지고 있다.

고체 속의 원자의 운동은 그 좋은 예라고 할 수 있다. 원자의 운동이 격렬한 때에는 원자배열의 교란이 크고 운동은 복잡해진다. 그것을 엄밀하게 다루기는 어렵다. 그러나 원자의 운동이 그다지 격렬하지 않을 때에는 운동은 여러 가지 진동으로 분해할 수 있었고, 고체는 각각 독립적으로 운동하는 진동자의 집합으로 간주할 수 있었다.

액체헬륨의 경우도 사정은 마찬가지다. 금속전자의 개별운동의 들뜸은 진동자는 아니지만 들뜬 전자가 독립적으로 운동한다고 보아도 좋은 점은 비슷하다. 에너지가 낮은 들뜬상태의 이와 같은 성질은 다체계가 갖는 일반적인 특징이라고 생각된다. 독립적인 개개의 들뜸을 **소여기(elementary exciation)**라고 한다. 저온에서 다체계의 성질을 볼 때에는 에너지가 낮은 들뜬상태만이 문제가 되므로 소여기라고 하는 견해는 매우 도움이 된다.

6-6 금속의 전기저항

금속에 전압을 가하면 전류가 흐르고, 그 전류 I는 전압 V에 비례하여

$$I = \frac{V}{R}$$

가 된다. 이것이 옴의 법칙(Ohm's law)으로, R이 이 금속의 전기저항이다. 전류가 전압에 비례하는 것은 고전론의 경우에 (5-1절)에서 설명한 대로인데, 밖에서 가한 전압이 전자를 끌어당기는 힘과, 금속이 전자의 운동을 방해하는 경향과의 균형으로 전류의 크기가 결정되기 때문이다. 전자의 운동을 막으려는 작용이 강할수록 전자는 움직이기 어렵고 전기저항은 크다. 하지만 금속 속의 전자의 운동을 양자역학에 기초하여 생각하면, 규칙 바르게 배열한 이온은 전자의 운동을 전혀 방해하지 않는다는 것을 알았다. 그렇다면 대체 무엇이 전자가 움직이는 것을 억제하여 전기저항의 원인이 되는 것일까.

금속 속에서는 이온이 규칙적으로 배열되어 있다고는 하지만 언제나 엄밀하게 그렇다는 것은 아니다. 유한온도에서는 이온은 각각 정해진 위치 주위에서 난잡한 열운동을 하고 있다. 어떤 순간을 보면 이온의 배열은 규칙적인 것에서 벗어나 제각각 흩어져 있다. 이러한 흩어진 배열에서 전자의 파동은 이미 똑바로 진행할 수가 없다. 전자는 이온 그 자체가 아닌, 말하자면 이온이 하는 열운동에 충돌하는 것이다.

이온의 열운동은 고온일수록 격렬하다. 그에 따라 전자의 충돌도 빈번해져서 금속의 전기저항은 커진다. 이와 같이 온도와 더불어 증대하는 것이 금속의 전기저항의 큰 특징이다. (1-1절)에서 언급한 바와 같이 이 전기저항의 온도변화는 온도계에 이용할 수 있다.

온도를 낮추어 나가면 이온의 열운동은 약해져 전기저항은 감소한다. 그렇다면 절대0도에 접근하면 어떻게 될까. 저온에서는 이온의 운동에 대해서도 양자역학의 효과가 중요해지므로 이 충돌은 전자와 포논의 충돌이라고 생각해도 좋다. 전자가 이온에 충돌하면 이온은 밀려 움직이게 되므로 이온의 운동이 격렬해진다. 이것은 양자역학적으로 말하면 포논이 전자에 의해서 들뜬상태가 된 것이다.

운동량 $\boldsymbol{p}$인 전자가 운동량 $\boldsymbol{q}$인 포논을 만들어 내어 운동량 $\boldsymbol{p}'$인 상태로 천이했다고 하자(그림 6-6). 이때 운동량과 에너지가 보전되므로

$$\boldsymbol{p} = \boldsymbol{p}' + \boldsymbol{q}$$

$$E_p = E_{p'} + h\nu_q$$

이다. 이 충돌에서도 (6-5절)에서 전자끼리의 충돌을 생각했을 때와 마찬가지로 파울리의 배타 원리에 의해 제한이 가해진다는 사실을 잊어서는 안 된다. 절대0도에서 한 개만 페르미 에너지보다 위의 상태인 $\boldsymbol{p}$로 들뜬 전자에 주목했다고 하자. 충돌한 후의 전자가 나아가야 할 상태 $\boldsymbol{p}'$가 비어 있지 않으면 이와 같은 충돌은 일어나지 않으므로 상태 $\boldsymbol{p}'$도 페르미 에너지의 위여야 한다. 즉, $E_{p'} > E_F$이다. 따라서 $E_p = E_F + \varepsilon$라고 하면 전자가 포논에 줄 수 있는 에너지는 고작 ε까지이다. 에너지가

$$h\nu_q < \varepsilon$$

가 되는 진동자의 수는 작을수록 적으므로 페르미에너지에 가까운 상태에 있는 전자에 대해서는 포논과의 충돌도 일어나기 어렵다는 것을 알 수 있다.

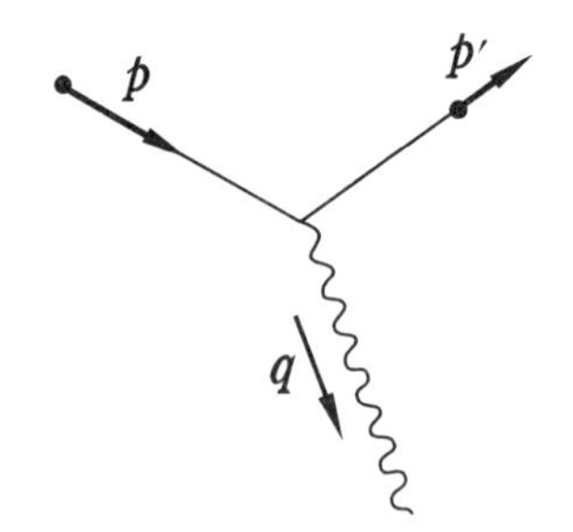

그림 6-6 전자와 포논의 충돌

유한온도에서는 페르미에너지에서 $k_B T$ 정도로 들떠진 전자를 생각하면 되므로 위의 ε는 $k_B T$ 정도로 보면 된다. $h\nu_q < k_B T$가 되는 진동자의 수는 온도가 낮아짐과 동시에 줄고, 절대0도에서는 제로가 된다. 게다가 이와 같이 에너지가 낮은 진동자는 운동량 q가 작으므로 충돌이 일어나도 전자가 잃는 운동량도 적다. 이와 같은 포논은 전자의 운동을 방해하는 작용이 약하다.

이처럼 양자효과를 생각하면 온도가 절대0도에 근접할 때, 금속의 전기저항은 급속히 작아질 것이라 예상된다. 이론적인 계산에 의하면 전기저항은 저온에서 T^5에 비례하게 된다.

실제로 금속의 전기저항을 1 K 이하의 저온까지 측정하면 (그림 6-7)과 같은 온도변화를 얻을 수 있다.

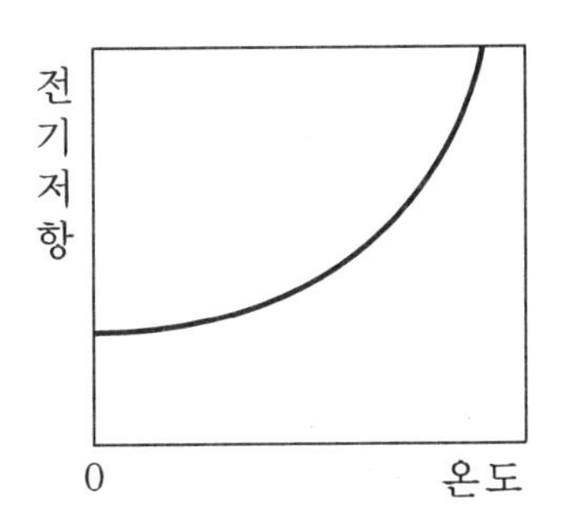

그림 6-7 저온에서의 금속의 전기저항

예상대로 저항은 온도가 낮아지면 감소하지만 절대0도에 가까워져도 제로로는 되지 않는다. 그러나 잘 살펴보면 이 절대0도에서도 남아 있는 전기저항의 크기는, 금속의 종류는 같을지라도 측정하는 시료(試料)에 따라 다른 값이 된다. 그리고 시료의 순도가 좋을수록 잔존하는 저항은 작다.

실제 금속은 아무리 주의를 기울여서 만들어도 100 % 순수한 것은 불가능하고 반드시 소량의 불순물을 함유하고 있다. 절대0도에서 잔존하는 전기저항은 사실 금속에 포함되어 있는 불순물에 의한 것이라고 생각된다. 불순물은 금속 속에 불규칙적으로 분포하기 때문에 금속 이온의 규칙 바른 배열을 교란시키고, 그 결과 전자기파의 직진을 방해하며 전기저항의 원인이 된다.

이와 같이 금속 속의 이온의 배열은 완전무결하게 규칙 바른 것이라고는 할 수 없다. 이온의 열운동 때문이라고 치든, 혹은 불순물 때문이라고 치든 늘 무엇인가의 교란을 포함하고 있다. 따라서 금속이 아무리 전류를 쉽게 흘린다고 한들 어떠한 저온에서도 유한한 전기저항을 갖고, 옴의 법칙이 성립한다고 할 수 있다. 하지만 어떤 종류의 금속에서는 저온에서 그러했던 예측에 반하는 이상한 현상이 나타난다. 그것이 다음 장의 주제가 되는 초전도이다.

7장
금속의 초전도

7-1 초전도의 발견

이야기를 다시 카메를링 오너스의 시대로 거슬러 올라가야겠다. 헬륨을 액화하는 데 성공한 오너스가 착수한 연구는 액체헬륨으로 실현된 저온 영역에서 금속의 전지저항이 어떻게 되는가 하는 문제였다. 당시 절대0도에서의 전기저항에 대하여 두 가지 예측이 있었다. 하나는 절대0도에서는 모든 운동이 정지하므로 금속전자의 운동도 정지하고, 그 결과 전기저항은 무한대가 된다는 것이다. 그러나 오너스는 반대로 저항은 틀림없이 제로가 될 거라고 생각하고 그것을 확인하기 위해 실험을 시도했다. 실험에서는 온도가 절대0도에 접근해도 유한한 저항이 남는 것으로 보였다. 오너스는 그것이 금속에 포함된 불순물로 인한 것일지도 모른다고 짐작하고, 순수한 시료를 만들기 쉬운 금속으로 수은을 선택하여 저온에서의 수은의 전기저항을 측정했다. 그리하여 예상했던 대로 수은의 저항이 제로가 되는 것을 발견했다.

그러나 측정 결과는 중대한 점에서 오너스의 예상에 반하는 것이었다. 즉, 수은의 저항은 절대0도에서 제로가 된 것이 아니라 4.2 K이라는, 절대0도와는 아직 거리가 있는 유한온도에서 돌연 소실되었던 것이다(그림 7-1).

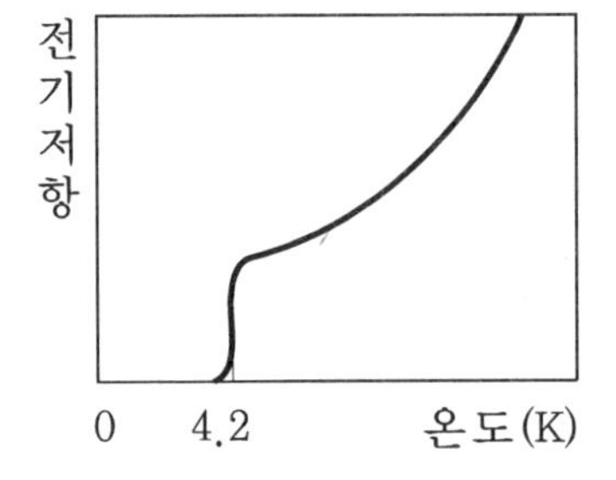

그림 7-1 저온에서 수은의 전기저항. 저항은 4.2K 부근에서 돌연 제로가 된다.

금속의 전기저항이 저온의 어떤 온도에서 돌연 제로가 되는 이 이상한 현상은 수은에서만 일어나는 특수한 것은 아니었다. 그 후 다른 금속에 대해 조사해 보자 주석이나 납에서도 같은 현상이 나타났던 것이다. 이 현상은 **초전도**라고 이름 붙여졌다. 초전도상태에 있는 금속을 약칭하여 **초전도체(超傳導體)**라고 한다. 오늘날에 이르러서는 강자성(強磁性)이 되지 않는 금속원소 중 약 절반은 초전도가 되는 것으로 알려져 있다. 초전도가 되는 합금도 많다. 그것은 저온에서 나타나는 특수한 이상현상이라고 하기보다도 금속이 극저온에서 나타내는 일반적인 성질의 하나라고 생각하는 편이 좋다. 초전도가 되지 않는 것으로는 나트륨·칼륨 등의 알칼리금속, 금·은·동의 귀금속, 철·코발트·니켈의 강자성금속 등이 있다. 약간 색다른 예로서는 황과 질소 화합물 및 어떤 종류의 유기분자 결정, 금속 산화물 등으로, 고온에서는 금속적인 성질을 나타내고 저온에서는 초전도가 되는 것이 발견되었다.

초전도체가 되는 전이온도는 몇 가지 금속원소에 대해 (표 7-1)에 제시한 바와 같이 물질에 따라 다양하다.

이 온도는 금속이 불순물을 함유하고 있으면 그 영향을 민감하게 받을 수 있다. 따라서 현재로서는 초전도가 되지 않는다고 생각되는 금속, 예를 들어 금 등도 매우 순수한 시료를 만들어 극히 저온으로 하면 초전도가 될지도 모른다. 초전도체는 여러 가지 응용을 생각할 수 있으며, 응용하는 입장에서 본다면 전이온도는 높을수록 좋다. 1986년 이후, 높은 전이온도를 갖는 산화물 초전도체가 잇따라 발견되어 주목을 받았다. 전이온도가 100 K을 넘는 것도 발견되었지만 실온에서 초전도가 되는 물질이 있는지 어떤지는 알려지지 않았다.

표 7-1 금속의 초전도 전이온도

원소	T_c(K)
텅스텐	0.012
우라늄	0.68
아연	0.852
알루미늄	1.20
수은	4.13
납	7.20
NbTi	10
$Nb_3 \geq$	23
LaBaCuO	30
YBaCuO	92

금속 속에 전자의 흐름을 억제하는 기구(機構)가 완전히 소실된 것처럼 보이는 이 현상은 액체헬륨의 초유동과 매우 비슷하다. 액체헬륨의 경우는 헬륨원자의 보스응축이 일어나고, 그 결과 초유동이 되는 것이라고 생각되었다. 초전도도 전자의 보스응축인 것일까. 그러나 전자는 페르미입자이고, 헬륨 4 원자와 같은 보스입자가 아니다. 미시적으로 보았을 때, 금속전자에서 도대체 무슨 일이 일어났던 것일까. 카메를링 오너스가 초전도를 발견한 것은 1911년이었다. 그리고 그 이론적인 해명은 1957년이 되어 세 명의 미국 물리학자인 바딘, 쿠퍼, 슈리

퍼에 의해 이루어졌다. 초전도는 그 사이 실로 반세기 가까이나 고체 문제 중 최대 의문으로 잔존해 있었다. 그것은 다체문제 이론에 대한 큰 도전이었다.

7-2 마이스너효과

이 현상을 조사해 나가는 도중에 초전도체는 전기저항이 제로라는 현상 이외에도 여러 가지 불가사의한 성질을 가지고 있는 것이 밝혀졌다. 그 중에서도 두드러지게 특징적인 성질은 자기장 안에서의 행동이었다.

보통 금속을 자기장 속에 놓으면 그 금속은 자기장과 같은 방향이나 또는 반대 방향의 약한 자석이 된다. 자석이 자기장과 같은 방향으로 발생할 때 그 성질을 **상자성(常磁性)**, 반대 방향일 때 **반자성(反磁性)**이라고 한다. (4-3절)에서 기술한 바와 같이 전자는 스핀이라 불리는 자전을 하고 있다. 전하를 갖는 입자가 회전하는 것이므로 전자 내부에 일종의 회전전류가 흘러 전자는 작은 전자석이 된다. 자기장 속에서 전자의 에너지는 자석을 자기장 방향으로 일치시킨 편이 낮아진다. 그래서 금속을 자기장 속에 놓으면 (2-7절)의 자성체의 경우와 마찬가지로 금속전자의 자석도 자기장 방향으로 일치되는 경향을 보이며, 금속 전체로는 약한 자석이 된다. 이것이 금속에 상자성이 생기는 기구이다.

또 자기장은 전자의 중심운동에도 영향을 미친다. 전자가 자기장 속을 운동하면 (7-7절)에서 보는 바와 같이 자기장에서 가로 방향의 힘(Lorentz force)을 받는다. 자기장 속에 놓은 철사에 전류를 흘리면 철사가 자기장에서 힘을 받는 것은 이것과 같은 원리에 의해서다. 자기장에서 가로 방향의 힘을 받은 전자의 운동은 그 힘의 방향으로 점점 굽혀져서 끝내는 자기장에 수직인 면 안에서 원운동을 하게 된다. 전자가 회전하므로 회전전류가 생기고, 거기에도 일종의 전자석이 생긴다. 이 자석은 밖에서 가한 자기장의 반대편을 향하므로 금속의 반자성의 원인이 된다.

사실을 말하면, 전자의 운동을 고전론으로 다루는 한 이와 같은 기구에 의한 반자성은 발생하지 않는다. 그것은 전자의 원운동이 금속 속에서 고르게 일어나기 때문에 원운동에 의한 전자의 흐름은 평균화하면 완전히 상쇄되어 전자석의 원천이 되는 전류가 발생하지 않기 때문이다. 그러나 양자역학에 의하면 자기장 속 전자의 원운동에도 양자화가 일어나 약간이기는 하지만 전류가 상쇄되지 않고 남아 반자성이 나타난다. 반자성의 원천이 되는 이 전류를 **반자성전류**라고 한다.

실제 금속에서는 전자의 스핀에 의한 상자성과, 전자의 원운동에 의한 반자성이 발생하고, 금속은 이 두 경향의 경쟁으로 강한 쪽의 성질을 나타내게 된다. 그러나 어느 쪽이든 이렇게 해서 만들어지는 자석은 철 등의 강자성체를 제외하면 상당히 약한 것이므로 그 자석에 의한 자기장은 무시해도 상관없다. 외부에서 가한 자기장은 거의 영향을 받지 않고 금속 속으로 들어오게 된다.

하지만 초전도체에서는 자기장이 그 내부로 전혀 들어오지 않는다는 것이 1933년에 마이스너(Meissner, Fritz Walther : 1882년~미상) 등에 의해 발견되었다. 예를 들어 초전도체에 자석을 접근시켰다고 하자. 그때 자석의 N극에서 나와 S극으로 들어가는 자력선(磁力線)은 (그림 7-2)와 같이 되어 초전도체 내부로는 전혀 들어오지 않는다.

즉, 초전도체 내부는 항상 자기장이 제로로 유지되고 있는 것이다. 이 현상을 발견자인 마이너스를 기념하여 **마이스너효과(Meissner effect)**라고 한다.

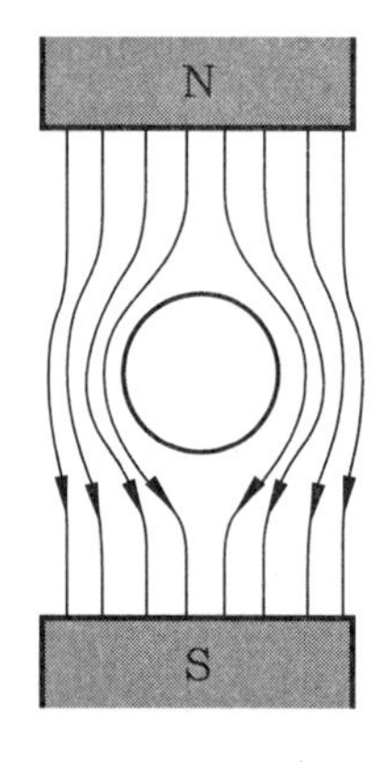

그림 7-2 마이스너효과. 자기장은 초전도체 내부로 잠입하지 않는다.

이 성질은 전지저항이 제로인 것이 당연한 결과인 것처럼 보인다. 전자기학(電磁氣學)의 전자기유도라는 현상을 상기해 보자. 도선(導線)을 감은 코일에 자석을 접근시켜, 코일 속을 통하는 자기장을 세게 하면 코일에서는 기전력(起電力)이 발생하여 전류가 흐른다. 그 방향은 전류가 만드는 자기장이 자석에 의한 자기장의 증가를 방해하는 방향이 된다. 이것은 **전자기유도(電磁氣誘導)**라는 현상인데, 발전기는 바로 이 원리를 응용한 것이다.

코일의 도선이 보통 금속으로 만들어졌으면 자기장이 변화하는 동안에는 기전력이 생겨 전류가 흐르지만 자기장의 변화가 멎으면 기전력이 소실되어 전류도 저항에 의해 곧바로 소실된다. 그렇다면 코일이 초전도체로 만들어진 경우라면 어떻게 될까. 이때는 저항이 제로이므로 일단 흘러나온 전류는 언제까지나 계속 흐른다. 영구히 감소하지 않는 이 전류를 **영구전류(persistent current)**라고 한다. 영구전류가 만드는 자기장이 외부로부터의 자기장을 상쇄하여 코일 속에 자기장이 들어오지 못한다. 마찬가지로, 예를 들어 원통형 초전도체에 자기장을 가하면 전자기유도로 표면에 코일과 같은 회전전류가 발생하여 내부에 자기장이 들어오는 것을 막을 것이다.

하지만 다른 실험을 해 보면 마이스너효과는 저항이 제로라는 것만으로는 설명할 수 없는 현상이라는 것이 명백해진다. 우선 초전도가 되는 금속에 전이온도보다 높은 온도로 자기장을 가해 둔다. 그리고 자기장의 세기를 일정하게 유지한 채 온도를 전이점 이하로 낮추어 금속을 초전도상태로 한다. 앞에서 기술한 전자기유도에 의한 마이스너효과의 설명이 옳다고 한다면 이 경우에는 자기장이 변화하지 않고 유도기전력(誘導起電力)이 발생하지 않으므로 전류도 흐르지 않을 것이다. 자기장은 초전도체 내부로 들어온 채 있으며 어떤 변화도 일어나지 않아야 한다. 하지만 실험을 해 보면 이와 같은 예상에 반하여 자기장은 초전도 밖으로 밀려나오고 만다(그림 7-3).

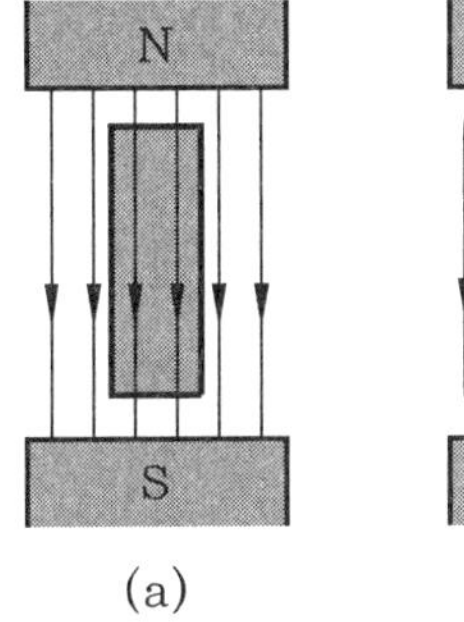

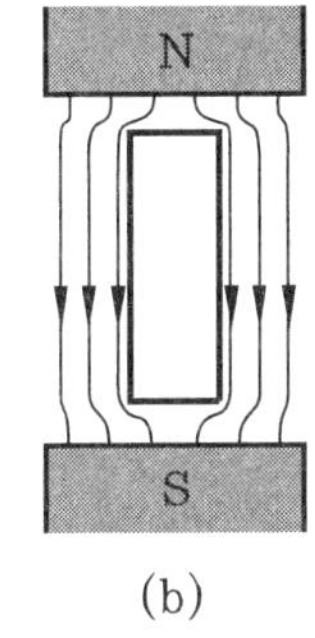

그림 7-3 정상상태에서 금속 속에 들어와 있던 자기장(a)이 저온이 되어 금속이 초전도상태가 되면 밖으로 밀려난다(b). 이때 외부 자기장이 강해져 자기장에너지가 증가한다.

초전도체의 이와 같은 성질은 그것이 단지 금속에서 전자의 흐름을 방해하는 작용이 어떤 원인으로 소멸해 버린 것은 아니라는 것을 나타내고 있다. 그것은 외부 자기장을 내부로 전혀 들어오지 못하게 하는 **완전반자성체(完全反磁性體)**이다. 뒤에서 나타내는 바와 같이 전기저항이 제로라는 성질은 이 완전 비자성체의 한 측면으로 이해된다. 영구전류는 사실 일종의 반자성전류로 볼 수 있다.

이 마이스너효과의 위력을 인상적으로 나타내는 실험이 있다. 그 이야기를 하기 위한 준비로 우선 **자기장에너지**라는 이론을 설명하고 가도록 하겠다.

진공 중에 전기장이나 자기장이 생겼을 때, 그것은 진공상태가 변화한 것이라고 볼 수 있다. 고체에 힘을 가하면 일그러짐이 생기는 것처럼 진공이 일그러져 있다고 해도 좋다. 고체를 일그러뜨릴 때에는 밖에서 일을 하지 않으면 안 되는데, 반대로 일그러짐이 원래대로 돌아올 때 고체는 외부에 대해 일을 한다. 이것은 일그러진 고체에는 에너지가 축적되어 있음을 나타낸다. (1-10절)에서 본 용수철의 신축은 그 간단한 예이다. 전기장이나 자기장도 이와 비슷하다. 예를 들어 (그림 7-4)와 같이 자석의 N극과 S극을 마주 보게 놓으면 두 극 사이의 공간에는 자기장이 생긴다.

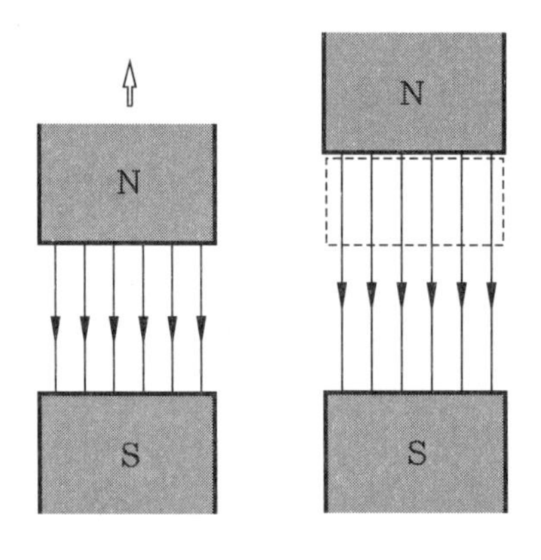

그림 7-4 자기장에너지. 자석을 떼어 놓을 때 쓴 일은 자기장의 에너지로 축적된다.

자석의 두 극은 서로 끌어당기므로 그것을 떨어뜨리려면 외부에서 일을 해야 하지만, 반대로 자석은 원래 위치로 돌아올 때 외부에 대해 일을 한다. 이때 에너지는 두 극 사이의 공간에 자기장의 에너지로서 축적된다고 생각한다. 두 극을 떼어 놓으면 자기장이 발생하는 영역의 부피가 증가하므로 자기장의 에너지도 증가한다. 자기장의 세기를 H라고 하면 그 에너지는 단위 부피당

$$\frac{1}{2}\mu_0 H^2 \quad \cdots\cdots \quad (식\ 7\text{-}1)$$

이 된다. μ_0는 전자기학에서 투자율(透磁率)이라고 불리는 양이다.

다시 초전도체 설명으로 돌아가자. 자기장 안에 놓은 금속을 초전도 상태로 하면, 자기장의 세기가 임계자기장(7-3절)을 초과하지 않으면 (그림 7-3(b))와 같이 자기장은 마이스너효과에 의해 초전도체 밖으로 밀려나온다. 이때 자기장에너지는 어떻게 변할까. 자기장이 초전도체에서 밀려나오면 초전도체 내부의 자기장은 소멸되므로 자기장이 있는 영역의 부피는 초전도체 분량만큼 감소한다. 그러나 동시에 초전도체 밖의 자기장은 압축되어 강해진다. 가령 자기장이 원래 부피의 절반으로 압축되었다고 하자. 이때 외부 자기장의 세기는 두 배가 되므로 (식 7-1)에 의해 단위 부피당 자기장에너지는 네 배가 된다. 결국 이 경우, 자기장에너지는 밀도가 네 배, 부피가 1/2이 되어 두 배로 증가하게 된다. 이와 같이 일반적으로 초전도체를 자기장 속에 놓으면 자기장이 압축되어 자기장에너지가 증가한다. 계산해 보면 에너지 증가량은 초전도체의 부피를 V로 하여 다음 식과 같이 된다.

$$\Delta E = \frac{1}{2}\mu_0 H^2 V \quad \cdots\cdots \quad (식\ 7\text{-}2)$$

이 상황은 물체를 물에 가라앉힐 때와 매우 비슷하다. 물체를 가라앉히면 (그림 7-5(a))처럼 물이 물체의 부피만큼 배제되어 밀려 올라오고 그만큼 물의 위치에너지가 증가한다.

물체에 작용하는 부력(浮力)은 물이 자신의 에너지를 줄이듯이 원래대로 돌아오려고 물체를 밀어내는 힘이라고 생각해도 좋다. 이와 마찬가지로 자기장 속에서는 초전도체에 부력이 작용한다. (그림 7-5(b))처럼 초전도체를 자기장 위에 놓으면 자기장이 물 역할을 하여 초전도체를 밀어 올린다. 자기장이 충분히 강하면 초전도체를 뜨게 할 수 있다.

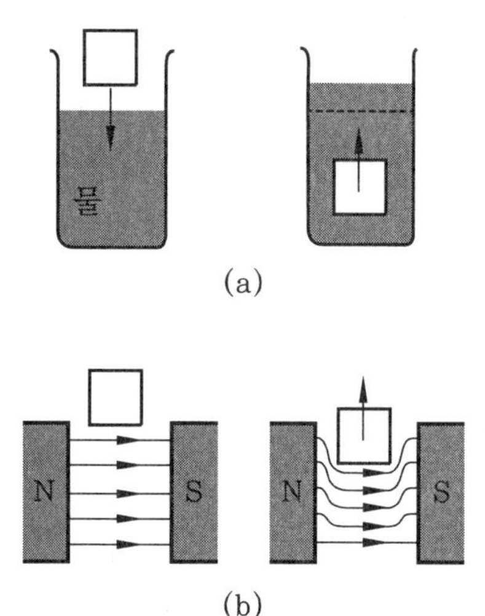

그림 7-5 물체가 물에 뜨는 것
(a)과 마찬가지로 초전도체는 자기장에 뜬다(b).

이 현상은 초전도체와 자석 간에 반발력이 작용하는 것으로 이해할 수도 있다. 초전도체를 영구자석의, 예를 들어 N극에 접근시키면 초전도체는 반대 방향인 자석이 되어 영구자석에 가까운 쪽에 N극이 나타난다. N극끼리 서로 반발하게 되는 셈이다. 물론 두 영구자석인 N극끼리를 접근시켜도 반발하지만 이 경우에는 한쪽 자석에서 손을 떼면 그 자석은 반회전하여 S극이 N극에 붙어 버린다. 자석 위에 자석을 뜨게 하는 것은 어렵다.

7-3 임계자기장

도선으로 코일을 만들어 전류를 흘리면 코일 속에는 전류의 세기에 비례한 자기장이 생긴다. 이것이 바로 전자석이다. 강한 자석을 만들고 싶으면 원리적으로는 대전류(大電流)를 흘리기만 하면 된다. 그러나 실제 문제로서는 대전류를 흘리려면 막대한 전력이 필요하고, 또 열이 대량 발생하기 때문에 냉각하는 것이 큰 문제이다. 이것은 에너지 절약정신에도 반한다. 만약 초전도체로 코일을 만들 수 있다면 전기저항이 제로이므로 아무리 전류를 흘려도 열은 발생하지 않고 전력도 소비하지 않는다. 그렇다면 이런 어려움을 한 번에 해결할 수 있지 않을까. 하지만 이 아이디어는 쉽게 실현되지 않았다. 초전도체를 자기장 속에 놓으면, 자기장의 세기가 어느 값을 넘으면 초전도상태가 무너져 금속은 보통 상태로 돌아가 버리고 만다.

초전도상태가 무너지는 자기장의 세기를 **임계자기장(臨界磁氣場)**이라고 한다. 임계자기장은 온도에 따르며, 절대0도일 때 가장 높고 온도가 오를수록 낮아진다. 임계자기장은 온도의 함수로 표시하면 (그림 7-6)처럼 된다.

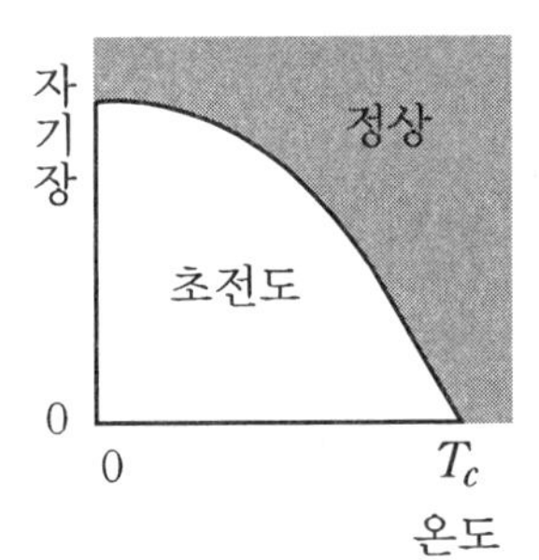

그림 7-6 초전도체의 임계자기장

그림에서 온도와 자기장이 곡선 아래쪽 영역에 있으면 금속은 초전도상태에 있고, 곡선 위쪽 영역에서는 정상상태에 있다. 온도와 압력이 여러 가지 값을 취할 때, 물질의 상태가 어떻게 되는가를 표시하는 것이 상평형도인데(예를 들어 헬륨의 경우 그림 5-2), 이 그림도 금속의 상태에 관한 상평형도의 일종이라고 볼 수 있다.

자기장에 의해 초전도상태가 무너지는 이유는 초전도의 미시적인 기구까지 파고들지 않더라도 이해할 수 있다. 금속이 저온에서 초전도가 되는 이유는 어찌되었든 정상상태보다도 초전도상태 쪽이 전자에너지[19]가 낮아지기 때문이다. 즉, 정상상태에서의 금속의 전자에너지를 단위 부피당 E_n, 초전도상태에서의 그것을 E_s라고 하면 $E_n > E_s$가 된다. 한편 앞 절에서 본 바와 같이 자기장이 가해지면 초전도상태에서는 자기장에너지가 (식 7-2)의 분량만큼 정상상태보다도 높다. 자기장 속에서 초전도상태가 실현되기 위해서는 이 자기장에너지의 증가분을 포함하여도 초전도상태 쪽이 정상상태보다 에너지가 낮지 않으면 안 된다. 즉, 단위 부피당으로 비교하면 정상상태의 에너지는 E_n, 초전도상태의에너지는 자기장에너지의 증가분을 포함하여 $E_s + \frac{1}{2}\mu_0 H^2$이므로 초전도상태가 실현되기 위한 조건은

$$E_n > E_s + \frac{1}{2}\mu_0 H^2, \quad \text{따라서} \quad E_n - E_s > \frac{1}{2}\mu_0 H^2$$

이다. 이 조건은 자기장의 세기가

$$\frac{1}{2}\mu_0 H_c^2 = E_n - E_s \quad \cdots\cdots\cdots\cdots (\text{식 } 7\text{-}3)$$

으로 정의되는 H_c를 초과하면 충족되지 않게 된다. 즉, $H > H_c$에서는 초전도상태 쪽이 에너지가 높아지고 금속은 정상상태로 돌아온다. 초전도가 되면 마이스너효과로 자기장이 밀려나오므로 자기장 쪽에 무리가 가해지고, 자기장이 너무 강해지면 이 무리가 소용없어져 초전도상태가 무너지는 셈이다. 이 H_c가 초전도의 **임계자기장**이다. 위에서와 같은 열역학적인 고찰에 의해 결정되는 것이기 때문에 **열역학적 임계자기장**이라고도 한다.

---

19) 이 논의에서 생각하는 에너지는 정확하게 말하면 (식 2-19)에서 정의한 자유에너지다.

처음에 기술한 강한 전자석을 만들려면 임계자기장이 높은 초전도체를 사용할 필요가 있다. 근자에 그와 같은 초전도 재료가 개발되어 초전도자석은 실용화되었다. 여기서 사용되고 있는 초전도체는 자기장 속에서의 성질이 이 절에서 기술한 것과 약간 다르다. 이에 관해서는 (7-8절)에서 기술하기로 하겠다.

7-4 전자 간의 인력

초전도는 그것을 담당하는 전자가 헬륨원자와는 달리 전하를 가지고 있는 것을 예외로 하면 액체헬륨의 초유동과 많이 비슷하다. 초유동은 헬륨원자의 보스응축에 의한 것이었다. 그것다면 초전도는 전자의 보스응축인 것일까. 페르미입자인 전자가 보스응축을 일으키는 것은 반드시 불가능한 것이라고는 할 수 없다. 전자 두 개가 결합하여 '분자'를 만들면 된다. 짝수개의 페르미입자로 만들어진 복합입자는 보스입자로서 행동하므로 '2전자분자'는 보스응축을 일으킬 수 있다.

그러나 전자가 결합하려면 인력이 필요하다. 전자 간에 작용하는 쿨롱력은 금속 속에서는 차폐되어 약화되기는 하지만 결코 인력은 되지 않는다. 금속 속에서는 무엇인가 인력을 만들어 내는 것이 있는 것일까. 우리는 (6-6절)에서 금속의 전기저항이 전자와 이온 진동과의 충돌에 의해 생기는 것을 알았다. 전자와 이온 간에 작용하는 힘은 전자운동에 대해 이것과는 다른 방식으로도 영향을 미친다. 전자는 이온을 끌어당기므로 주위의 이온배열을 일그러뜨린다. 전자가 움직이면 그 주위의 이온배열의 일그러짐도 전자를 따라 움직인다. 이것은 탄력 좋은 매트 위에 무거운 구슬을 올려놓았을 때의 상황과 비슷하다(그림

7-7(a)). 구슬은 매트에 가라앉고, 구슬이 움직이면 매트의 움푹한 곳도 구슬을 따라 움직인다.

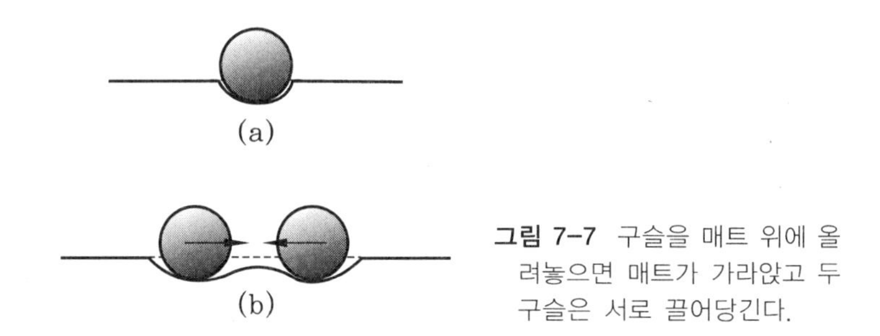

그림 7-7 구슬을 매트 위에 올려놓으면 매트가 가라앉고 두 구슬은 서로 끌어당긴다.

그럼 구슬 두 개를 매트 위에 놓으면 어떻게 될까. 이것은 실제로 실험해 보는 것이 가장 좋은데, 어느 정도 접근하면 구슬 두 개가 서로 끌어당기는 것을 알 수 있다. 구슬이 접근하면 매트의 변형은 (그림 7-7(b))처럼 두 구슬 사이 부분에서 커진다. 그 결과, 매트의 반발력이 두 구슬을 접근시키는 방향으로 작용하게 된다. 금속 속의 전자의 경우에도 같은 일이 일어난다고 생각된다. 전자 두 개가 접근하여 각 전자 주위에 발생한 이온배열의 일그러짐이 서로 겹치면 전자 간에 인력이 작용하게 된다.

단, 이 논의에서는 전자 주위의 이온배열의 일그러짐이 전자의 움직임에 딱 붙어서 움직이는 것을 전제로 하였다. 실제로는 일그러짐은 순식간에 이동할 수 있는 것이 아니고 전자의 움직임이 너무 빠르면 따라가지 못한다. 이러한 사정 때문에 이 이온배열의 일그러짐이 중개가 되는 전자 간 인력은 전자 두 개가 페르미면 가까이 있을 때에만 작용하는 것을 알 수 있다. 전자 간에는 원래 쿨롱의 척력이 작용하고 있다. 위에서 기술한 기구에 의한 인력이 이 척력에 이기면 거기서 두 전자의 결합이 생길 가능성이 생긴다.

금속이 초전도가 되는 데 이 이온의 운동이 관련되어 있음을 나타내는 실험사실이 있다. 그것은 전이온도에 대한 동위원소의 효과이다. 금속원소의 경우에도 헬륨에 두 종류의 동위원소가 있는 것과 마찬가지로 안정된 동위원소가 몇 개 있는 것이 일반적이다. 동위원소는 원자핵 속의 중성자수가 약간 다를 뿐 원자 속의 전자상태 등은 전적으로 같다. 따라서 동위원소를 적당한 비율로 섞어 금속을 만들어도 금속 속의 전자상태는 전혀 변함이 없다. 만약 초전도가 전자의 성질만으로 결정되고 이온의 운동과는 전혀 관련이 없다고 한다면 전이온도도 동위원소의 혼합방식에 의해 변할 리가 없다. 하지만 실제로 실험을 해 보면 이온의 질량이 무거워질수록 약간이지만 온도가 낮아진다. 이것은 명확히 초전도에 이온의 운동이 관계되어 있음을 나타낸다.

위에서와 같이 이온배열의 일그러짐으로 인해 생기는 전자 간 인력이 초전도의 원인이라고 한다면 이온이 무거울수록 일그러짐은 움직이기 어렵고, 따라서 인력이 작용하는 영역이 좁아져 전이온도가 낮아진다고 생각된다.

7-5 전자쌍의 형성

두 입자의 결합이 발생하기 위해서는 입자 간에 인력이 작용하는 것이 꼭 필요하지만 인력이 작용하면 반드시 결합하는 것도 아니다.

그 좋은 예가 헬륨원자의 경우이다. 헬륨원자 간에는 (그림 5-3)에서 제시한 것과 같은 힘이 작용하고 있다. 힘은 두 원자가 떨어진 영역에서 인력이 되고, 퍼텐셜에너지는 원자가 약 2.7Å 떨어진 곳에서 최소가 된다. 따라서 두 원자가 이 거리를 두고 정지하고, He_2라는 분자가 생겨도 좋은 것처럼 보인다. 그러나 실제로 헬륨은 불활성이어서 화학결합을 하지 않는다.

이와 같은 결합이 생기지 않는 이유는 압력을 가하지 않으면 헬륨은 절대0도까지 액체상태 그대로인 것과 마찬가지로서, 양자역학의 효과이다. 원자가 좁은 영역에 국재하면 그에 수반하여 불확정성원리에 의한 양자역학적인 운동에너지의 증가가 일어난다. 따라서 퍼텐셜에너지의 이득이 별로 크지 않을 때에는 원자는 결합하지 못한다. 불확정성원리에 의한 운동에너지의 증가는 입자의 질량이 가벼울수록 크다. 전자의 질량은 헬륨원자의 7000분의 1에 불과하고, 거기에 이온배열의 일그러짐으로 인한 인력은 그다지 강하다고는 생각되지 않는다. 그래도 전자의 결합은 일어날 것인가.

여기서 전자는 두 개만이 고립되어 있는 것이 아니라 금속 속에 다른 다수의 전자와 함께 있다는 것은 상기하자. 가령 주목하는 두 전자와 다른 전자 사이에 작용하는 힘은 고려하지 않아도 된다고 쳐도 다른 전자의 존재를 완전히 무시할 수는 없다. 그것은 전자 사이에 파울리의 배타원리가 작용하고, 그것이 두 전자의 운동을 제한하기 때문이다. 금속 속에서는 절대0도이면 페르미면보다 아래 상태는 모두 전자에 점유되어 있어 들어갈 틈이 없다. 따라서 주목하는 두 전자가 자유롭게 취할 수 있는 상태는 페르미면보다 위에만 있는 셈이 된다.

입자 두 개가 진공 중에 있을 때, 그것이 어떤 경우에 결합하는지를 다시 한 번 생각해 보자. 진공 중에서는 입자의 운동에너지가 가장 낮은 상태는 물론 운동량이 제로인 상태이다. 그러나 두 입자가 함께 그 상태에 있다고 하면 불확정성원리에 의해 입자 간의 거리는 전혀 정해져 있지 않다. 이래서는 입자 간에 인력이 작용하고 있어도 그 퍼텐셜에너지를 얻을 수 없다. 인력의 에너지를 얻으려면 두 입자가 결합하여 입자 간의 거리가 그다지 넓어지지 않은 상태가 될 필요가 있다. 그와 같은 결합상태의 파동함수는 여러 가지 파장의 파동, 즉 여러 가지 운동량상태의 중합으로 만들 수 있다.

중합에 따라 운동에너지가 증가하지만 한편에서는 인력에너지의 이득이 생긴다. 실제로 결합상태가 되는지 어떤지는 이 손득(損得) 계산으로 결정되는 것이므로 인력이 작용하면 언제나 결합한다고는 단정할 수 없다.

금속 속 두 전자의 결합에 대해서도 사정은 기본적으로 변함이 없다. 단, 파울리의 배타원리 때문에 중합에 이용할 수 있는 한 전자의 상태가 페르미면보다 위에만 국한되어 있는 점이 진공 중의 경우와 큰 차이이다. 결합하려고 하는 두 전자에 있어 페르미면보다 아래 상태가 존재하지 않는 것도 마찬가지로, 페르미면상의 상태가 진공 속에서 말하면 입자가 정지한 상태에 대응한다고 생각해도 좋다. 결합한 두 전자의 에너지를 낮게 하려면 운동에너지의 손실을 가급적 적게 해야 한다. 그래서 운동에너지가 낮은, 한 입자상태를 어느 정도 이용할 수 있는가를 진공 속과 금속 속에서 비교해 본다. 진공 속에서 그것이 운동량공간의 원점 주위의 좁은 영역에 국한되어 있는 것에 비해 금속 속에서는 페르미면상에 넓게 존재하고 있다. 후자 쪽이 이용할 수 있는 상태의 수가 많다. 즉, 금속 속 쪽이 적은 운동에너지의 손실로 다수의 상태를 결합에 이용할 수 있는 셈이다. 그만큼 결합에 유리한 상황으로 되어 있다고도 할 수 있다. 정량(定量)적으로 조사해 보면 금속 속에서는 전자 간에 인력이 작용하면 그것이 아무리 약할지라도 전자는 반드시 결합하는 것을 알 수 있다. 주위에 다른 전자가 있으면 파울리의 배타원리에 의해 전자의 운동이 제한되어 움직이기 어려워지기 때문에 결합이 일어나기 쉽게 되어 있다고 해도 좋다.

물론 인력이 약하면 결합도 느슨해진다. 전자가 결합함으로 생기는 에너지의 이득은 작다. 그에 수반되는 전자 간의 평균 거리도 길어질 것이다.

결합상태로 인력에너지를 최대한 이용하려면 전자 두 개의 접근이 제한되어서는 곤란하다. 만약 두 전자가 같은 방향의 스핀을 가지고 있었다고 하면 파울리의 배타원리에 의해 동시에 같은 장소로 오는 것이 금지된다[20). 따라서 결합하는 두 원자는 반대 방향 스핀을 가지고 있어야만 한다. 두 전자의 스핀은 알맞게 상쇄되어 스핀이 제로인 결합상태가 생기게 된다.

7-6 전자쌍의 보스응축

앞 절에서는 페르미구상태에 있는 전자 속에서 특히 두 개의 전자에 주목하여, 그 전자 간에 인력이 작용할 때 그것이 아무리 약한 힘이라도 결합상태가 되는 것을 알았다. 그렇다면 금속 속에서 전자 전체에 무슨 일이 일어날까.

인력은 특정한 두 전자 사이에만 작용하는 것이 아니라 모든 전자 간에 작용하고 있다. 따라서 어느 두 전자가 결합하는 것이라면 같은 일이 모든 전자에 일어날 것이다. 이렇게 하여 자유롭게 돌아다니고 있던 전자집단은 결합한 전자쌍(電子雙)집단으로 변할 것임이 틀림없다. 전자쌍은 보스입자로 행동하므로 액체헬륨과 마찬가지로 기저상태에서는 중심운동량이 제로인 상태로 보스응축을 일으킨다고 생각된다. 이것이 바딘, 쿠퍼, 슈리퍼에 의해서 밝혀진 초전도상태에 있는 금속전자의 모습이다. 이 이론은 세 사람 이름의 머리글자를 따서 **BCS이론**이

20) (4-2절)에서 기술한 파울리의 배타원리는 하나의 양자상태에 두 개의 페르미입자가 들어갈 수 없다는 것이었다. 사실은 같은 일이 공간의 입자 위치에 대해서도 성립된다.

라고 한다.

전자쌍은 스핀이 제로인 상태에 있으므로 스핀을 갖지 않는 헬륨원자와 많이 비슷하다. 그러나 이 둘 사이에는 차이도 크다. 첫 번째 차이점은 초전도의 전자쌍이 월등하게 결합이 약한 점, 두 번째는 헬륨원자는 전하를 갖지 않지만 전자는 전하를 갖는 점이다. 헬륨원자도 전자나 핵자인 페르미입자가 결합한 복합입자인 것은 전자쌍의 경우와 다르지 않다. 그러나 헬륨원자의 경우, 전자가 원자핵에 결합해 있는 에너지는 매우 크고, 그것을 볼츠만상수로 나눠 온도 단위로 표시하면 약 10^5K에 이른다. 상온에서는, 더구나 양자응축이 일어나는 수 K의 온도영역에서는 전자의 결합이 끊어지는 것을 고려해야 할 필요는 전혀 없다. 결합이 강하기 때문에 결합한 전자의 넓혀짐도 좁아 수 Å 정도이다. 원자핵에서의 양성자나 중성자의 결합은 이보다 10만 배나 세다. 헬륨원자에서는, 합계 여섯 개의 페르미입자가 굳게 결합해 있어 언제나 일체가 되어 움직이고 있다. 따라서 원자가 페르미입자가 결합한 복합입자라는 사실을 잊고 보스입자 한 개로 간주해도 상관없다.

초전도의 전자쌍의 경우에는 뒤에서 나타내는 바와 같이 초전도로의 전이온도를 T_c라고 하면 k_BT_c가 결합에너지와 거의 같다고 생각된다. 전이온도는 높아야 고작 수 K 정도이므로 결합은 헬륨원자에 비해 매우 약하다. 결합에너지로부터 전자쌍의 넓혀짐을 어림잡아 보면 그것은 수천 Å에 이르는 것을 알 수 있다. 금속 속의 전자 간 평균 거리는 수 Å 정도이므로 전자쌍끼리 겹겹이 중합되어 있다. 초전도상태의 전자가 전자쌍집단이라고는 해도, 예를 들어 수소 기체가 H_2 분자집단인 것과 같은 의미로 '2전자분자'의 집단이라고 볼 수 있는 것은 아니다. 전자쌍끼리가 겹쳐 있으므로 상이한 쌍 사이에서 전자 교환이 빈번하게 일어난다. 전자 1과 전자 2가 전자쌍 A에 속하고, 전자 3과 전자 4가 전자쌍 B에 속하여···, 하는 등의 전자의 구분이 여기서는 전혀 의미가 없다.

다음으로 초전도상태에서 들뜬상태가 어떤 것이 되는가를 생각해 보자. 액체헬륨의 경우에는 운동량이 작을 때의 원자운동은 밀도의 파동으로 전파되고, 그것이 양자화되어 포논이 되었다. 초전도상태에서도 이와 비슷한 운동이 일어나는데, 그것은 전자밀도의 파동이 된다. 여기서 두 번째 차이점, 전자는 전하를 갖는 것이 중요해진다. 전자 간에는 장거리힘인 쿨롱력이 작용하고 있기 때문에 (6-3절)에서 본 바와 같이 전자밀도는 플라스마 진동으로서 높은 에너지를 갖게 된다. 낮은 에너지의 들뜬상태로서는 액체헬륨에서는 에너지가 너무 높아서 생각할 필요가 전혀 없었던 '입자'의 분해를, 즉 이 경우에서 말하면 전자쌍의 분해를 문제화해야 한다. 전자쌍의 결합에너지를 2Δ라고 하면, 이와 같은 들뜬상태를 만들어 내려면 최저 2Δ의 에너지가 필요하다. 분리한 전자는 각각 제멋대로 금속 속을 돌아다닌다.

전자가 페르미구상태에 있을 때는 에너지가 가장 낮은 들뜬상태는 페르미면 바로 아래 상태에서 바로 위 상태로 전자를 한 개 들어올린 것이다. 그 들뜬상태의 에너지는 거의 제로라고 생각해도 좋다. 엄밀하게 말하면 금속의 크기가 유한하면 전자상태의 에너지는 불연속이 되지만 금속이 거시적인 크기이면 상태의 에너지 간격은 매우 작아져 사실상 상태는 연속이라고 간주해도 좋다(3-11절). 따라서 페르미구상태에서는 들뜬상태의 에너지는 제로 상태에서 시작하여 연속적으로 분포하고 있다. 그것이 초전도상태가 되면 전자의 결합에 의해 2Δ의 차이가 생기는 것이다.

온도가 높아지면 초전도상태에 어떤 변화가 일어날까. 보스입자의 이상기체일 것 같으면 운동량 제로 상태로 응축해 있던 입자가 열적으로 들뜬상태가 되어 작아지고, 온도가 전이점 T_B에 이른 곳에서 응축입자는 소멸한다. 액체헬륨의 초유동상태에서도 거의 같은 일이 일어난다.

초전도의 경우에는 그것과 달리 전자쌍의 결합이 약하기 때문에 전자쌍이 열적으로 분해되기 시작한다. 분해가 진행되면 그만큼 전자쌍 자체의 수가 줄어서 응축 전자쌍의 수가 감소한다. 전자쌍을 만들지 않고 자유로이 돌아다니는 전자가 늘어나면 그것은 전자쌍의 결합을 약화시키는 작용을 하기 때문에 분해의 경향은 더욱더 촉진된다. 이렇게 하여 어떤 온도에 이르면 응축 전자쌍은 완전히 소실된다. 이것이 초전도상태에서 정상금속상태로의 상전이이다. 온도가 T일 때 전자가 갖는 열적인 에너지는 전자 한 개당 k_BT 정도이므로 이것이 결합에너지 Δ와 같아지는 시점에서 전자쌍의 분해가 완료된다고 보면 된다. 따라서 전이점은 대략 다음과 같은 식으로 주어진다.

$$T_c \cong \frac{\Delta}{k_B} \quad \cdots\cdots\cdots (식\ 7\text{-}4)$$

초전도상태에 있는 금속의 여러 가지 성질은 BCS이론에 의해 훌륭하게 설명되었다. 예를 들어 전자상태에 차이가 생기므로 페르미구상태에 비해 들뜬상태가 일어나기 어려워진다. 그 결과, 초전도상태가 되면 비열은 급속도로 감소한다. 그 밖의 성질에 대해서도 이론과 실험은 매우 잘 일치한다.

이처럼 전자 간에 극히 적은 인력이 작용하는 것만으로 전자의 기저상태는 이상기체 때의 페르미구상태와는 전혀 다른 것으로 변해 버리는 것을 알았다. 이것은 어떤 연유에서일까. 보스입자의 경우 혹은 페르미입자에서도 척력만이 작용하고 있는 경우에는 입자 간에 작용하는 힘은 이상기체의 성질을 그만큼 극단으로 바꾸지는 않았었다.

첫 번째로 말할 수 있는 것은 척력과 인력의 차이이다. 척력이 작용할 때 입자는 서로 피하면서 돌아다닌다. 입자끼리는 척력이 세게 작용하는 거리까지는 접근하지 않으므로 운동은 자동적으로 척력의 효과를 경감하듯이 일어나고 있다. 그리고 입자가 서로 떨어져 있으면 거기서 입자는 자유롭게 운동한다. 따라서 척력은 아무리 강해도 이상기체에서의 입자의 자유로운 행동을 현저하게 손상시키는 않는다. 하지만 인력의 경우에는 입자가 서로 끌어당겨 접근하므로 인력의 영향을 점점 더 강하게 받게 된다. 입자가 서로 끌어당겨 떨어질 수 없게 되면 거기서는 이제 개개 입자의 자유로운 운동은 전혀 볼 수가 없다.

두 번째로 페르미구상태가 갖는 일종의 무르기가 있다. 비교를 위해 (2-7절)에서 본 자성체문제를 복습하자. N개의 원자자석이 있고, 각 자석은 위아래 두 방향을 향할 수 있다. 가기장이 없고, 자석 간에 힘도 작용하지 않는다면 이 자성체의 에너지는 자석이 향하는 방향에 따르지 않는다. 원자자석이 향하는 방향이 다른 2^N개 상태의 에너지는 모두 같고, 이들 상태는 모두 이 자성체의 기저상태이다.

여기서 아무리 약해도 좋으니까 원자자석 간에 어떤 힘이 작용했다고 하자. 그렇게 하면 이 약한 힘이 자성체의 기저상태를 결정해 버린다. 예를 들어 인접하는 자석 간에 그것을 반대 방향으로 갖추려는 힘이 작용하면 자석이 위아래, 위아래…로 늘어선 상태(그림 2-7(b))가 기저상태가 된다. 이처럼 기저상태로서 같은 에너지상태가 많이 있을 때에는, 거기에 무엇인가 힘이 가해지면 그것이 아무리 약한 것일지라도 기저상태를 결정하는 데 있어 결정적인 역할을 하게 된다.

이 자성체의 예에서는 원자자석 간에 힘이 작용하지 않는다면 기저상태로서 2^N개의 상태가 있고, 엔트로피는 $S = k_B \ln 2^N = Nk_B \ln 2$가 되어 열역학 제3법칙이 성립되지 않는다. 그에 대해 페르미구의 기저상태는 단 하나로 제3법칙이 성립되어 있다. 그러나 기저상태의 바로 위에는 들뜬상태의 에너지가 대부분 제로인 들뜬상태가 다수 존재하고 있다. 비열이 T에 비례하는 것도 보스입자의 이상기체인 $T^{3/2}$나 액체헬륨의 T^3에 비하여, 이 상태가 열적으로 들뜬상태가 되기 쉬운 것을 나타내고 있다. 엔트로피는 일단 제로로는 되지만 일면에서는 기저상태로서 같은 에너지상태가 많이 있는 경우와 별로 다르지 않은 상황에 있다고 해도 좋다. 그런고로 무엇인가 힘이 작용했을 때 전혀 다른 성질의 상태로 변모해 버릴 가능성, 일종의 여림(무르기)을 감추고 있는 것이다.

7-7 자기장과 초전도

초전도의 전자쌍은 헬륨원자와는 달리 전하를 가지므로 전자쌍이 움직이면 전류가 흐르고, 전류는 주위에 자기장을 만들어 낸다. 또 외부로부터 자기장이 가해지면 전류에 힘이 작용한다. 초전도의 경우에는 액체헬륨의 초유동과 달리 자기장이 여러 가지로 영향을 미치는 것이 기대된다.

자기장이 전류에 미치는 힘은 전류와 자기장 양쪽에 수직인 방향으로 작용한다. 그것은 플레밍의 왼손법칙으로 설명되는 것으로 (그림 7-8)과 같이 왼손을 폈을 때 가운데손가락이 전류, 집게손가락을 자기장 방향이라고 하면 전류에 작용하는 힘은 엄지손가락 방향이 된다.

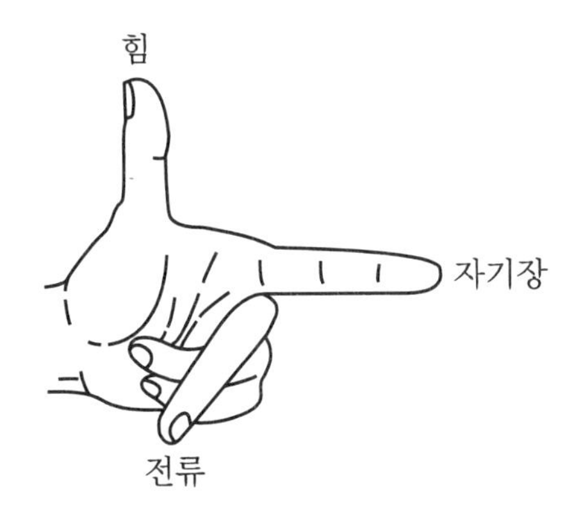

그림 7-8 플레밍의 왼손법칙. 자기장 속을 흐르는 전류에 작용하는 힘의 방향을 표시

전하 q가 속도 v로 움직이고 있을 때에는 속도와 자기장과 힘의 관계는 (그림 7-9(a))처럼 된다. 힘의 세기 F는 운동의 속도 v와 자기장의 세기 H에 비례하며, 특히 자기장과 운동의 방향이 직교하고 있을 때에는

$$F = qv\mu_0 H \quad \cdots\cdots \text{(식 7-5)}$$

가 된다. 이 자기장 속을 운동하는 전하입자에 작용하는 힘을 **로런츠힘** (Lorentz force)이라고 한다.

이와 같이 운동방향에 수직으로 작용하는 힘은 자기장이나 전류와 관계없는 역학에도 나타난다. 지구상에서 운동하는 물체에 작용하는 **코리올리힘**(Coriolis force)이라고 불리는 것이 그것인데, 지구의 자전이 원인으로 발생한다. 코리올리힘은 북반구에서는 운동방향이 수직으로 오른쪽을 향해 작용한다. 태풍이 저기압을 중심으로 왼쪽으로 돌고, 겨울철에 서쪽은 높고 동쪽은 낮은 기압배치로 북서풍이 부는 것은 대기의 기압차에 의한 힘뿐만 아니라 코리올리힘도 작용하기 때문이다. 이 경우에 자기장 작용을 하고 있는 것은 지구의 자전이며, 회전축, 운동방향과 힘의 관계는 로런츠힘의 경우와 같아진다(그림 7-9(b)).

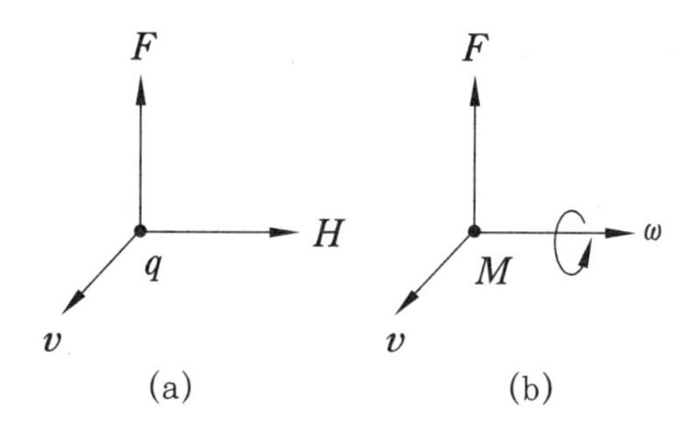

그림 7-9 로런츠힘(a)과 코리올리힘(b)

회전의 각속도를 ω, 물체의 질량을 M, 속도를 v로 하면, 특히 회전축에 수직으로 작용하고 있을 때의 코리올리힘은 다음 식과 같이 된다.

$$F = 2M\omega v \quad \cdots\cdots (식\ 7\text{-}6)$$

물론 회전하는 것의 위라고 하면 지구에 국한하지 않는다. 회전하는 커다란 원반 위에 올라가 물체의 운동을 보면 우리 눈에는 물체에 코리올리힘이 작용하고 있는 것처럼 보인다. 거기서의 물체의 운동은 (식 7-5)와 (식 7-6)을 비교하여 알 수 있듯이, 전하 q를 갖는 물체가 자기장 속에서 하는 운동과 완전히 같아진다.

$$H = \frac{2M\omega}{\mu_0 q} \quad \cdots\cdots (식\ 7\text{-}7)$$

이와 같이 회전과 자기장이 입자운동에 미치는 영향이 매우 비슷하므로 자기장 속의 초전도체는 회전하는 그릇에 들어 있는 초유동 헬륨과 같은 상황에 있음을 알 수 있다. 헬륨의 경우, 그 운동이 응축한 원자의 파동함수로 표시되기 때문에 그릇과 함께 고체처럼 회전할 수는 없음이 결론지어졌다(5-11절). 이것은 초유동 헬륨의 양자역학적인 성격을 나타내는 중요한 성질이다.

만약 헬륨이 고체적인 회전을 한다고 하면, 그 액체와 함께 회전하면서 보면 액체는 정지해 있는 것처럼 보이고 헬륨원자에는 코리올리힘이 작용한다. 이것은 초전도의 경우로 말하면 전자쌍에 로런츠힘이 작용하는 것에 해당하며, 초전도체 내부에 자기장이 고르게 들어가 있는 상태에 대응한다. 초전도도 또한 전자쌍이 보스응축한 상태이므로 그 양자역학적인 성격 때문에 이와 같은 상태로는 될 수 없다. 액체헬륨에서는 대신 액체 내부에 소용돌이가 생기지만 초전도체에서는 다음 절에서 기술하는 바와 같은 이유로 그 소용돌이에 대응한 상태가 생기기 어렵다. 이때문에 자기장은 초전도금속 내부로 전혀 들어가지 못하게 된다. 이것이 마이스너효과이다.

마이스너효과가 일어나 있을 때의 초전도체 모습을 좀 더 자세히 살펴보자.

(그림 7-10)과 같이 원통형 초전도체를 코일 속에 놓고 코일에 전류를 흘렸다고 하자. 전류는 코일 내부에 고른 자기장을 만들어 낸다. 코일을 감은 수를 단위 길이당 n회, 전류의 세기를 I라고 하면 자기장의 세기는 다음 식과 같이 된다.

$$H = nI \quad \cdots\cdots \text{(식 7-8)}$$

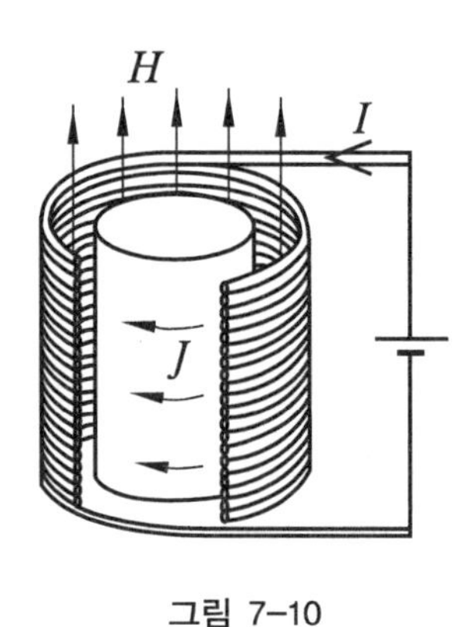

그림 7-10

초전도체 내부에서는 자기장이 제로가 되므로 이 코일이 만드는 자기장을 상쇄하듯이, 초전도체 표면에는 전류가 코일과는 반대 방향으로 흘러야 한다. 표면의 단위 길이당 흐르는 전류를 J라고 하면 J가 코일 nI에 해당하는 셈인데 그 크기는 (식 7-8)에 의해 다음 식과 같이 된다.

$$J = H \quad \cdots\cdots \text{(식 7-9)}$$

전류가 흐르고 있는 이 초전도체 표면을 좀 더 자세히 보면, 전류는 두께가 전혀 없는 기하학적인 표면에만 흐르고 있는 것은 아니다. 금속 표면의 어떤 두께 속을 흐르고 있는 것이다. 이 두께 밖의 가까운 영역에서는 자기장은 아직 완전히 소멸하지 않고 남아 있다. 두께 안쪽에서 처음으로 자기장은 제로가 되는 셈인데, 두께는 초전도체 안쪽에 자기장이 침입할 수 있는 깊이라고 하여도 좋다. 금속 표면에서 내부를 향해 자기장의 세기는 (그림 7-11)과 같이 변화하고 있다.

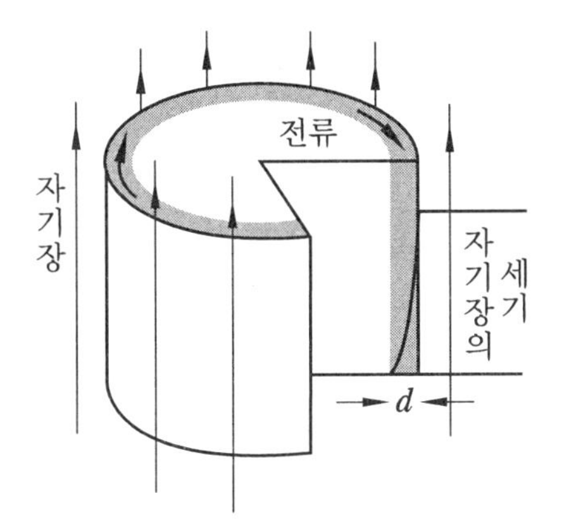

그림 7-11 자기장 속의 초전도체. 자기장은 깊이 d까지 침입한다.

자기장이 침입하는 깊이는 어느 정도일까. 그것은 이 표면층의 에너지가 가장 낮아지도록 자동적으로 결정되어 있다. 표면에 흐르는 전류의 총량은 (식 7-9)와 같이 밖의 자기장의 세기에 따라 정해져 있다. 표면층이 얇아지면 그만큼 전류를 흘리는 데는 좁은 영역을 전자쌍이 고속으로 움직이지 않으면 안 되게 되어 그 운동에너지가 증가한다. 다른 한편, 표면층의 두께가 늘어나면 그 부분에 자기장이 침입하여 자기장에너지가 증대한다. 전자는 두께를 크게 하는 방향으로, 후자는 그것을 작게 하는 방향으로 작용하여 실제 두께는 이 둘의 균형으로 결정된다. 이와 같은 고찰로부터 표면층의 두께 d는 다음과 같은 식으로 주어지는 것을 알 수 있다.

$$d = \sqrt{\frac{m}{2n_p\mu_0e^2}} \quad \cdots\cdots (식\ 7\text{-}10)$$

n_p는 전자쌍의 밀도이다. n_p의 크기는 물질에 따르므로 d도 물질에 따르지만 대체적인 크기는 100 Å $(=10^{-8}\mathrm{m})$ 정도가 된다. 다음 절에서 살펴볼 바와 같이 자기장이 침입하는 깊이가 이 정도로 되는 것은 초전도체의 자기장 속에서의 행동과 관련하여 중요한 의미를 가지고 있다.

다음으로 (그림 7-12)와 같은 형태의 원통형·도넛형 초전도체를 생각해 보자.

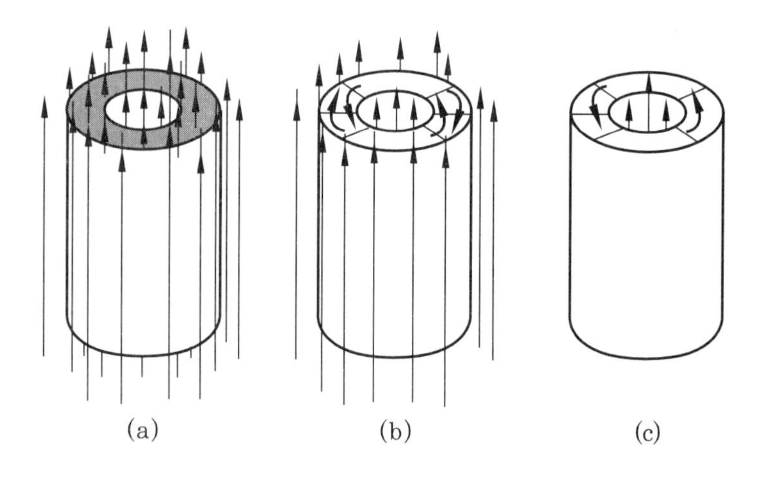

그림 7-12 자기장 속의 도넛형 초전도체. 정상상태의 금속(a)을 초전도상태로 하면(b) 초전도체 내부의 자기장은 밀려나오며, 밖의 자기장을 지우면(c) 중공(中空) 부분에만 자기장이 남는다.

처음에 이 금속을 고온의 정상상태에서 코일 속에 두고(그림 7-12(a)), 코일에 전류를 흘린 채 금속을 냉각하여 초전도상태로 만든다(그림 7-12(b)).

이때 금속 내부의 자기장은 마이스너효과로 제로로 되지만 안쪽의 중공(中空) 부분의 자기장은 소멸되지 않고 남는다. 초전도체 속의 전자쌍은 이때 어떠한 상태에 있을까

액체헬륨에서 이에 대응하는 경우는 (5-10절)에서 다룬 바퀴가 된 관 속의 흐름이다. 이 흐름에서 보스응축한 원자의 파동함수는 파면이 (그림 5-15)처럼 되고, 파장은 바퀴 길이의 정수분의 1값밖에 취하지 못한다. 그 결과, 초유동의 유속은 (식 5-8)과 같이 양자화된다. 유속 v에, 흐름에 따라 바퀴를 한 바퀴 도는 길이 L을 곱한 양을 만들면 n을 정수로 하여

$$Lv = \frac{nh}{M}$$

가 된다. 이것은 (5-11절)에서 소용돌이의 세기로 간주한 양의 양자화와 같은 관계이다. 또 바퀴의 반지름을 R, 헬륨의 회전운동의 각속도를 ω로 하면 유속은 $v=\omega R$, 바퀴의 길이는 $L=2\pi R$로 쓸 수 있으므로 이 식의 왼쪽 변은 $2\pi R^2\omega$가 된다. 따라서 위의 관계는 회전속도 ω에 대한 양자화로서 다음 식과 같이 적을 수 있다.

$$\pi R^2 \omega = \frac{nh}{2M} \quad \text{(식 7-11)}$$

초전도체 설명으로 다시 돌아가겠다. (그림 7-12)와 같은 바퀴 속 전자쌍의 파동함수도 응축한 헬륨원자와 같은 상태밖에 취하지 못한다. 그러나 전하를 갖는 입자의 경우에는 파장 λ인 파동함수가 속도 $v=h/M\lambda$로 회전하는 입자의 상태를 나타낸다고만은 할 수 없다. 실제로 초전도상태에서는 표면 가까이에서만 전류가 흐르므로 내부의 전자쌍은 움직이지 않는다. 그렇다면 전자쌍의 파동함수가 파장 λ인 파동이라고 한다면 그것은 전자쌍의 어떠한 상태를 나타내는 것일까.

여기서 다시 한 번 초유동 헬륨의 회전과 초전도체에 가해지는 자기장이 같은 작용을 한다는 사실에 주목하기 바란다. 초전도의 전자쌍의 경우, 파장 λ인 파동함수는 사실 위에서 본 헬륨의 경우처럼 회전하는 상태를 나타내는 것이 아니라 자기장이 가해져 있을 때의 상태를 나타내는 것이다. 회전의 각속도와 자기장의 세기 관계는 (식 7-7)에서 $q=2e$, $M=2m$으로 써서

$$\mu_0 H = \frac{2m\omega}{e}$$

가 된다. 따라서 회전속도에 대한 양자화의 조건(식 7-11)을 이 대응관계를 사용하여 고쳐 쓰면 다음과 같이 된다.

$$\Phi \equiv \pi R^2 \mu_0 H = \frac{nh}{2e} \quad \text{(식 7-12)}$$

여기서 $\mu_0 H$는 전기자기학에서 자속밀도(磁束密度)라고 하는 양이다. Φ는 초전도체 바퀴에 둘러싸인 면적에 자속밀도를 곱한 것이므로, 바퀴에 둘러싸인 내부의 자속을 나타낸다. 얻어진 (식 7-12)의 관계는 자속이

$$\phi_0 = \frac{h}{2e} \quad \text{(식 7-13)}$$

을 단위로 하여 양자화되어 있음을 나타내고 있다.

이것은 초유동 헬륨에서의 소용돌이 세기의 양자화(식 7-11)에 대응하는 것으로, 초전도상태의 양자역학적인 성질의 표현이다.

(그림 7-12(b))의 경우에는 초전도체 내외의 표면에 전류가 흐르고 있다. 바깥쪽 표면전류는 코일이 형성하는 자기장이 금속 내부로 들어오지 못하도록 차단작용을 하고 있고, 안쪽 표면전류는 중공 부분의 양자화된 자속을 그 영역에 가두어 놓고 있다. 여기서 코일의 전류를 차

단하면 금속 바깥쪽 자기장이 소멸하므로 그것을 차단하고 있던 바깥쪽 표면전류도 동시에 소멸한다(그림 7-12(c)). 그러나 중공 부분의 자기장은 자속이 양자화된 채 남는다. 안쪽 표면전류는 이 양자화된 자속을 거기에 가두어 놓고 초전도체 바퀴 속을 언제까지나 계속 흐른다. 이것이 초전도체의 영구전류이다.

이 바퀴 속에 자속을 가두어 놓고 전류가 흐르고 있는 상태와, 자기장도 전혀 없고 전류도 흐르지 않는 상태를 비교한다면 명백히 후자 쪽이 에너지가 낮다. 그러나 예를 들어 자속이 $100\phi_0$에서 $99\phi_0$로 줄고, 그 분량만큼 전류가 감쇠하기 위해서는 ϕ_0만큼의 자속이 초전도체 내부를 통해 밖으로 빠져나가야 한다. 그러기 위해서는 다음 절에서 보는 바와 같이 초전도체의 내부에서 일시적으로 초전도상태가 무너지는 영역이 생겨야 한다. 거기서는 에너지가 높아진다. 즉, 헬륨의 초유동 경우와 꼭 같은 사정이 있어, 전류의 세기와 에너지의 관계는 (그림 5-16)처럼 된다. 따라서 자속이 ϕ_0만큼 감소하면 에너지가 감소할지라도 초전도체의 전자상태는 도중의 높은 에너지 산을 넘지 못하고, 전류가 감쇠하는 일 없이 계속 흐른다.

7-8 두 종류의 초전도체

초전도의 전자쌍이 헬륨원자와 또 다른 점은 페르미입자의 결합이 약하다는 것이었다. 결합이 약하기 때문에 전자쌍은 금속에 따라서는 10^4 Å 나 넓어져 있다. 이 전자쌍의 넓어짐이 크다는 것은 초전도의 행동에 어떤 영향을 미칠까.

초전도상태가 어떤 원인으로 금속 속의 한 점에서 무너졌다고 하자. 어떤 점에서 전자쌍이 무너지면 넓어짐을 갖는 전자쌍이 소실됨으로 영향은 그 전자쌍이 넓어져 있던 영역 일대에 미친다. 즉, 전자쌍이 넓어진 길이를 ξ로 하면, ξ는 공간의 어느 점에서 무너진 초전도상태가 원래대로 돌아오기 위해 필요한 길이라고 볼 수 있다. 초전도상태는 공간적으로 ξ의 거리에서 서로 관계하고 있다. 그런 의미에서 ξ를 **코히어런스(coherence) 길이**라고 한다[21]. 초전도의 특징은 그것이 10^4 Å 라고 하듯이 원자적인 규모에 비해 월등하게 긴 사실이다. 초유동 헬륨의 경우에는 특히 코히어런스 길이라는 것에 주의하지 않았는데 그것은 ξ가 원자 간 거리와 같은 정도의 길이에 지나지 않았기 때문이다.

(5-11절)에서 본 바와 같이 액체헬륨을 넣은 그릇을 회전시키면 액체 속에 양자화된 소용돌이가 발생한다. 초전도체에 자기장을 가한 때에도 이에 상당한 일이 일어나지 않을까. 헬륨 소용돌이 주위에서는 액체가 회전하고 있다. 그것은 초전도의 경우로 번역하면, 금속 내부에 부분적으로 자기장이 침입하는 것을 의미한다. 초유동 헬륨 속에 소용돌이가 발생할 때에는 그 중심부분에서 초유동상태가 무너져 있는데, 마찬가지로 초전도체 내부에 자기장이 침입한다고 하면 그 영역 중심부분에서는 초전도상태가 무너져 전자는 정상상태로 돌아와 있어야 한다. 초전도상태가 무너질 때에는 그 영향이 코히어런스 길이 ξ 정도의 먼 곳까지 미치므로 자기장이 침입하는 영역에서는 그 중심의 반지름 ξ 영역에서 초전도상태가 어느 정도 무너져 버리게 된다. 그 둘레에서는 고리 형상으로 전류가 흘러, 정상 영역에서 침입한 자기장이 초전도 영역에 깊이 들어가는 것을 막는다.

앞 절에서 본 바와 같이 전류가 흐르는 영역의 깊이는 d이므로

---

21) 코히어런스(coherence)는 결합의 긴밀함, (문체 등의) 일관성을 의미한다.

$d > \xi$라고 하면 자기장이 침입한 부분의 구조는 대략 (그림 7-13)과 같이 된다.

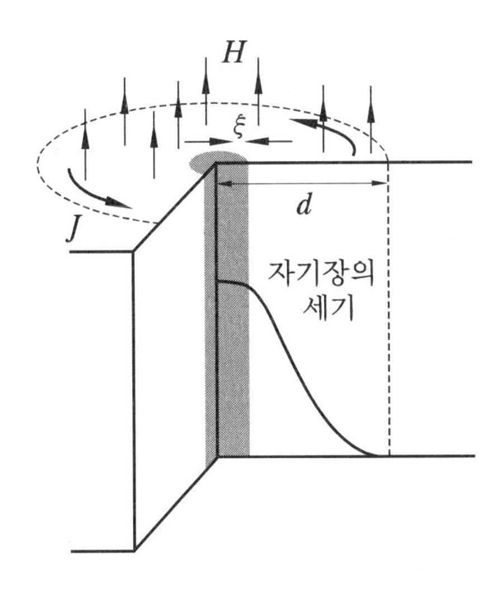

그림 7-13 초전도체에 침입한 자속의 와사

이 침입한 자기장은 둘레가 초전도 영역으로 둘러싸여 있으므로 꼭 (그림 7-12)의 원통 중공 부분의 자기장과 같은 상황에 있다. 따라서 그 자속 Φ는 (식 7-12)처럼 양자화되어 있어야 한다. 꼭 초유동 헬륨의 소용돌이 세기의 양자화와 동일하게 되어 있다. 뒤에서 설명하겠지만 초전도의 경우에도 자속은 $n=1$의 최저 단위인 **자속의 와사(渦絲_소용돌이 줄)**로 나누는 편이 에너지가 낮으므로 실제 n이 2보다 크고 굵은 와사를 생각할 필요는 없다.

그럼 초전도체에 자기장을 가했을 때, 이와 같은 양자화된 자속의 와사는 내부에 침입하게 될까. 액체헬륨에서는 그릇을 회전시키면 바로 와사가 발생한다고 생각해도 좋지만 초전도체의 경우에는 그렇게 간단하게는 침입하지 않고 마이스너효과를 발견할 수 있다. 자속의 와사가 침입하는지 어떤지를 판정하려면 침입에 따른 에너지의 득실을 조사하여 보면 된다. 우선 한 줄의 자속 와사가 침입했을 때의 외부 자기장의 에너지 변화를 생각해 보자. (식 7-2)에서 본 바와 같이 마이스너효과가 일어나면 외부에서는 밀려나온 자기장이 압축되어 자기장의 에너지가 증대한다. 자속이 침입하면 반대로 압축이 완화되어 자기장의 에너지는 감소한다. (식 7-1)과 같이 자기장의 에너지는 자기장 세기의 2제곱에 비례한다. 따라서 자속의 침입에 동반하여 자기장이 ΔH만큼 약해져서 H에서 $H - \Delta H$로 변했다고 하면 에너지 감소는

$$H^2 - (H - \Delta H)^2 \cong 2H\Delta H$$

에 비례하여 일어난다.

이처럼 자기장 H가 강해질수록 자속의 침입으로 인한 자기장에너지의 감소는 크다.

초전도체 내부에서의 에너지 변화는 어떻게 될까. 우선 중심에 반지름이 ξ인 정상상태를 만들어 내려면 그만큼의 에너지 손실이 있지만 이밖에 자기장 에너지도 늘어난다. 자기장이 침입하는 깊이 d가 코히어런스 길이 ξ보다 훨씬 짧은($d \ll \xi$) 때에는 자속 ϕ_0은 대부분 반지름이 ξ인 정상 영역에 가두어져 있다. 이때의 평균 자기장 세기는 $\phi_0/\pi\xi^2\mu_0$이 되므로 자기장에너지는 단위 길이당

$$\frac{1}{2}\pi\xi^2\mu_0\left(\frac{\phi_0}{\pi\xi^2\mu_0}\right)^2 = \frac{\phi_0^{\ 2}}{2\pi\xi^2\mu_0} \quad \cdots\cdots\cdots\cdots \text{(식 7-14)}$$

이다. 반대로 d가 ξ보다 훨씬 긴 ($d \gg \xi$) 때에는 평균 자기장 세기는 $\phi_0/\pi d^2\mu_0$이 된다. 따라서 자기장 에너지는

$$\frac{1}{2}\pi d^2\mu_0\left(\frac{\phi_0}{\pi d^2\mu_0}\right)^2 = \frac{\phi_0^{\ 2}}{2\pi d^2\mu_0} \quad \cdots\cdots\cdots\cdots \text{(식 7-15)}$$

가 된다.

$2\phi_0$의 자속이 한 줄의 와사로 침입할 때에 필요한 에너지는 위의 계산에서 ϕ_0을 $2\phi_0$으로 하여 네 배가 되는 것을 알 수 있다. 그것이 ϕ_0의 두 줄 와사로 나눠진다면 에너지는 두 배로 족하므로 자속은 최소 단위인 와사로 분열하는 것이 에너지 입장에서 보아 유리하다. 따라서 초전도체 속에서는 자속은 최소 단위인 와사로 나뉜다고 봐도 좋다.

결국 이 자속의 와사를 만드는 데 필요한 에너지와 외부의 자기장 에너지의 감소의 손실 계산으로 자속이 침입하는지 어떤지가 결정된다. 외부 자기장이 약하면 에너지의 이득이 작기 때문에 자속은 침입하지 못한다. 또 d가 클수록 자속의 와사를 만들어 내는 데 에너지가 적어도 되므로 침입은 일어나기 쉽다. 즉, 여기서는

$$k = \frac{d}{\xi} \quad \cdots\cdots \text{(식 7-16)}$$

라는 비율이 초전도체의 성질을 좌우하는 중요한 파라미터가 된다. 실제로 에너지의 득실을 비교해 보면 κ의 값이 $1/\sqrt{2}$을 경계로 하여

$$\kappa < \frac{1}{\sqrt{2}} \quad \cdots\cdots \text{(식 7-17)}$$

일 때와

$$\kappa > \frac{1}{\sqrt{2}} \quad \cdots\cdots \text{(식 7-18)}$$

일 때, 초전도체는 자기장에 대하여 전혀 다른 성질을 나타내는 것을 알 수 있다. $\kappa < 1/\sqrt{2}$인 초전도체를 **제1종 초전도체**, $\kappa > 1/\sqrt{2}$을 **제2종 초전도체**라고 한다.

제1종 초전도체에서는 자속의 와사를 만들어 내는 데 필요한 에너지가 크므로 자기장이 H_c에 이르기까지 자속은 침입할 수 없다. 따라서 $H < H_c$인 때는 완전한 마이스너효과가 일어나 초전도체는 완전반자성

을 나타낸다. 자기장이 H_c를 넘으면 초전도상태가 무너져서 반자성도 소멸한다. 이때의 자기장과 반자성의 세기 관계는 (그림 7-14(a))와 같이 된다.

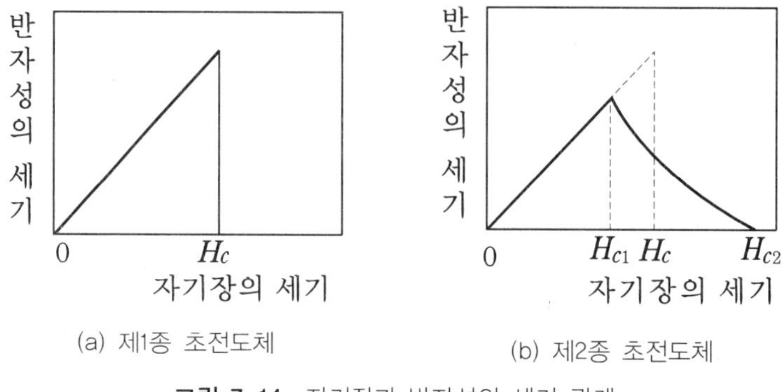

(a) 제1종 초전도체

(b) 제2종 초전도체

그림 7-14 자기장과 반자성의 세기 관계

제2종 초전도체에서는 자속의 와사를 만드는 데 에너지가 작아도 된다. 그러므로 자기장이 약한 동안에는 완전한 마이스너효과를 나타내지만 H_c보다 낮은 어떤 값에 이르면 초전도체 외부의 자기장에너지의 이득이 와사 생성에 필요한 에너지보다 커져서 와사의 침입이 시작된다. 이때의 임계자기장 H_{c1}을 **제1임계자기장**이라고 한다. 자기장을 더 세게 하면 침입하는 와사는 두 줄, 세 줄로 늘어난다. 그만큼 외부 자기장에 가해져 있던 무리가 완화되므로 자기장이 H_c에 이르러도 초전도상태는 무너지지 않는다. 결국 H_c보다 높은 제2임계자기장 H_{c2}에 이른 시점에서 자속의 와사가 초전도체 전체를 뒤덮어 금속은 정상상태가 된다. 자기장이 $H_{c1} < H < H_{c2}$ 범위에 있을 때 마이스너효과는 불완전해져 자기장과 반자성의 세기 관계는 (그림 7-14(b))와 같이 된다.

자기장이 $H_{c1} < H < H_{c2}$ 범위에서 제2종 초전도체가 취하는 상태는 회전하는 초유동 헬륨에서 소용돌이가 다수 발생한 상태와 매우 비

슷하다. 헬륨에서는 그릇을 회전시킨 순간에 이와 같은 운동이 일어난다고 생각했다. 헬륨의 코히어런스 길이가 짧고, 또 소용돌이 둘레의 헬륨의 흐름은 멀리까지 넓어져 있기 때문에 언제나 소용돌이가 생기는 편이 유리해진다. κ에 해당하는 파라미터가 매우 작고, 제1임계자기장에 해당하는 임계 회전 각속도가 매우 작다고 해도 좋다. 초전도의 경우에는 코히어런스 길이가 긴 것이 완전한 마이스너효과가 발생하는 원인이 되고 있다.

실제로 초전도 물질에서는 무엇이 제1종, 무엇이 제2종이 되느냐 하면 결합이 약하고 전이온도가 낮은 것은 코히어런스 길이가 길고 κ가 작기 때문에 제1종이 된다. 순수한 금속의 초전도체는 대부분 제1종이다. 이에 대해 결합이 강하고 전이온도가 높은 것은 코히어런스 길이가 짧고 κ가 크므로 제2종이 된다. 합금의 경우에는 몇 종류의 금속원자가 불규칙하게 늘어서 있기 때문에 그에 방해를 받아 코히어런스 길이가 짧아진다. 그때문에 합금의 초전도체는 대부분의 경우 제2종이 된다.

제2종 초전도체가 되는 물질에서는 κ가 크면 제2임계자기장은 H_c보다도 훨씬 높다. 이것은 실용상 매우 편리하다. 초전도금속으로 코일을 만들어 초전도자석을 만들 때, 강한 자기장을 발생시키려면 높은 자기장까지 초전도상태를 유지할 재료가 필요하며, 그러기 위해서는 제2종 초전도체를 사용하는 것이 좋다는 것을 알 수 있다. 현재 이런 목적으로 니오브(Niob)와 타이타늄 합금(titanium alloys)이 많이 사용되고 있다.

7-9 조셉슨효과

여기서 잠깐 초전도에서 벗어나 입자 한 개의 양자역학 문제를 생각해 보기로 하자. (3-8절)에서 진동자의 양자역학적인 운동을 생각했을 때, 우리는 파동함수가 고전역학으로 말하면 입자가 들어갈 수 없는 영역까지 넓어져 있다는 것을 알았다. 지금 (그림 7-15)와 같이 두 개의 골짜기를 갖는 퍼텐셜 속을 운동하는 입자가 있다고 하자.

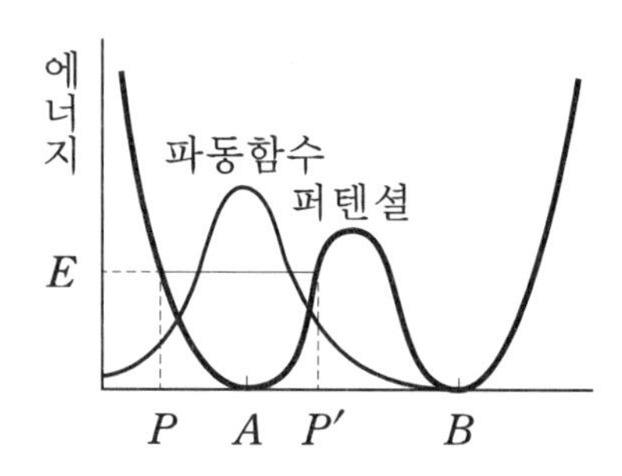

그림 7-15 두 개의 골짜기를 갖는 퍼텐셜

입자의 운동을 고전역학으로 생각한다면 이야기는 어렵지 않다. 처음에 입자가 A 골짜기 사이에 있었다고 하면, 입자의 에너지 E가 중앙에 있는 퍼텐셜 산의 높이보다 낮으면 입자는 A의 골짜기 사이에서 PP' 사이를 계속 진동한다.

한편 이 진동을 양자역학으로 생각하면 그 파동함수는 그림에서와 같이 넓어져 있다. 파동함수의 자락은 근소하지만 산을 넘은 B 골짜기까지 늘어나 있다. 이것은 B 골짜기 사이에서 입자가 모습을 보일 확률도 제로는 아니라는 것을 의미한다. 입자는, 말하자면 산 밑을 빠져나가 산 저쪽 편으로 나오므로 이 현상을 **터널효과(tunnel effect)**라고 한다.

입자가 일단 산을 빠져나가면 거기에는 산 이쪽 편과 같은 퍼텐셜 골짜기가 있다. 따라서 산을 빠져나간 입자는 이번에는 B 골짜기로 이끌려 거기서 진동을 시작한다. 즉, 양자역학에 의하면 입자는 에너지가 골짜기를 가로막고 있는 산의 높이보다 낮을지라도 한 개의 골짜기만으로는 진동을 계속하지 못하고 시간이 지나면 다른 골짜기로 옮겨 가 버린다. A에서 B로 옮겨 가도 마찬가지로 입자는 거기서도 언제까지나 머물러 있지 못한다. 결국 입자는 두 골짜기 사이를 왕복운동하게 된다. 다른 말로 표현하면, 하나의 골짜기에만 국재했던 파동함수의 상태는 정상상태가 아니다. 정상상태의 파동함수는 산을 빠져나가 양쪽 골짜기에 넓어진, (그림 7-16(a)) 또는 (그림 7-16(b))와 같은 형태가 된다.

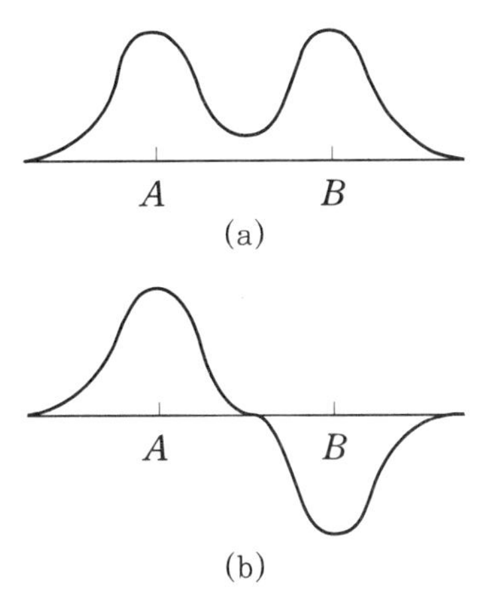

그림 7-16 두 골짜기의 퍼텐셜을 운동하는 입자의 정상상태

설명을 다시 초전도로 되돌려, 초전도가 되는 두 개의 금속을 그 사이에 두께 10Å 정도의 얇은 절연체를 끼워 접합한 것을 생각해 보자(그림 7-17).

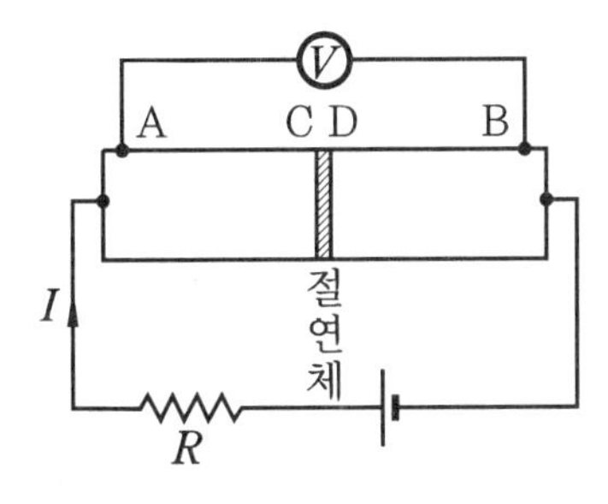

그림 7-17 초전도체의 접합

전자는 절연체 속을 자유롭게 돌아다닐 수 없다. 절연체 부분은 금속전자에 대해 퍼텐셜의 산 역할을 하고 있다. 그러나 이 경우도 전자의 파동함수는 절연체에 전혀 들어가지 못하는 것이 아니라 안까지 어느 정도 자락을 뻗고 있다. 따라서 절연체가 너무 두껍지 않으면 전자의 파동함수는 좌우 금속 사이에서 이어져 버린다. 이것은 초전도의 전자쌍의 파동함수에 대해서도 마찬가지이다. 온도를 낮추어 금속을 초전도상태로 하면, 절연체의 퍼텐셜 산을 터널효과로 빠져나와 좌우 초전도체에 걸친 전자쌍상태가 만들어진다.

이 접합한 금속에 그림에서와 같이 전지를 연결하여 전류를 흘린다. 금속이 정상상태에 있다면 AB 사이에는 전위차(電位差)가 생긴다. 금속 부분은 저항이 작고, 그에 비해 절연체 부분의 저항은 크므로 AC 사이, DB 사이의 전위차는 작아, 전위차는 대부분 CD 사이에 걸려 있다고 생각해도 좋다.

다음에 온도를 낮추어 금속을 초전도로 하고 다시 한 번 같은 실험을 하면, 이번에는 AB 사이의 전위차가 제로가 된다. 이것은 두 개의 초전도체가 절연체로 가로막혀 있음에도 불구하고 전체가 하나로 이어진 초전도체로 되어 있음을 나타낸다. 이것을 **조셉슨효과(Josephson effect)**라고 한다. 이것은 말하자면 거시적인 규모로 나타난 터널효과이다.

전류가 흐르고 있는 상태에서 전자쌍의 파동함수는 어떻게 되어 있을까. 절연체 영역에서는 파동함수는 양쪽에서 스며들어 간신히 제로는 되지 않고 오른쪽에서 왼쪽으로 이어져 있을 것으로 보이므로 그 값은 작을 것이다. 따라서 초전도 전류의 담당자인 전자쌍의 밀도도 그 영역에서는 작다. 그래서 한쪽 초전도체에서 절연체를 통하여 다른 쪽 초전도체로 전류가 균일하게 흐르고 있다고 하면 전자쌍은 초전도 내부보다 절연체에서 빠르게 움직이고 있는 것이 된다(그림 7-18).

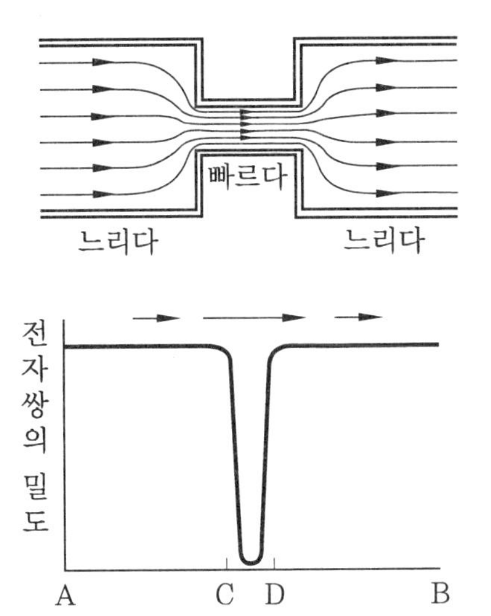

그림 7-18 조셉슨 접합의 초유동

이것은 물이 흐르고 있는 관의 일부가 가느다랗게 되어 있으면 그 부분의 물의 흐름이 빨라지는 것과 마찬가지이다.

우리는 (5-10절)에서 액체헬륨의 초유동 흐름이 파동함수의 파면이 만드는 등고선으로 표시되는 것을 알았다. 그것은 초전도 전류에서의 전자쌍의 흐름도 마찬가지이다. 접합한 초전도체에서의 흐름은 지도에 비유한다면 초전도체 부분이 경사가 완만한 평원이고, 경계의 절연체 부분에 급한 낭떠러지가 존재하는 것이 된다.

이 지도에 대응하는 파동함수는 초전도체 내부에서 거의 일정한 값을 취하고, 절연체 영역에서만 물결친 것이다. 그러나 파동함수는 절연체 속을 자유로이 전파(傳播)하지 않기 때문에 금속 내부처럼은 물결치지 못한다. 결국 양쪽 초전도체에서 스며든 파동함수의 형태는 (그림 7-16의 (a), (b))에 대응하여 (그림 7-19의 (a), (b))와 같이 될 것이다.

파동함수가 더 크게 변동하여 이어지는 것은 그림의 (b) 경우이다. 이때 양쪽 파동함수는 역부호로 되어 있어 절연체 영역에서는 반파장분의 변동을 하고 있다. 전자쌍의 파동함수는 절연체 속에서 이 이상 2회, 3회로 물결칠 수는 없다. 따라서 (그림 7-19(b))는 전자쌍이 절연체 속을 더 빨리 움직이고 있는 상태에 해당한다. 이때 흐르는 전류가, 이 접합을 흐를 수 있는 최대의 초전도 전류이다. 파동함수가 그림의 (a)와 같이 이어진 경우가 전류가 흐르지 않는 상태를 나타낸다.

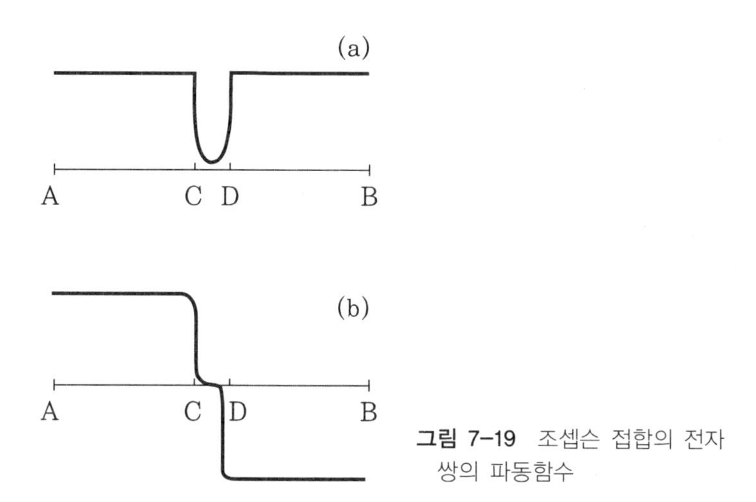

그림 7-19 조셉슨 접합의 전자쌍의 파동함수

이 접합 부분에 외부에서 전기장이나 자기장을 가하면 전자쌍의 파동함수가 민감하게 그 영향을 받아 변화한다. 우리는 말하자면 파동함수에 직접 손을 써서 그 변화하는 모습을 볼 수 있다. 이것은 거시적인 양자현상인 초전도체에서라면이라는 뜻은 아니다. 이 성질을 이용하여 조셉슨효과는 민감한 측정수단으로 사용되고 있다.

이와 같이 금속의 초전도는 전자쌍의 보스 응축으로서 그 전모가 명백해졌다. 카메를링 오너스의 발견에서 BCS이론이 출현하기까지는 긴 여정이었다. 그러나 일단 그 본질이 밝혀지자 그 후의 연구 진전은 참으로 놀라울 정도이다. 지금은 초전도자석이나 조셉슨효과를 이용한 정밀 측정 등, 초전도는 완전히 응용 단계에 들어섰다고 하여도 지나

친 표현이 아니다. 그러나 초전도의 발견과 해명이 갖는 의의는 이와 같은 응용면 뿐만이 아니다. 그것이 기초 과학의 한 분야로서 갖는 역할을 망각해서는 안 될 것이다.

* 고온 초전도체의 발견

1986년, 스위스의 베드노르츠(Bednorz, Johannes Georg : 1950~)와 뮐러(Müller, Karl Alexander : 1927~)는 란탄(Lanthan), 바륨(barium), 구리 산화물이 30 K을 넘는 온도에서 초전도가 되는 것을 발견했다. 이에 이어 높은 전이온도를 갖는 초전도체가 잇따라 발견되어, 한때 세계적으로 초전도 붐이라 할 수 있는 사회현상을 불러일으켰다. 전이온도가 100 K을 넘는 물질도 발견되었다. 이와 같은 고온 초전도체는 응용면에서도 중요하지만 기초 연구에도 새로운 문제를 제기하고 있다.

어째서 이들 물질은 높은 전이온도를 갖는 것일까. 초전도가 되려면 전자 간에 무엇인가 인력이 작용하지 않으면 안 된다. 여기서 눈길을 끄는 것은 이들 물질에서는 전이온도에 대한 동위원소의 효과(7-4절)가 매우 작다는 사실이다. 이것은 전자 간 인력에 이온의 진동 이외의 기구가 관련되어 있음을 시사한다. 그것은 무엇일까. 이들 물질의 초전도상태가 이제까지의 초전도체와 질적으로 다른 것인지 어떤지의 여부도 잘 알지 못하고 있다. 어찌되었든 자연은 우리에게 다시 새로운 한 페이지를 펼쳐 보인 것이다.

8장
헬륨 3의 액체와 고체

8-1 가벼운 헬륨원자

이제까지 이미 여러 번 거론한 바와 같이 헬륨에는 자연계에 존재하는 헬륨의 태반을 차지하는 질량수 4인 것(^{4}He) 이외에 안정된 동위원소로서 질량수 3인 것(^{3}He)이 있다. 자연계에는 미량밖에 존재하지 않지만 최근에는 원자로를 이용하여 리튬(lithium)의 원자핵에 중성자를 쪼여 원자핵 반응을 일으켜 인공적으로 만들 수 있게 되었다. 그 결과, 순수한 헬륨 3만의 물질로 실험하는 것도 가능해졌다.

헬륨 3은 헬륨 4에 비하여 원자핵 속의 중성자가 한 개 부족할 뿐 원자핵의 전하와 전자 수도 모두 같다. 원자의 화학적인 성질은 전자에 의해 결정되므로 헬륨 3도 화학적으로는 헬륨 4와 꼭 같은 행동을 하고, 또 원자 간에 작용하는 힘도 같아진다. 이 둘이 다른 점은 첫째로 질량의 차이이다. 헬륨 3 원자가 헬륨 4보다 핵자 한 개분만큼 가볍다. (5-2절)에서 다룬 q라는 파라미터(식 5-1)는 말하자면 그 물질의 양성자의 세기를 나타내는 것이라고 생각해도 좋다. q는 원자의 질량에 반비례하므로 (표 5-1)에 표시한 바와 같이 가벼운 헬륨 3이 헬륨 4보다 q의 값이 크고, 헬륨 3 쪽이 양자효과가 보다 강하게 나타난다고 기대된다.

(그림 8-1)은 헬륨 3의 상평형도이다.

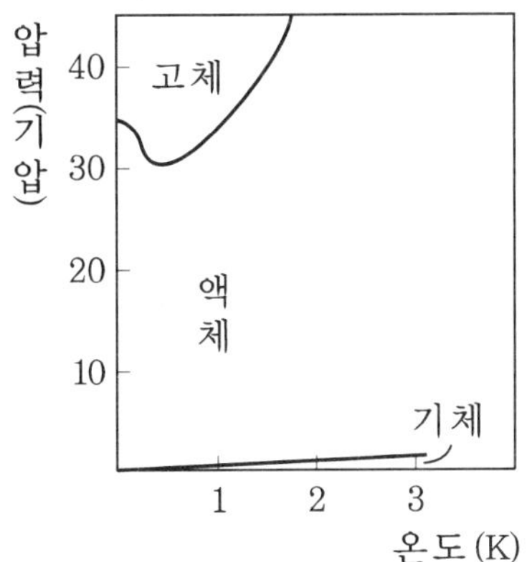

그림 8-1 헬륨 3(^{3}He)의 상평형도

(그림 5-2) 헬륨4의 상평형도와 비교해 보면 대체적인 모양은 매우 비슷하지만 양자성의 세기 때문에 절대0도에서 고체로 만들기 위해 필요한 압력은 약 35기압과, ^{4}He의 25기압보다 상당히 높게 되어 있다. 조금 세세한 것이지만 액체와 고체와의 경계 곡선이 저온 쪽에서 아래쪽 방향으로 기울어져 있는 점에 주의하기 바란다. 이 사실에 대한 의미에 관해서는 (8-5절)에서 살펴보겠다.

질량의 차이보다 더 본질적인 차이는 헬륨4 원자는 보스입자이지만 헬륨3 원자는 페르미입자라는 사실이다. (4-2절)에서 기술한 바와 같이 헬륨3 원자는 핵자 세 개와 전자 두 개로 구성되어 있으며, 홀수 개인 페르미입자의 복합입자이므로 페르미입자로서 행동한다. 핵자의 스핀이 1/2만큼 소멸되지 않고 남아 있기 때문에 그것은 원자핵의 스핀 1/2을 갖는 페르미입자가 된다. 그런 점에서는 전자와 유사한 성질을 갖는다.

이처럼 다른 점에서는 거의 같은 성질을 갖는 보스입자의 성질과 페르미입자의 성질이 있다는 것은 양자역학의 효과를 조사하는 입장에서 본다면 이렇게 안성맞춤인 것은 없다. 헬륨3은 저온 연구에 있어 참으로 귀중한 물질이라고 할 수 있다.

최근에 헬륨3은 저온을 만드는 데 있어서도 중요한 역할을 하고 있다. 헬륨 3은 헬륨 4 액체에 절대0도 가까운 저온에서도 약 6 %까지 녹을 수 있다. 헬륨 3이 녹는 것을 헬륨 3 원자에만 주목하여 관찰하면 헬륨 3 액체에서 진공 속으로 증발이 발생하는 것과 마찬가지로 보인다(그림 8-2).

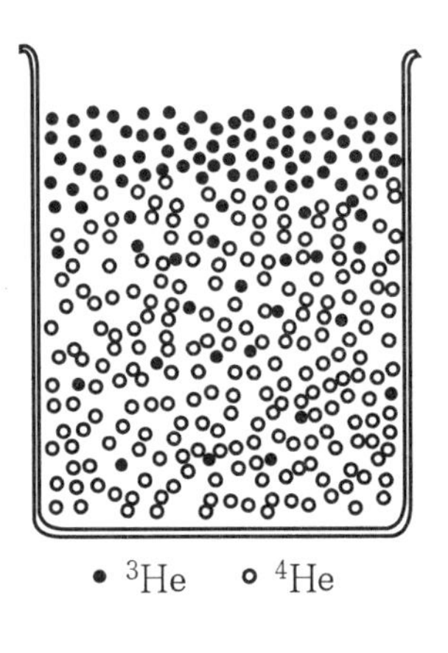

그림 8-2 헬륨 4에 헬륨 3이 녹는다. 헬륨 3 원자가 헬륨 4 액체 속으로 흩어져 가는 모습은 액체가 증발하는 것과 비슷하다.

액체가 기체로 될 때에는 분자가 액체 속의 좁은 영역에서 넓은 부피 속으로 넓게 퍼져 나감에 의한 큰 엔트로피의 증가가 있고, 그에 따르는 기화열의 흡수가 일어난다. 헬륨 3이 녹을 때도 이와 같은 원인으로 용해열(溶解熱)을 흡수한다. 그때 외부에서 열이 들어오지 못하도록 하면 액체의 온도가 낮아진다. 이 방법은 **희석냉각법(稀釋冷却法)**이라고 하여 실용화되었고, 이로 인해 수 mK(1 mK = 0.001 K)이라는 초저온을 만들 수 있게 되었다.

8-2 액체헬륨 3의 페르미구

우리는 금속의 전도전자의 경우, 전자 간에 인력이 작용하지 않으면 기저상태와 그 가까이의 낮은 들뜬상태의 성질은 이상기체인 페르미구 상태와 매우 비슷한 것이 됨을 알았다. 전자 간에 쿨롱력이 작용하고 있어도 이 성질에는 거의 영향을 미치지 않는다.

헬륨 3 원자 간에 작용하는 힘(그림 5-3)은 그것이 접근하였을 때에 작용하는 강한 척력이 주된 부분을 이루고 있으므로 헬륨 3 액체는 페르미입자집단으로서 금속전자와 매우 비슷한 성질을 갖는다고 생각된다. 단, 헬륨 3 원자의 질량은 전자의 약 5천 배나 되므로 페르미온도는 훨씬 낮아진다. 이상기체로서 (식 4-23)을 써서 그 값을 어림잡아 보면 $T_F \cong 0.5\,\mathrm{K}$이라는 값을 얻을 수 있다. 따라서 0.1 K 내지 그 이하의 저온이 되면 $T \ll T_F$라는 조건이 실현되어, 헬륨 3 원자의 운동량 공간에서의 분포가 페르미구가 된다고 생각된다.

액체헬륨 3에서도 금속전자의 플라스마 진동과 마찬가지로 원자의 집단적인 운동이 일어난다. 그러나 원자 간의 힘은 쿨롱력처럼 멀리까지 미치는 힘은 아니다. 따라서 이 경우의 집단적인 운동에서는 보통 음파와 마찬가지로 진동수가 파장에 반비례한다.

개별적인 운동은 금속전자의 경우와 별로 다르지 않다. 이 경우에도 전자는 서로 힘을 미치면서 움직이고 있기 때문에 개별적인 운동이라고 해도 원자 한 개의 단순한 운동이라고는 볼 수 없다. 원자 한 개가 움직이기 시작하면 다른 원자는 그것에 길을 열어 주듯이 이동해야 하며, 이것도 일종의 준입자가 된다. 따라서 그 겉보기 질량은 헬륨 3 원자와 다른 것이 된다.

두 개의 준입자 간에 작용하는 힘도 헬륨 3 원자 간에 작용하는 힘과 전혀 다르다. A, B 두 원자 간에 작용하는 힘은 직접 작용하는 것 이외에 A 원자가 제3의 원자에 영향을 미치고, 그것이 제3의 원자에서 B 원자로 전해지는 간접적인 힘도 있다. 이것을 모두 합한 것이 액체 속에서 준입자 간에 작용하는 힘이다.

그러나 금속전자의 경우, 입자 간에 작용하는 척력이 페르미구상태에 중대한 변화를 초래하지 않는다는 논의(6-5절)는 액체헬륨3의 경우에도 그대로 성립되므로 액체헬륨3의 낮은 들뜬상태는 이상기체의 경우와 같은 성질을 갖는다고 생각된다. 예를 들어 0.1 K 이하의 저온이 되면 비열은 온도 T에 비례한다. 이와 같은 비열은 실험적으로도 측정되었으며, 그 측정값에서 어림잡을 수 있는 준입자의 질량은 헬륨3 원자 질량의 세 배였다. 이 차이는 위에서 기술한 바와 같은 원자 간의 힘의 효과에 의한 것이다.

8-3 액체헬륨 3의 초유동

우리는 금속전자의 경우에 대해 페르미구상태가 매우 불안정한 것임을 알았다. 전자 간에 인력이 작용하면 그것이 아무리 약할지라도 페르미구상태는 무너져 그것과 질적으로 다른 초전도상태가 실현된다. 액체헬륨3의 경우, 원자 간에 작용하는 힘은 대체로 척력이지만 원자 간의 거리가 떨어진 곳에서는 약하기는 하지만 인력이 작용한다. 이 인력의 효과로 액체헬륨3에서도 저온에서는 입자쌍(粒子雙)의 양자응축이 일어나는 것이 아닐까. 헬륨3 원자는 전하를 갖고 있지 않으므로, 그렇게 하여 만들어지는 상태는 초전도가 아니라 **초유동**이라고 불러야 할 것이다.

원자 간 힘은 멀리서는 인력이지만 가까이에서는 척력이 작용한다. 이 둘을 비교하면 척력 쪽이 압도적으로 강하다. 평균화하면 명백히 척력이 된다. 그렇다면 결합할 수 없느냐 하면 반드시 그렇지만도 않다. 척력을 피하여 인력 부분만을 효과적으로 이용하는 결합방법을 구사하면 된다.

페르미면과 가까운 상태에 있는 원자가 결합하려면 두 원자가 회전하면서 원심력에 의해 어느 정도 거리를 두고 결합하는 것이 좋다. (3-7절)에서 본 바와 같이 입자가 회전할 때의 각운동량은 양자역학적으로는 $h/2\pi$를 단위로 하여 그 정수배의 값밖에 취할 수 없다. 초전도의 전자쌍은 각운동량이 제로인 결합상태이지만 액체헬륨3의 경우에는 각운동량이 $h/2\pi$를 단위로 하여 1 또는 2인 상태가 결합에 유리할 것이라고 예상된다.

초전도의 BCS이론이 나오면 곧바로 헬륨3 액체도 저온에서는 초전도와 마찬가지로 원자쌍(原子雙)의 보스응축에 의해 초유동이 된다는 이론적인 예측이 제기되었다. 그러나 어떤 원자쌍이 만들어지는가, 전이온도는 몇 도인가 등을 구체적으로 예측하기는 매우 어렵다. 액체헬륨3은 헬륨3 원자만의 집합체로, 원자 간에 작용하는 힘의 성질도 잘 알고 있다. 금속전자에 비해 훨씬 단순한 다체계이다. 그러나 원자를 결합시키는 힘은 (그림 5-3)에서 제시한 바와 같은, 진공 속에서 두 개의 원자 간에 작용하는 힘은 아니다. 앞 절에서 언급한 바와 같이 다수 원자의 집단 속에 있는 두 원자가 문제이므로, 거기서는 다른 원자의 움직임을 매개로 한 간접적인 힘도 작용하고 있다. 이러한 힘의 성질을 정확하게 알 수 없기 때문에 액체헬륨3 속에 있는 원자쌍이 어떠할지 간단하게 예측할 수 없다. 그러나 액체헬륨3에서는 페르미온도가 1 K 정도이므로 원자 간의 약한 인력에 의한 초유동 전이는 더욱 저온이 아니면 일어나지 않을 것은 확실하다.

액체헬륨의 냉각에는 (8-4절)에서 기술할 액체에서 고체로의 전이를 이용한 방법이 이용되어 1 mK 정도의 초저온을 실현할 수 있게 되었다. 그리고 이론적인 예언에서 약 10년이 지나 드디어 1972년에 초유동상태로의 전이가 발견되었다. 전이점은 고체와 액체가 공존하고 있는 압력 아래서 2.7 mK이었다. 그 후에 밝혀진 액체헬륨3의 초저온영역의 상평형도는 (그림 8-3)과 같다.

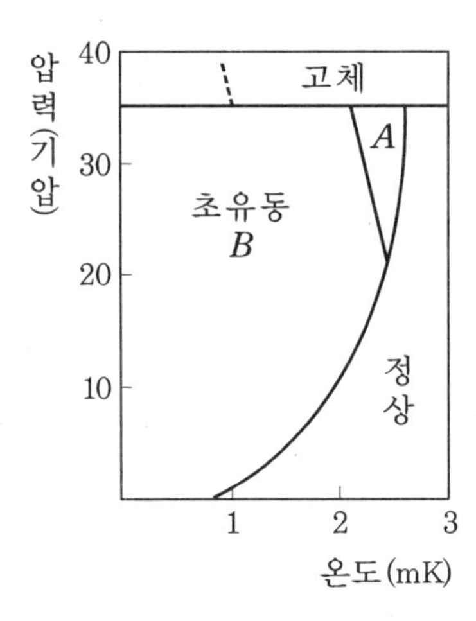

그림 8-3 초저온에서의 헬륨 3(^{3}He)의 상평형도. 고체 영역에 표시한 점선은 핵스핀이 배열하는 온도(8-5절)

초유동상태에서 생긴 원자쌍은 각운동량이 $h/2\pi$를 단위로 하여 1인 상태에서, 원자핵 스핀은 같은 방향으로 일치하여 결합하고 있는 것이 실험적으로 확인되었다. 사실 페르미입자가 결합하는 경우, 이 회전의 각운동량과 스핀의 결합방식 사이에는 밀접한 관계가 있어서 제멋대로 결합하지 않는다. 설명이 너무 전문적으로 되므로 여기서는 더 이상 그 문제는 거론하지 않겠다. 다만 결론만을 말하면, 회전의 각운동량이 짝수일 때 스핀은 반대 방향(0일 때가 초전도의 전자쌍), 홀수일 때 스핀은 같은 방향(1일 때가 액체헬륨 3의 원자쌍)으로 결합하며, 그 반대로는 될 수 없다(그림 8-4).

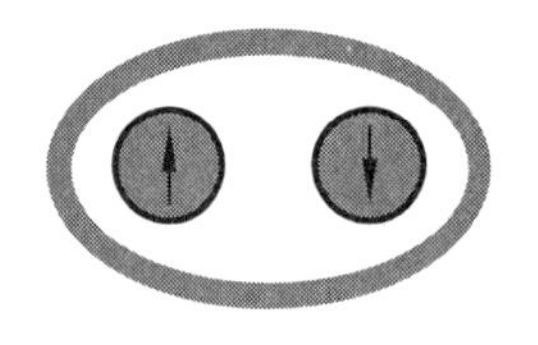

(a) 각 운동량이 0일 때 스핀은 반대 방향 (초전도의 전자쌍)

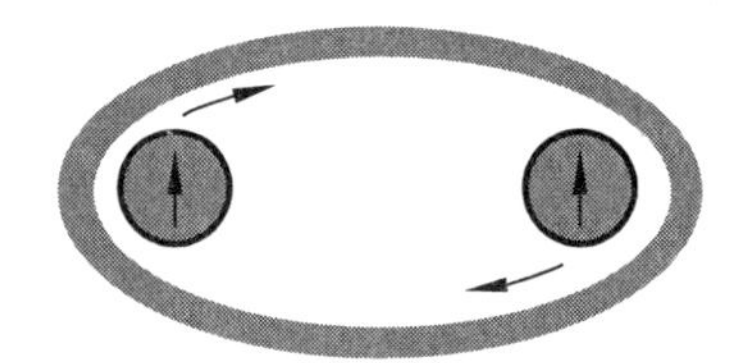

(b) 각운동량이 1일 때 스핀은 같은 방향

그림 8-4 페르미입자 두 개의 결합

보스응축이 일어나면 거시적인 수의 원자쌍이 하나의 양자상태를 점유하게 된다. 그 양자상태는 중심(重心) 운동량은 제로일지라도 각운동량이 제로가 아니기 때문에, 회전하고 있는 원자쌍의 상태에는 회전 방향에 대한 여러 가지 가능성이 잔존하고 있다. 상평형도에서는 초유동상태에 A, B 두 종류가 있는 것이 표시되어 있는데, 그 차이는 원자쌍이 점유하는 양자상태의 차이에 의한 것이라고 생각된다.

회전하는 원자쌍에는 방향이 있으므로 모든 원자쌍이 같은 상태로 응축하면 액체 전체에도 방향이 발생하여 그 성질은 방향성을 갖게 될 것이다. 그것은 예를 들어 자성체인 원자자석에는 N극과 S극 방향이 있고, 저온에서 그것이 한 방향으로 일치하면 자성체 전체도 자석이 되어 N극, S극을 갖는다. 그러나 액체헬륨3의 양자응축은 이와 같은 고전적인 그림만으로는 설명되지 않는다. 원자쌍의 양자상태가 각운동량 1인 상태에 있다고 해도 그것이 여러 가지 방향의 회전상태의 중합이라면 평균했을 때 각운동량은 제로가 된다. 그와 같은 상태로 응축하면 액체의 성질은 방향성을 갖지 않는다.

두 종류의 초유동상태의 성질을 조사한 결과, 상태 B는 이와 같은 등방적(等方的)인 액체이지만 상태 A에서는 원자쌍은 하나의 정해진 방향으로 회전하고 있는 것을 알았다. 원자 간에 작용하는 힘은 주어진 것으로 치고 각 상태의 에너지를 이론적으로 계산해 보면 상태 B가 A보다 낮은 에너지를 갖는 것으로 나타난다. 그렇다면 왜 압력이 높은 영역에서 상태 A가 실현되는 것일까. 그것은 원자 간에 작용하는 힘에 다른 원자가 끼어들기 때문이다. 초유동이 되어 원자상태가 변하면 인력의 세기도 변화한다. A상태에서는 B보다도 간접적인 인력이 강하게 작용하기 때문에 어떤 조건 아래서는 B보다 에너지가 낮아진다고 생각된다.

상태 A의 초유동 헬륨3은 방향성이 있는 액체이다. 우리가 잘 알고 있는 보통 액체, 예를 들어 물 등에서도 그 성질은 등방적, 즉 방향에 의하지 않는다. "세로로는 빛을 통과시키지만 가로로 보면 불투명하다."라고 하는 일은 없다. 고체일 것 같으면, 예를 들어 세로로 당길 때와 가로로 당길 때의 신축성이 다른 점 등, 그 성질이 이방적(異方的), 즉 방향에 관계있는 것이 많다. 그러나 헬륨3 이외에도 이방적인 액체가 있다. 예를 들면 가늘고 긴 대형 분자의 액체에서는 보통은 분자의 위치나 방향이 난잡하지만 물질에 따라 분자의 방향이 한 방향으로 일치되는 상태가 실현될 때가 있다. 이것이 액체이면서 고체의 결정(結晶)과 비슷하다는 의미에서 **액정(液晶)**이라고 불리는 것이다. 그 성질이 세로 방향과 가로 방향으로 다른 것이 되는 것은 명백할 것이다. 상태 A인 초유동 헬륨3은 어떤 면에서는 이것과 닮은 성질을 갖는 액체이다.

헬륨4의 초유동에서는 흐름을 표시하는 데 파동함수의 파면으로 만든 등고선만 그려도 된다. 헬륨3의 경우에는 흐름이 발생하면 그에 영향을 받아 원자쌍의 각운동량 방향이 장소에 따라 변화할 가능성이 있다. 따라서 헬륨3의 흐름에서는 원자쌍의 중심운동을 나타내는 파동함수 이외에 원자쌍의 각운동량과 스핀의 방향을 합쳐서 생각할 필요가 있다. 예를 들어 헬륨4를 회전시켰을 때의 흐름에서는 그 중심 부근에서 초유동상태가 무너진 와사가 발생했다. 이것은 회전하고 있는 상태의 파동함수를 만들면 아무리 해도 중심에서 유속이 무한대가 되어 버리기 때문이다. 하지만 헬륨3의 회전에서는 원자쌍의 회전과 액체 전체의 회전운동이 잘 조정됨으로써 중심에서도 유속이 무한대가 되지 않고 초유동상태가 무너지지 않는 흐름이 가능하다.

초유동의 본질적인 점은 헬륨3의 경우도 보스응축이며, 초전도와 액체헬륨4와 다름이 없다. 그러나 회전하는 원자쌍의 보수응축은 수 K의 온도영역에서는 볼 수 없었던 물질의 또 하나의 새로운 모습이다. mK의 초저온 실현은 우리의 물질세계를 더욱 풍요롭게 만들어 주었다.

8-4 고체헬륨

헬륨은 4나 3이나 (그림 5-2)와 (그림 8-1)의 상평형도가 보여 주듯이 압력을 가하지 않으면 절대0도까지 액체상태 그대로이다. 고체로 만들기 위해서는 절대0도에서 헬륨 4라면 약 25기압, 헬륨 3이라면 약 35기압을 가해야 한다. 압축해서 부피를 감소시켜 나가면 원자는 서로의 강한 척력이 방해하여 움직이기 어렵게 되어 마침내 고체가 된다.

부피가 작아져도 액체상태 그대로 있으면 각 원자는 난잡하게 분포된 다른 원자의 틈 사이를 빠져나가는 정도로밖에 움직이지 못한다. 원자가 움직일 수 있는 영역은 가느다란 미로가 되어 이어지고 있다. 고체가 되면 각 원자는 각각의 영역 안에서만 움직일 수 있고, 그 대신 영역 안에서는 전후좌우로 자유롭게 움직일 수 있다. 만원 지하철 속에서 승객들이 서로 협력하여 질서정연하게 행동하는 편이 몸이 편한 것과 마찬가지이다. 입자가 움직이기 쉬워져서 편안해진다는 것의 양자역학적인 의미는 입자가 움직일 수 있는 영역이 넓어짐으로써 그 운동에너지가 낮아진다는 것이다.

(3-6절)에서 본 바와 같이 상자에 들어 있는 입자의 기저상태 에너지는 (식 3-11)처럼 상자 크기의 2제곱에 반비례하며 상자가 클수록 낮다. 고체에서는 각 원자의 영역이 좁지만 어느 방향으로나 대체로 같은 정도의 넓이를 가지고 있다. 액체의 경우, 가느다란 미로는 길게 이어지고는 있지만 폭이 좁기 때문에 원자의 파동함수는 길 폭 방향으로는 파장이 짧고, 그때문에 에너지는 고체보다 오히려 높아진다. 이렇게 하여 부피가 작아지면 고체 쪽이 액체보다 에너지가 낮아져서 액체에서 고체로 상전이가 일어나게 된다.

고체가 되어도 헬륨의 고체는 보통 고체와는 성질이 상당히 다르다.

강한 양자효과가 고체에도 나타난다. 고체원자의 운동에 대한 양자효과라고 하면 0점진동이다(3-8절). 그러면 고체헬륨에서 0점진동의 진폭이 어느 정도로 되는지 어림잡아 보자. 지금은 대체적인 모습을 볼 뿐이므로 간단하게 각 원자는 독립적으로 진동하고 있다고 한다. 각 원자는 주위 원자 간에 작용하는 퍼텐셜이 만드는 골짜기 바닥에서 진동하고 있다고 생각하면 된다. 퍼텐셜의 골짜기 형태는 (그림 5-3)의 원자 간 힘으로 봐서 대략 깊이는 ε, 너비는 d가 된다. 이것을 보통 진동자의 퍼텐셜과 마찬가지로 중심으로부터 거리가 x인 2차 함수로 쓴다고 하면

$$V(x) \sim \varepsilon\left(\frac{x}{d}\right)^2$$

으로 하면 된다. 따라서 (식 1-28)의 용수철의 세기 k에 해당하는 것은 $k \sim \varepsilon/d^2$이 되므로 진동수 ν의 크기는 대략

$$\nu \sim \sqrt{\frac{k}{M}} \sim \sqrt{\frac{\varepsilon}{Md^2}}$$

로 주어진다. 0점진동의 진폭 a는 (식 3-18)로 나타내므로

$$a \sim \sqrt{\frac{h}{M\nu}} \sim \left(\frac{h^2 d^2}{M\varepsilon}\right)^{1/4}$$

이 된다. 이 고체에서의 원자 간격은 대략 d 정도이다. 그래서 0점진동의 진폭과 원자 간격과의 비율을 만들면 그것은 (5-2절)에서 정의한 양자성의 세기를 나타내는 파라미터 q를 써서

$$\frac{a}{d} \sim \left(\frac{h^2}{M\varepsilon d^2}\right)^{1/4} = q^{1/4} \quad \text{(식 8-1)}$$

로 나타낸다.

(표 5-1)에서 본 바와 같이 양자성의 파라미터 q는 같은 비활성기체인 원소라도 네온이나 아르곤에서는 1보다 훨씬 작다. 따라서 이와 같은 원소의 고체에서는 $a \ll d$이고, 원자가 0점진동하고 있다고는 해도 그 진폭은 이웃 원자까지의 거리보다 훨씬 작으며, 원자는 중심에 멈춰 있는 것과 마찬가지이다. 하지만 헬륨의 경우에는 q가 크고, a는 d와 같은 정도의 크기가 된다. 원자는 이웃 원자에 접촉할 정도로 큰 진폭으로 0점진동을 하고 있다. 고체헬륨은 원자가 정확하게 등간격으로 늘어서 있다고 하는 고체의 모습과는 동떨어진 상황에 있다고 할 수 있다.

이와 같이 보통 고체의 원자는 절대0도에서는 대부분 각각의 위치에 머물러 있다. 따라서 고체 안의 한 위치에 있는 원자는 언제까지나 같은 원자이고, 이웃 원자와 바뀔 가능성은 우선 없다. 원자의, 그것이 본질적으로 구별할 수 없는 것이라는 양자역학적인 성질은 고체의 성질에 아무런 영향을 미치지 않는다고 생각해도 좋다. 예를 들어 아르곤의 원자는 열여덟 개의 양성자와 스물두 개의 중성자로 이루어진 원자핵 주위에 전자 열여덟 개가 결합하여 구성되어 있다. 짝수 개의 페르미입자로 되는 복합입자이므로 (4-2절)에서 기술한 법칙에 따라 보스입자로서 행동한다. 그러나 고체 아르곤을 생각할 때, 그것이 보스입자의 집합이라는 것을 의식할 필요는 없다.

그러나 고체헬륨에서는 사정이 다르다. 각 원자는 큰 진폭으로 0점진동을 하고 있으므로 진동하고 있는 사이에 가까이에 있는 원자끼리 위치를 뒤바꿀 가능성이 상당히 크다고 볼 수 있다. 개개 원자로서는 등간격으로 늘어선 위치가 가장 거주하기 좋은 장소이다. 원자가 뒤바꿔 들어간 위치는 원래 위치와 변함없지만 뒤바꿔 들어가기 위해서는 그 도중에 원자 간의 척력에 인한 퍼텐셜에너지가 높은 배치를 통과해야만 한다. 그러나 양자역학적인 운동을 하고 있는 입자는 (7-9절)에서 본 바와 같이 터널효과에 의해 그와 같은 퍼텐셜의 산 밑을 빠져나와 버린다. 원자에 표시가 되어 있다면 고체 내의 한 위치에 있는 원자가 빈번하게 뒤바뀌 들어가는 것을 볼 수 있을 것이다. 그것은 반대로 헬륨 고체의 경우에는 원자에 표시가 되어 있지 않은 것, 즉 원자는 본질적으로 구별할 수 없다는 점을 잊어서는 안 된다는 것을 의미한다. 헬륨4와 헬륨3은 단지 질량만 다른 것이 아니라 보스입자와 페르미입자라는 양자역학적인 성격의 차이가 있다는 사실도 고체의 성질에 영향을 미친다고 볼 수 있다.

그러나 원자에 전혀 표시가 되어 있지 않다고 하면 원자가 한 곳에 머물러 있지 않고 고체 속을 돌아다니고 있다고 해도 우리는 그것을 알 수 있는 수단이 없다. 헬륨4의 원자는 전혀 구별할 수 없기 때문에 고체헬륨4의 경우에는 원자가 돌아다니고 있는 효과를 직접 보기 어렵다. 그러나 결정이 완전하지 않고 원자가 빠진 곳이 있으면 우리도 원자의 양자역학적인 움직임을 관찰할 수 있게 된다.

(그림 8-5)와 같이 원자에 구멍이 있었다고 하자. 이웃에 있는 원자 a에 주목하면 이 원자에 있어서는 현재 장소에 있어도 이웃의 빈 장소로 옮겨 가도 환경은 전혀 변하지 않는다.

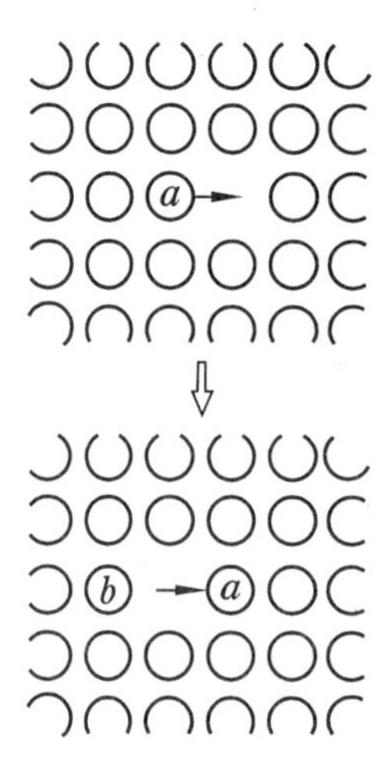

그림 8-5 고체 속을 원자의 구멍이 움직인다.

단지 그 도중에서는 주위의 원자에 의한 척력 때문에 퍼텐셜이 높아져 있다. 원자가 받는 퍼텐셜은 바로 (그림 7-15)처럼 되어 있는 이유이다. 원자는 이 퍼텐셜의 산을 터널효과로 빠져나와 이웃으로 옮겨 갈 수 있다. 이 경우가 원자가 뒤바뀌어 들어가는 것보다도 도중의 어려움이 적은 만큼 터널효과가 일어나기 쉽다. a원자가 이동하면 다음에 다시 이웃의 b원자가 이동할 가능성이 생긴다. 이렇게 하여 고체헬륨 속의 원자의 구멍은 마치 액체 속을 거품이 움직이듯 고체 속을 돌아다닌다. 그 움직임은 금속 속을 전도전자가 움직일 때와 마찬가지로 결정이 흐트러져 있지 않으면 아무런 저항도 받지 않는다. 만약 고체헬륨 속에 많은 원자의 구멍을 만들어 낼 수 있다면 우리는 금속전자와 마찬가지로 돌아다니는 원자의 구멍을 관찰할 수 있을 것이다. 고체헬륨4 속에서는 구멍도 보스입자처럼 행동하므로 저온에서는 그것이 보스응축을 일으켜 고체가 초유동상태로 되는 것도 생각할 수 있다.

헬륨3의 경우에는 원자핵이 스핀을 갖고, 그것이 불완전하나마 '표시' 역할을 한다. 따라서 고체헬륨3의 성질에는 원자핵 스핀을 통하여 원자가 돌아다니는 효과가 나타날 것이라고 기대된다. 초유동이나 초전도와는 다른 종류의 현상이지만 또 하나의 저온현상으로서 마지막에 고체헬륨3의 원자핵 스핀 문제를 다루도록 하겠다.

8-5 고체헬륨 3의 핵스핀

다시 한 번 (그림 8-1) 헬륨3의 상평형도를 봐 주기 바란다. 상평형도의 형태는 헬륨4의 상평형도(그림 5-2)와 매우 비슷하지만 자세히 보면 다른 점도 있다. 한 가지 차이는 (8-2절)에서도 기술한 바와 같이 고체와 액체의 경계가 약 0.3 K 이하의 저온에서 오른쪽으로 내려가 있다는 점이다. 이 영역에서는 압력을 일정하게 하여 온도를 높이면 액체에서 고체로 상전이가 일어난다. 온도를 높이면 엔트로피가 큰 상태가 안정되므로 온도를 높였을 때의 상전이는 엔트로피가 작은 상태에서 큰 상태를 향해 일어난다. 이 상평형도는, 이 온도영역에서는 액체보다 고체 쪽이 엔트로피가 큰 것을 나타내고 있다.

고전론에 의하면 원자배열이 정연한 고체 쪽이 배열이 흐트러진 액체보다 엔트로피가 작다. 따라서 보통은 온도를 높이면 고체가 녹아서 액체가 된다. 그러나 이미 우리는 이 온도영역에서 고전론이 성립되지 않는다는 것을 알고 있으므로 이것과 반대되는 일이 일어나도 이제 앞서만큼 놀라지 않는다. 헬륨 3 액체는 페르미구상태로 되기 시작했고, 액체라고는 하지만 엔트로피가 고전론의 값보다 훨씬 작아져 있다. 그렇다면 고체의 큰 엔트로피는 무엇에 의한 것일까. 이 저온에서는 원자의 진동은 기저상태에 접근해 있어 그다지 엔트로피에 기여하지 못하게 되어 있다. 남아 있는 것은 핵자핵의 스핀(줄여서 핵스핀이라고 한다)이다.

헬륨 3의 원자핵은 1/2의 스핀을 가지고 있어 두 가지 상태를 취할 수 있다. 스핀 간에 작용하는 힘은 매우 약하므로 일단 그것을 없는 것으로 하면 각각의 핵스핀은 두 가지 상태를 자유롭게 선택할 수 있다. 따라서 (2-7절)에서 제시한 바와 같이 스핀의 엔트로피로서

$$S = k_B \ln 2^N = N k_B \ln 2 \quad \cdots\cdots (식\ 8\text{-}2)$$

이 남아 있는 것이 된다. 이 분량만큼 고체 쪽이 엔트로피가 커지고, 상평형도는 오른쪽으로 내려가는 고체-액체 경계선이 된다.

이 상평형도의 특징을 효과적으로 이용하면 액체헬륨 3을 냉각하여 초저온을 만들어 낼 수 있다. 얼음을 사용한 옛날 냉장고는 얼음이 녹을

때 융해열을 흡수하는 것을 이용하여 냉장고 내부를 냉각시켰지만 헬륨3을 사용하여 그것과 똑같이 한다. 우선 액체헬륨3을 사전에 0.3K 이하까지 냉각시켜 두고, 그것을 고체화하는 곳까지 압축한다. 고체가 형성될 때, 헬륨3은 엔트로피가 작은 액체에서 엔트로피가 큰 고체로 변화하므로 보통 때와는 반대로 응고열(凝固熱)의 흡수가 일어난다. 이때 외부에서 열이 유입되지 않도록 해 두면 헬륨3의 온도가 떨어질 수밖에 없다. 결국 압축을 계속하면 고체의 양이 증가하면서 온도는 상평형도의 고체-액체 경계선을 따라 떨어지게 된다. 이 방법은 **포메란축냉각법**이라고 한다. 액체헬륨3을 처음으로 mK의 온도영역까지 냉각하여 그 초유동을 발견한 것도 이 방법에 의해서였다.

액체를 냉각하면 초유동이 되었는데 고체는 어떻게 변할까. 물론 (식 8-2)와 같은 큰 엔트로피를 남긴 채 절대0도에 근접하는 일은 없다. 보통 자성체와 마찬가지로 핵스핀 사이에도 어떤 힘이 작용하고, 이 엔트로피도 언젠가는 소멸할 것이다. 그렇다면 어떤 힘이 작용하는 것일까.

첫째로 핵스핀도 약하기는 하지만 작은 자석이 되어 있으므로 보통 자석에서 N극과 S극이 끌어당기고, N극끼리 또는 S극끼리 서로 밀어내는 것과 같은 자기적인 힘이 작용할 것이라고 생각된다. 그러나 이 핵스핀 자석은 매우 약한 것이므로 자석 간에 작용하는 힘도 약하다. 그것을 에너지로 하여 볼츠만상수로 나누어 온도 단위로 표시하면, mK보다도 세 자릿수 작은 μK(1 μK = 0.001 mK) 내지 그 이하 정도가 된다.

실험적으로 이 힘의 크기를 알려면 고체를 그렇게 저온으로 하지 않아도 된다. 온도를 낮추어 나가면 고체의 핵스핀에 의한 성질, 예를 들면 비열이나 자기장을 가했을 때 스핀이 어느 정도 갖추어지는가를 나타내는 자기화율(磁氣化率) 등의 양에, 이 스핀 간에 작용하는 힘의 효과가 점차 나타나게 되므로 그것을 보고 힘의 크기와 성질을 어림잡아 볼 수 있다. 이렇게 하여 실험적으로 얻어진 힘의 크기나 에너지로서 수 mK 정도였다. 자석 간에 작용하는 힘으로서 어림잡을 수 있는 것보다 세 자릿수 이상이나 큰 것이다.

이처럼 큰 힘이 작용하는 이유는 고전론으로는 설명할 수 없다. 이 힘의 바탕은 양자역학적인 것이고, 앞 절에서 살펴본 바와 같이 고체 헬륨 속에서 원자가 돌아다니고 있는 것과 크게 관계가 있는 현상이다. 고체 속의 서로 인접한 두 개의 원자에 주목하자. (그림 8-6(a))와 같이 두 원자의 핵스핀은 반대 방향으로 되어 있었다고 한다.

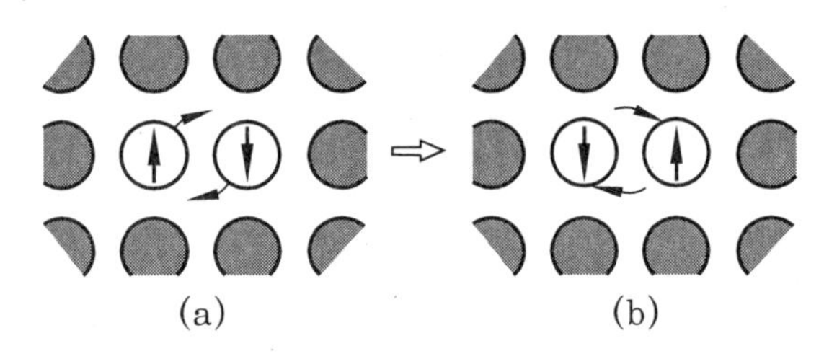

그림 8-6 핵스핀에 작용하는 교환력. 고체헬륨 3 속에서는 원자가 뒤바뀌어 들어감으로써 핵스핀 간에 힘이 발생한다.

이 두 원자가 위치를 뒤바꾸면 배치는 그림의 (b)와 같이 된다. 원자에 번호가 붙어 있지 않으므로 우리가 알 수 있는 것은 1에 있는 원자의 핵스핀이 위에서 아래로, 2에 있는 원자의 핵스핀이 아래에서 위로 변했다는 것뿐이다. 이것은 핵스핀 사이에 자신이 상향에서 하향으로 변함과 동시에 상대를 하향에서 상향으로 변환시키는 힘이 작용하고 있는 것처럼 보인다. 원자가 돌아다니는 것이 우리 눈에는 핵스핀 간에 작용하는 힘으로 반영된다.

이 힘이 핵스핀에 대해 어떤 효과를 갖는가는, 주목하는 두 원자의 에너지가 가장 낮은 상태에서 두 개의 핵스핀이 어떻게 되어 있는가를 조사함으로써 알 수 있다. 원자 간에 작용하는 힘 중에서 핵스핀 방향에 의한 부분은 위에서 본 바와 같이 매우 약하고, 힘은 (그림 5-3)과 같이 원자 간의 거리에만 따른다고 생각해도 좋다. 그렇게 하면 두 원자의 에너지도 핵스핀 방향에는 따르지 않을 것이라고 생각된다. 그러나 사실은 그렇지 않다. 그것은 페르미입자인 헬륨3 원자 간에는 파울리의 배타원리가 작용하기 때문이다. 예를 들어 두 원자의 핵스핀이 같은 방향이라면 두 원자는 파울리의 배타원리에 의해 같은 위치로 오는 것이 금지되므로(235쪽 각주) 원자는 자동적으로 서로 피하면서 움직인다. 이처럼 핵스핀이 같은 방향일 때는 원자의 운동에 여분의 제한이 가해지는 것이다. 이에 대해 핵스핀이 반대로 향하고 있으면 파울리의 배타원리는 작용하지 않으므로 원자의 운동은 제한을 받지 않고, 따라서 에너지를 가장 낮게 하는 상태를 취할 수 있다. 이와 같이 파울리의 배타원리의 효과에 의해 두 원자의 에너지는 둘의 핵스핀이 반대로 향할 때 낮아진다. 따라서 원자의 위치 교환이 근원으로 핵스핀 간에 작용하는 이 힘은 서로 이웃하는 원자의 핵스핀을 반대로 향하게 하는 작용을 한다. 이 힘을 원자의 교환에 의한 힘이라는 의미에서 **교환력(交換力)**이라고 한다.

교환력은 원래 전자에서 발견된 것이었다. (2-8절)에서 원자자석 간에 작용한다고 한 힘도 사실은 전자가 원자와 원자 간을 돌아다님으로써 생기는 교환력이다. 전자는 원자보다 훨씬 가볍고 움직이기 쉬우므로 위치가 뒤바뀌는 것도 일어나기 쉽다. 따라서 강한 교환력이 작용하게 된다. 고체헬륨3에서 흥미로운 것은 그것이 원자 자신의 움직임에 의해 핵스핀 간에 작용한다는 점으로, 이와 같은 현상은 이 이외에서는 볼 수 없다.

고체헬륨3의 핵스핀 간에는 이와 같은 힘이 작용하므로 (2-8절)에서 본 바와 같이 온도를 낮추어 나가면 어딘가에서 상전이가 일어난다. 그 이하의 온도에서는 스핀이 규칙 바르게 배열된 상태가 실현될 것이다. 물론 거기서 엔트로피는 감소하고, 절대0도에 접근함에 따라 질서가 완성되어 엔트로피는 제로가 될 것임이 틀림없다. 핵스핀 배열은, 교환력이 위에서 기술한 바와 같은 성질의 것이라고 하면 이웃 간의 핵스핀이 반대 방향이 된 (그림 8-7(a))와 같은 것이라 예상된다.

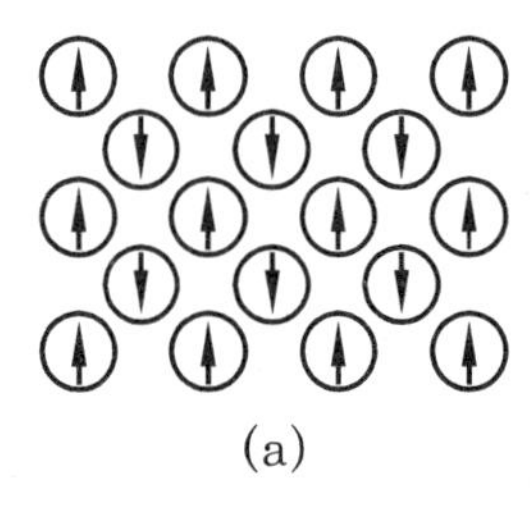

(a)

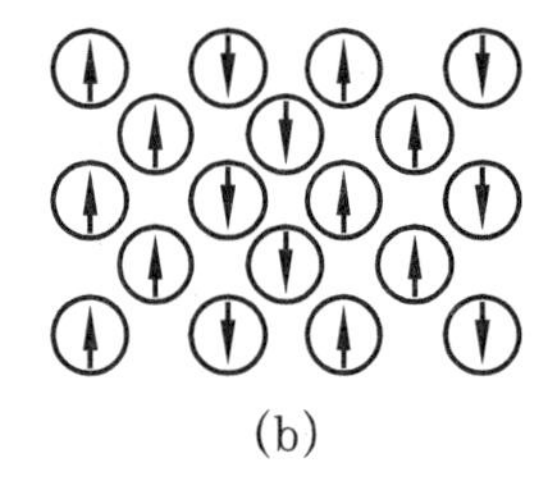

(b)

그림 8-7 고체헬륨3 속의 핵스핀 배열. (a)와 같은 배열이 예상되었으나 실제는 (b)였다.

몇 K에서 어떤 핵스핀 배열이 실현되는지를 보기 위해 고체헬륨3을 냉각하여 그 성질을 조사했다. 그리고 1mK 부근에서 상전이가 일어나는 것을 발견했다. 그러나 실험 결과는 이론이 예측한 것과 일치하지 않았다. 핵스핀 배열을 조사한 결과, 그것은 그림의 (a)처럼이 아니라 (b)처럼 되어 있다는 것을 알았다. 이와 같은 배열 방법은 인접하는 원자 간의 교환력만으로는 설명이 되지 않는다. 현재 그것은 원자 두 개만의 운동뿐 아니라 원자 네 개가 바퀴가 되어 동시에 위치를 바꾸는 운동도 고체헬륨3 속에서는 빈번히 일어나고 있다고 생각함으로써 설명되고 있다. 고체헬륨 속의 원자의 움직임이 고전론적인 그림으로 이해되는 것과는 거리가 멀다는 것을 이 실험사실이 우리에게 알려 주고 있는 것이다.

종장 – 초저온에서 고에너지로

카메를링 오너스에 의한 헬륨 액화의 성공과 그에 이은 수은의 초전도 발견은 저온물리학의 빛나는 개막이었다. 우리는 이제까지 그 후에 진행된 연구에 의해 명백해진 극저온에서의 물질의 모습을 살펴봐 왔으며, 그 중에서도 특히 주목을 끄는 현상은 초전도와 초유동이었다.

이들 현상은 수은 등 어떤 종류의 금속 혹은 헬륨이라는 특수한 물질의, 수 K의 저온이라는 조건 아래에서만 나타나는 것이었으며, 그와 같은 의미에서는 특수한 현상이라고 해야 할지 모른다. 그러나 특수하다는 것은 그 중요성이 작다는 것을 의미하는 것은 아니다. 이들 현상은 오히려 물질에 나타나는 다른 어떤 물리현상과도 본질적으로 다른, 특이한 현상이라고 하는 것이 옳을 것이다.

온도를 바꿔 나가면 어떤 온도에서 물질의 성질이 급변한다는 점에서 그것은 상전이의 일종이다. 그러나 상전이라고 할 뿐이라면 이밖에도 여러 가지 상전이가 있다. 우리가 일상생활에서 경험하는 것 중에서 얼음이 녹아서 물이 되고, 물이 증발하여 수증기가 되는 상태 변화도 상전이이다. 경험할 일은 별로 없을지 모르지만 철을 고온으로 달구면 자석의 힘을 상실하는 것도 잘 알려져 있다. 초전도·초유동이 이들 상전이와 다른 점은 거기서 양자역학이 감당하는 역할이었다. 물분자 간에 작용하는 힘도, 철을 자석으로 작용하게 하는 힘도 그 기원은 양자역학적인 것이므로 물이나 철의 상전이에 양자역학이 관계없는 것은 아니다. 그러나 그 역할은 분자나 전자가 관계되는 미시적인 영역에 국한되어 있어, 현상 그 자체에는 얼굴을 내밀지 않고 있다. 하지만 초전도·초유동의 경우에는, 예를 들어 초전도의 자속의 양자화, 바퀴(輪)로 만든 관 속을 흐르는 초유동의 빠르기나 소용돌이 세기의 양자화처럼 거시적인 현상 그 자체에 양자역학의 효과가 적나라하게 모습을 드러낸다. 이들 현상은 말하자면 거시적인 양자현상인 것이다.

양자역학은 고전물리학의 갖가지 어려움을 해결하고자 하는 노력 가운데서 탄생하여, 1920년대에 미시적인 세계의 물리법칙으로서 확립되기에 이르렀다. 거기서 밝혀진 미시적인 입자의 거동은 그것이 입자인 동시에 파동의 성질을 갖는다는 것으로, 거시적인 세계에 사는 우리가 보면 언뜻 모순된, 이해하기 어려운 내용의 것이었다.

그러나 진동자의 에너지가 널뛰기식 값밖에 취하지 못한다고 할지라도 그것이 우리가 사는 거시적인 세계와는 일단 분리된 미시적인 영역에 관한 것이라면, 우리의 일상경험에 맞지 않는다며 그다지 의식할 필요가 없을지도 모른다. 그러나 초전도·초유동은 그렇게는 되지 않는다. 양자역학의 효과로 일상경험과는 맞지 않는 현상이 거시적인 세계에서 일어나고 있는 것이다. 양자역학의 성립은 단지 하나의 자연법칙의 발견에 머물지 않고 우리의 자연관에 큰 변혁을 초래한 것이었다. 초전도·초유동 현상의 발견과 그 해명도 또한 우리의 물질관에 변혁을 강요한 것이었다고 할 수 있다.

초전도 해명의 역사는 특히 흥미 깊다. 그것이 오너스에 의해 발견된 1911년에 양자역학은 아직 완성되지 않았다. 그러나 양자역학이 성립되었다고 해서 초전도 문제가 바로 해결된 것은 아니었다. 그 해명에는 금속 속에서 다수의 전자가 서로 얽히는 운동에 대한 연구의 축적이 불가결하였다. 그것은 또 금속전자론에 국한된 문제도 아니었다. 예를 들어 전자 간에 격자의 일그러짐에 의해 중개된 힘이 작용한다는 생각은 소립자론에서 핵자 간에 작용하는 힘이 중간자에 의해 매개된다고 하는 사고방식에 그 기원이 있다. 소립자론의 발전도 거기에 영향을 미치고 있다. BCS이론의 성공은 이와 같은 연구 역사의 정점에 선 것이라고 할 수 있을 것이다. 그러나 BCS이론 단계에서는 초전도현상이 갖는 획기적인 의미가 아직 충분히 밝혀지지 않았다. 그 거시적인 양자현상이라는 성격은 조셉슨효과의 발견으로 비로소 명백하게 밝혀졌다.

역사에 '만약'이라고 묻는 것은 무의미하다고 하지만 나는 여기서 과학사의 사고(思考) 실험을 해 보고 싶은 생각이 든다. 만약 저온 생성기술의 진보가 어떤 이유로 대폭 뒤늦어져서 초전도 발견보다 앞서 양자역학이 성립하여 금속전자 연구가 진보했더라면 물리학자는 금속이 저온에서 초전도가 되는 것을 이론적으로 예언할 수 있었을까.

필시 그것은 불가능했을 것이라고 믿는다. 보스입자와 페르미입자의 구별을 알고, 보스입자의 이상기체가 저온에서 보스응축을 일으키는 것을 알았다고 해도 페르미입자인 전자가 더군다나 쿨롱력으로 서로 반발하고 있어, 보스입자와 흡사한 보스응축을 일으키는 것을 어느 누가 예상이나 했겠는가. 금속 속의 전자는 상온에서 이미 페르미구 상태로 되어 있어 그대로 절대0도가 되어도 제3법칙은 성립한다. 저온에서 그 이상 무슨 일이 일어날 것이라고 누가 기대할 것인가. 하물며 그것이 초전도라 하는 불가사의한 성질을 갖는 것 등, 예상하지 못했을 것이라 생각된다. 수 K의 극저온이 실현되고, 실제로 초전도가 발견됨으로써 그 사실에 인도되어 우리는 금속전자에 대하여 여기까지 깊이 이해할 수 있었다.

초전도의 해명이 많은 연구의 축적을 통하여 이루어진 것인 만큼 그것이 갖는 의미도 컸다. 그것은 다수 입자의 집단이 상상 이상으로 풍부하고 다채로운 행동을 하는 것임을 우리에게 알려 주었다. 초전도 · 초유동의 발견과 해명이 우리의 물질관에 변혁을 초래했다고 서술한 의미는 바로 여기에 있다.

오너스에서 시작된 저온 연구는 액체헬륨3의 초유동 발견으로 새로운 시대를 맞이했다. 그것은 수 mK이라는, 이제까지보다 세 자릿수나 낮은 온도에서의 현상이었으므로 저온기술의 진보 없이는 불가능했다. 동시에 그것은 초저온 영역으로 연구자들의 눈길을 이끌어 저온기술을 더욱 전보시키는 계기가 되었다. 희석냉각법이나 핵단열소자법 등의 진보로 오늘날에는 mK 영역의 초저온 생성은 그다지 어려운 일이 아니다. 이제는 세 자릿수가 더 낮은 μK의 온도 실현도 가능해지고 있다.

헬륨3의 초유동 발견은 헬륨4의 초유동이나 초전도 발견과는 약간 의미가 다르다. 후자의 경우, 그것은 전혀 예기하지 못한 것이었지만 헬륨3의 초유동은 이론적으로 예언된 것이었다. 그 발견은 이론이 올바르다는 것을 증명했을 뿐, 본질적으로 새로운 현상의 발견은 아니었다고도 말할 수 있을 것이다. 하지만 우선 이론은 실험을 통해 뒷받침된 후에야 비로소 그것이 정확하다는 것이 증명된다는 사실을 잊어서는 안 된다. 게다가 헬륨3의 초유동만 봐도 실험적으로 발견된 것은 이론의 예언을 넘어선 것이었다. 액체헬륨3에서 생기는 원자쌍이 초전도의 전자쌍과는 달리 회전하는 결합상태가 되는 것은 이론적으로도 예상되고 있었다. 그러나 그 각운동량이 1이 되는 것과, 그 결합을 발생시키는 힘에 다른 원자의 운동에 의해 매개되는 것이 중요한 기여를 하고 있는 것 등은 실험에 의해 비로소 밝혀졌다. 또 이렇게 발생한 초유동상태가 복잡하고 다채로운 행동을 나타내는 것도 충분하게는 예상되지 않았다. 고체헬륨3의 핵스핀 배열에 대해서도 마찬가지라고 말할 수 있다.

mK의 온도영역을 넘어서 저온에 관한 연구가 더욱 진보하였을 때,

거기서 무엇이 우리를 기다리고 있을까. 확실히 지금 우리가 사는 시대는 오너스가 살던 시대와는 다르다. 우리는 이미 양자역학을 알고 있고, 물질의 구조도, 거기서 미시적인 입자가 어떤 운동을 하고 있는지에 대해서도 전혀 무지하지 않다. 우리는 저온에서 무엇이 일어날 수 있고, 무엇이 일어날 수 없는지도 일단은 알고 있다.

물질의 온도를 더욱 낮추었을 때, 그 성질이 어딘가에서 크게 변화하기 위해서는 그 물질의 미시적인 상태에 아직 충분한 선택의 여지가 남아 있을 필요가 있다. 요컨대 엔트로피가 거의 제로로 되어 있으면 이제 그 이상 아무것도 일어날 수 없다. 그렇다면 현재 우리의 지식을 바탕으로 초전도에서 일어날 가능성이 있는 현상으로는 어떤 것이 있는지 생각해 보자.

알칼리금속이나 귀금속은 초전도가 되지 않는다고 하는데 과연 그럴까. 이들 금속에서는 전이온도가 훨씬 낮기 때문에 초전도가 되는 것이 아직 확인되지 않았을 뿐, 더욱 저온으로 하면 언젠가는 초전도가 될지도 모른다. 금속의 기저상태는 철 등과 같이 자석이 되는 금속을 제외하면 나머지는 모두 초전도가 아닐까. 자석은 초전도를 무너뜨리므로 철까지 초전도가 되는 일은 없을 것이라 생각되지만 그것도 의심할 여지가 없는 것은 아니다.

이제까지 알려진 초전도의 전자쌍은 모두 두 전자의 스핀이 반대 방향으로 결합한 상태지만 액체헬륨3의 원자쌍처럼 스핀이 같은 방향으로 결합한 전자쌍이 생기는 일은 없을까. 전자 간의 인력이 격자의 일그러짐에 기인한 것뿐만 아니라, 예를 들어 다른 전자와의 교환력을 바탕으로 전자 간에 힘이 작용하는 경우에는, 같은 방향의 스핀을 갖는 전자 간에는 인력이, 반대 방향인 전자 간에는 척력이 작용하는 것이 기대된다. 이 힘이 강하면 스핀이 같은 방향으로 결합한 전자쌍이 생길지도 모른다. 이와 같은 경우, 그 초전도의 행동은 액체헬륨3의 초유동과 마찬가지로 다채로운 것이 된다.

액체헬륨4에는 헬륨3이 최대한 약 6%까지 녹는다. 이와 같은 혼합 용액을 저온으로 하면 헬륨4는 양자응축을 일으켜 기저상태에 접근한다. 헬륨3 원자는 그 속을 돌아다니고 있고, 용액은 헬륨3의 희박한 기체와 비슷한 성질을 갖게 된다. 더욱 저온으로 하면 헬륨3 원자의 운동량공간에서의 분포는 페르미구가 된다. 헬륨3의 밀도가 엷으므로 그 페르미온도는 헬륨3만의 액체에 비해서 훨씬 낮다.

용액 속에서도 헬륨3 원자 간에는 힘이 작용하고 있다. 헬륨3 원자 주위에는 액체헬륨4가 가득 차 있으므로 이 힘은 단순한 원자 간의 힘이 아니고 액체에 의해 매개되는 힘이 주된 부분이 된다. 용액을 더욱 저온으로 하면 이 힘의 작용에 의해 헬륨3은 원자쌍을 만들어 보스응축을 일으켜 초유동상태가 되는 것은 아닐까. 헬륨3의 밀도가 엷은 만큼 전이온도는 액체헬륨3보다 훨씬 낮아진다. 헬륨의 농도를 바꾸면 원자쌍의 생성방식이 변화할 가능성도 있다. 농도에 따라 여러 가지 종류의 초유동상태가 실현되는 것은 아닐까….

이와 같은 예상은 모두 우리가 현재 가지고 있는 지식에 기초하고 있다. 따라서 그것이 실험적으로 확인되었다고 할지라도 그 의의는 액체헬륨3의 초유동이 발견된 것과 마찬가지로 본질적으로 새로운 현상을 발견한 것이라고는 할 수 없다. 그러나 이론의 예측이 확인되고, 또 이론이 예측하지 못했던 부분을 실험이 밝혀 준다면 그것이 우리의 물질관의 내용을 더욱 풍부하게 만들어 줄 것임은 틀림없다.

이와 같은 예측 가능한 것의 발견뿐 아니라 초저온에서 전혀 새로운 현상을 만날 가능성도 전혀 없다고는 말할 수 없다. 엔트로피가 대부분 제로가 되어 버리면 그 이상 저온으로 하여도 아무 것도 일어나지 않는다고 했지만 사실 "절대로 일어나지 않는다."라고는 누구도 증명하지 못한다. 그 좋은 예는 다시금 초전도이다. 전자가 페르미구상태가 되면 그 엔트로피는 고온상태에 비하면 훨씬 작아져 있다. 그럼에도 초전도로의 전이가 일어난다. 엔트로피가 작을지라도 유한으로 남아 있는 한은 우리가 잊고 있던 약한 상호작용과, 남겨진 약간의 가능성을 이용하여 초저온에서 보다 안정된 상태가 실현되지 않는다고는 단언할 수 없다. 자연은 우리 인간의 지혜보다 월등히 풍부한 가능성을 감추어 두고 있는 것은 아닐까.

저온물리학의 장래를 생각할 때, 그 응용에 관해서도 잊어서는 안 된다. 초전도상태에서 금속의 전기저항이 제로가 되는 것은 응용상 매우 중요하다. 저항이 없으면 전류를 흘려도 줄열이 발생하지 않으므로 공연히 전력을 낭비하지 않아도 되고, 냉각하는 수고를 덜 수 있다. 초전도금속으로 코일을 만들어 대전류를 흘려 강한 전자석을 만드는 것은 이미 성공했으며, 초전도자석으로 실용화되어 있다. 이때 자기장이 강해지면 초전도상태가 무너지므로 강한 자석을 만들려면 임계자기장이 높은 초전도 재료를 개발할 필요가 있다.

초전도금속으로 송전선을 만들 수 있다면 전력을 보내는 도중의 발열로 인한 공연한 전력소비를 없앨 수 있다. 그러나 저온으로 하지 않으면 초전도로는 되지 않는다. 그래서 송전선을 전부 액체헬륨으로 냉각시켜야 한다고 하면 이는 예삿일이 아니다. 전이온도가 더 높은 물질은 없을까. 높은 전이온도를 갖는 초전도체를 찾는 노력은 오랫동안 계속되어 왔다. 그리고 1986년 이후 연이어 발견되었다. '고온 초전도체'는 응용 가능성을 넓히는 물질로 주목되어 연구가 이루어지고 있다. 전이온도가 80 K을 넘는 물질을 사용하면 냉각은 액체 질소로 가능하므로 경제성은 현격하게 향상된다. 상온에서 초전도가 되는 재료가 있다면 더할 나위 없이 고마운 일이지만 그런 물질이 있는지 어떤지는 아직 알 수 없다.

그러나 저온물리의 의의는 그 응용보다도 오히려 기초물리학으로서의 역할에 있다. 물리학의 대상은 온갖 거시적인 물체에 한하지 않고, 그 대부분이 다수 입자의 집단이다. 원자핵은 양성자와 중성자의 집합이고, 그 사이에는 중성자를 매개하는 힘이 작용하고 있다. 소립자는 끊임없이 주위의 다른 소립자와 서로 힘을 미치면서 존재하고 있는 것으로 생각되며, 진공 속에 단 한 개가 존재하고 있을 때에도 다체계로 보아야 한다. 금속전자나 헬륨에서 일어난 것이 같은 다체계인 이들 대상에서도 일어나지 않는다고는 할 수 없다. 초전도·초유동의 발견과 그 해명은 물성 물리학의 틀을 넘어, 넓게 현대물리학 전반에 큰 영향을 미치게 되었다.

원자핵은 거시적인 물체처럼 10^{24}개라는 막대한 수의 입자집단이 아니고, 원자핵을 구성하는 핵자의 수는 고작 수백 개 정도에 불과하다. 그러나 그러함에도 초전도와 비슷한 현상은 거기서도 일어나는 것으로 생각되며, 원자핵의 어떤 종류의 성질은 거기서 일종의 초전도상태가 실현하고 있는 것으로 설명되고 있다.

천체에는 많은 종류가 있는데 그 중에 중성자별이라 불리는 특수한 천체가 있는 것이 알려져 있다. 이것은 별이 폭발한 뒤에 남는, 지름이 수 km 정도로 작고 게다가 밀도가 매우 높은 별이며, 내부의 밀도는 원자핵의 밀도에 가까운 것으로 생각된다. 별 내부는 핵자집단으로 되어 있고, 그것은 이른바 거대한 원자핵이라고 표현해야 할 상태에 있다. 핵자는 페르미입자이므로 그 집단은 액체헬륨3과 같은 성질을 갖은 것이라고 생각된다. 그러나 밀도가 높기 때문에 페르미온도는 훨씬 높아 10^{10} K 정도가 된다. 중성자별의 내부 온도는 10^{8} K 정도로 추정되고 있지만 높은 페르미온도에 비하면 이 핵자 액체는 극저온에 있다고 해도 좋다. 핵자 간에 작용하는 힘은 가까이에서 척력, 멀리서는 인력이 되며, 헬륨원자 간에 작용하는 힘과 비슷하다. 따라서 여기서도 액체헬륨3과 마찬가지로 핵자쌍 형성에 의한 초유동상태가 실현될 것이라고 기대된다. 밀도는 별의 중심에 가까울수록 높아지므로 핵자는 깊이에 따라 다른 초유동상태에 있는지도 모른다. 하지만 안타깝게도 중성자별은 우주 아득한 저편에 있고, 더욱이 그 내부문제이므로 거기서 초유동이 일어나는지 어떤지는 확인하기가 쉽지 않다. 그러나 저온실험실의 장치 내부와 우주 저편의 별 내부에서 같은 현상이 일어나고 있는지도 모른다고 상상하는 것은 즐겁다.

소립자물리의 경우, 그것이 목표로 하는 것은 저온물리와는 180도 반대 방향에 있다. 저온물리에서는 입자의 종류나 그 사이에 작용하는 힘의 성질은 잘 알려져 있으며, 그에 따른 운동법칙은 양자역학으로서 확립되어 있다. 그런 바탕 위에서 그 입자가 다수 모였을 때 기저가 어떻게 되는지를 밝히는 것이 저온물리이다. 헬륨과 아르곤은 같은 비활성기체의 원소로, 그 성질은 닮은꼴과 흡사하다. 고온에서는 이상기체에 가까워지고, 비열도 같아진다. 그것이 저온이 되면 한쪽은 초유동, 다른 쪽은 고체와 전혀 다른 기저상태에 접근하는 것에 저온물리는 관심이 있는 것이다. 그에 대해 소립자물리의 목표는 현재 존재하는 소립자의 행동 중에서 물질에 기본으로 있는 것의 보편적인 성질, 일반적인 법칙성을 발견하는 데 있다.

한때 소립자로 생각되었던 것은 양성자·중성자·전자·포톤 이외에 핵자의 결합에 관여하는 중간자 등 몇 종류에 지나지 않았다. 그랬던 것이 연구가 진행됨에 따라 점점 늘어나 현재는 100종이 넘는다. 소립자 간에 작용하는 힘도 전기자기적인 힘 이외에 원자핵 속에서 핵자를 결합시키는 힘에 관계한 '강한 상호작용', 중성자의 β 붕괴에 관계한 '약한 상호작용', 거기에 중력(만유인력) 등 다양하다. 이처럼 현실의 소립자 세계는 복잡하지만 그 속으로 깊숙이 들어간 곳에는 무엇인가 더욱 보편적인 것이 있는 것이 아닐까.

우리가 가령 1 K이라는 저온세계에 살고 있었다고 하자. 그때 우리가 알고 있는 헬륨은 초유동하는 액체이고, 아르곤은 고체이다. 우리는 그 차이는 알아도 이 둘이 비활성기체의 원소로서 공통된 성질을 갖는다는 것을 아는 것은 어렵지 않겠는가. 우리는 소립자에 관해서는 이른바 극저온의 세계에서 살고 있는 것이다. 따라서 우리에게 보이는 것은 개성적인 소립자의 모습이며, 그 보편성이 아니다. 그 중에서 보편적인 것을 발견하지 않으면 안 된다. 어떤 보편적인 것에서 어떤 '상전이'가 일어나 지금과 같은 개성적인 소립자의 세계가 실현된 것일까. 소립자물리는 그것을 발견하려 하고 있다.

극저온의 세계에 사는 주민이 헬륨과 아르곤의 공통적인 성질을 알고 싶으면 '고온 발생장치'를 고안하여 두 물질을 따뜻하게 하면 된다. 그와 마찬가지로 소립자물리의 실험수단은 고온장치, 즉 고에너지상태를 인공적으로 만들어 내는 가속기이다. 고속으로 가속한 소립자를 다른 소립자에 충돌시켜, 거기서 일시적으로 만들어져 나오는 고에너지상태에서 소립자의 기본적인 구조를 탐색하는 것이다.

헬륨이나 아르곤의 경우, 우리의 일상생활에 있어서는 고온상태가 보통이다. 일반적으로는 초저온상태에 있는 소립자도 우주의 어딘가에서 고온상태에 있는 것이 아닐까. 그런 장소는 현재의 우주 속 어디에도 없지만 과거 어떤 시기에는 있었을 것이라고 추정된다. 우주는 현재도 팽창을 계속하고 있지만 그 역사를 과거로 거슬러 올라가면, 갓 태어났을 때의 우주는 작고 고온상태에 있었을 것이라고 생각된다. 그 온도는 10^{32} K을 넘는 초고온이고, 거기서 모든 소립자는 하나로 융합하고, 상호작용의 구별도 없는 균일한 상태에 있었다. 거기서 우주가 팽창함에 따라 단열팽창의 원리로 온도가 내려가고, 그에 수반하여 어떻게든 상전이가 일어나 다양한 개성을 갖는 소립자가 태어나 현재의 세계가 형성된 것이다.

그것은 저온실험실에서 일어나는 액체헬륨이나 금속의 상전이에 비해 참으로 당차고 웅대한 이야기다. 그러나 이와 같은 우주의 역사, 소립자상은 인간의 상상력만으로 그려진 것은 아니다. 우리가 저온물리학을 학습하여 얻은 것, 초전도나 초유동의 저온현상을 알고 그것을 해명함으로써 풍요로워진 물질관이 거기서 크게 도움이 되고 있다.

극저온현상의 연구와 고에너지상태에서 실현되는 물질 본래의 모습을 추구하는 연구, 어떤 의미에서 양극단이라고도 해야 할 이 두 가지 연구가 깊이 얽혀 있는 것은 매우 인상 깊다. 요컨대 그것은, 자연은 하나라는 것을 의미하는 것이 아니겠는가.

이 책의 맨 첫 장을 다시 한 번 펼쳐 보자. 거기에서 0℃에서 물이 언다는 것부터 설명을 시작했다. 그리고 우주 초기의 물질상태를 설명하면서 이 책을 끝맺고자 한다. 시작과 끝으로는 초전도나 초유동의 전이 이상의 큰 비약으로 보일지도 모른다. 이 책에서 목표로 한 것은 불가사의한 극저온현상이 어떻게 해명되었는가를 설명하는 것이었다. 그러나 동시에 이 극저온세계의 설명을 통하여 물이 어는 따위의 아무것도 아닌 일상적인 현상이, 사실은 물질의 기원이라는 가장 기본적인 문제와 깊이 연관되어 있다는 것을 제시하고 싶었다.

찾아보기

ㅈ

ㅊ

ㅋ

ㅌ

ㅍ

영문 · 숫자

극저온의 세계

2016년 3월 10일 인쇄
2016년 3월 15일 발행

저　자 : 나가오카 요스케
역　자 : 과학나눔연구회 정해상
펴낸이 : 이정일

펴낸곳 : 도서출판 **일진사**
www.iljinsa.com
(우) 04317 서울시 용산구 효창원로 64길 6
전화 : 704-1616 / 팩스 : 715-3536
등록 : 제1979-000009호 (1979.4.2)

값 15,000원

ISBN : 978-89-429-1478-4